电子信息前沿技术丛书

PARAMETER ESTIMATION
OF NON-UNIFORM ARRAY SIGNAL

非均匀阵列信号参数估计

苏晓龙 刘 振 户盼鹤 龚政辉 黎 湘 著

清華大学出版社
北 京

内 容 简 介

本书创新性地将深度展开网络引入非均匀阵列信号参数估计领域，较为完整地构建了基于深度展开网络的非均匀阵列信号参数估计框架，实现了非均匀阵列信号高效参数估计。全书共6章，内容包括远场信号的离网格角度估计方法、远场信号的无网格角度估计方法、非理想情况下的远场信号参数估计方法、远场和近场混合信号参数估计。

本书的内容在军事领域具有较强的应用价值，可有效提升电子侦察处理方法对复杂电磁环境的适应能力。本书全面系统，结构清晰，内容翔实，实验丰富。

本书可以作为高等院校相关专业研究生学习阵列信号处理以及机器学习的参考书，对雷达与电子对抗领域的科技工作者和工程技术人员也具有较大的参考价值。

图书在版编目(CIP)数据

非均匀阵列信号参数估计/苏晓龙等著. -- 北京：清华大学出版社，2025.7.
(电子信息前沿技术丛书). -- ISBN 978-7-302-69927-9
Ⅰ. TN911.7
中国国家版本馆 CIP 数据核字第 2025C23700 号

责任编辑：文 怡 李 晔
封面设计：王昭红
责任校对：王勤勤
责任印制：宋 林

出版发行：清华大学出版社
网 址：https://www.tup.com.cn，https://www.wqxuetang.com
地 址：北京清华大学学研大厦A座 **邮 编**：100084
社 总 机：010-83470000 **邮 购**：010-62786544
投稿与读者服务：010-62776969，c-service@tup.tsinghua.edu.cn
质量反馈：010-62772015，zhiliang@tup.tsinghua.edu.cn
课件下载：https://www.tup.com.cn，010-83470236
印 装 者：三河市龙大印装有限公司
经 销：全国新华书店
开 本：185mm×260mm **印 张**：8.5 **字 数**：208千字
版 次：2025年8月第1版 **印 次**：2025年8月第1次印刷
印 数：1～1000
定 价：45.00元

产品编号：112497-01

前言

Preface

阵列信号处理是对放置在不同位置的多个传感器所接收或发射的空间信号进行处理，相较于单个传感器，传感器阵列能够灵活控制波束指向、提高信号增益和分辨率。随着人工智能技术的发展，深度学习方法逐步应用于信号参数估计，形成了以深度神经网络和卷积神经网络为代表的数据驱动方法。然而，由于现代雷达与信息技术的发展，信号环境正变得日趋复杂，对信号参数估计的有效性和实时性提出了更高的要求，传统的阵列设计以及信号参数估计方法面临的挑战主要包括：

（1）为避免参数估计模糊的问题，阵元的间距需要小于或等于半波长，但是当阵列的工作频率过高时，在半波长范围内安装的两个阵元可能会出现严重的互耦效应，导致参数估计性能急剧下降甚至失效。此外，对于均匀线阵来说，为了提高参数估计的分辨率，需要通过增加阵元数目的方法来扩大阵列孔径，但是这会增加硬件系统的成本。

（2）在模型驱动方法中，子空间类方法的计算复杂度相对较低，但是不适用于低信噪比和小快拍数的情况；稀疏表示类方法在低信噪比和小快拍数情况下的性能相对较好，但会以相对较大的计算量为代价，导致信号参数估计的实时性较差。模型驱动方法有较为明确的统计学或物理学含义，但是模型的构建严重依赖于先验知识和假设，在网格失配、阵列互耦合多径传播等非理想情况下，模型驱动方法对误差的适应能力较差，导致信号参数估计性能严重下降甚至完全失效。虽然有相应的校正和补偿方法，但通常只适用于特定类型的情况，模型驱动方法的普适性仍然受到一定的制约。

（3）数据驱动方法是利用大量的数据对网络进行训练，从而建立输入和输出之间的映射关系。相较于模型驱动方法，数据驱动方法的计算复杂度相对较低，信号参数估计的实时性较好。此外，由于数据驱动方法通过对非理想情况下的训练样本进行特征提取，因此对不同类型误差的适应能力相对较好。然而，数据驱动方法往往需要大量的训练样本，并且网络参数的可解释性较差，导致对未知数据的泛化能力相对较差。

本书共 6 章。第 1 章介绍了信号参数估计的研究背景和意义，梳理了当前信号参数估计方法所面临的主要挑战，对国内外研究现状进行了归纳和介绍；第 2 章构建了深度展开网络的框架；第 3 章针对远场信号角度不属于网格划分的角度集合问题，通过构建相应的深度展开网络，实现远场信号的离网格角度估计；第 4 章为了突破网格划分的局限性，通过构建相应的深度展开网络，实现远场信号的无网格角度估计；第 5 章针对非理想情况下的远场信号参数估计问题，通过构建相应的深度展开网络，实现阵元互耦情况下的远场信号角度和互耦系数估计，以及多径传播情况下的远场信号角度和功率估计；第 6 章在远场信号参数估计的基础上，针对混合信号情况下的识别以及参数估计问题，通过构建相应的深度展开网络，实现远场信号角度估计以及近场信号角度和距离估计。

本书由苏晓龙负责全书的组织编排及统稿工作；刘振、户盼鹤、龚政辉、黎湘负责本书部分章节的编写。

本书的出版获得了国家自然科学基金(No. 62401585)的资助，在此表示感谢。在编写的过程中，刘永祥、姜卫东、高勋章提出了宝贵的意见和建议，刘天鹏、张双辉、师俊朋、关东方等也给予了帮助。在此一并致以衷心的感谢！

由于作者水平有限，书中难免有错误和不当之处，恳请读者批评指正。

作　者

2025 年 5 月

目录

CONTENTS

第1章

绪　论

1.1　概述

阵列信号处理是对放置在不同位置的多个传感器所接收或发射的空间信号进行处理，相较于单个传感器，传感器阵列能够灵活控制波束指向，提高信号增益和角度分辨率[1-3]。空间中信号参数估计是阵列信号处理领域的重要研究内容，在电子对抗领域具有广泛的应用，可为高逼真欺骗提供关键的角度信息，支撑目标姿态模拟与干扰辐射指向。另外，在反辐射导弹摧毁敌方雷达时，需要利用敌方雷达发射的电磁波对目标的位置进行估计，使导弹自动导向目标[4-6]。近年来，国内外的许多专家学者都对信号参数估计问题进行了深入的研究，形成了以子空间类方法[7-15]和稀疏表示类方法[16-22]为代表的模型驱动方法。随着人工智能技术的发展，深度学习方法逐步应用于信号参数估计，形成了以深度神经网络和卷积神经网络为代表的数据驱动方法[23-27]。然而，由于现代雷达与信息技术的发展，信号环境正变得日趋复杂，对信号参数估计的有效性和实时性提出了更高的要求，传统的阵列设计以及信号参数估计方法面临的挑战主要包括：

(1) 为避免参数估计模糊的问题，阵元的间距需要小于或等于半波长，但是当阵列的工作频率过高时，在半波长范围内安装的两个阵元可能会出现严重的互耦效应，导致参数估计性能急剧下降甚至失效[28]。此外，对于均匀线阵来说，为了提高参数估计的分辨率，需要通过增加阵元数目的方法来扩大阵列孔径，但是这会增加硬件系统的成本。

(2) 在模型驱动方法中，子空间类方法的计算复杂度相对较低，但是不适用于低信噪比和小快拍数的情况[29]；稀疏表示类方法在低信噪比和小快拍数情况下的性能相对较好，但会以相对较大的计算量为代价，导致信号参数估计的实时性较差[30]。模型驱动方法有较为明确的统计学或物理学含义，但是模型的构建严重依赖于先验知识和假设，在网格失配、阵列互耦合多径传播等非理想情况下，模型驱动方法对误差的适应能力较差，导致信号参数估计性能严重下降甚至完全失效[31]。虽然有相应的校正和补偿方法，但通常只适用于特定类型的情况，模型驱动方法的普适性仍然受到一定的制约。

(3) 数据驱动方法是利用大量的数据对网络进行训练，从而建立输入和输出之间的映射关系[32]。相较于模型驱动方法，数据驱动方法的计算复杂度相对较低，信号参数估计的实时性较好[33-35]。此外，由于数据驱动方法通过对非理想情况下的训练样本进行特征提取，因此对不同类型误差的适应能力相对较好[36]。然而，数据驱动方法往往需要大量的训练样本，并且网络参数的可解释性较差，导致对未知数据的泛化能力相对较差。

综上所述，在当前数据驱动方法以及模型驱动方法的框架和理论下，利用均匀阵列进行信号参数估计的研究面临严峻挑战，因此需要通过新的理论和方法突破信号参数估计的瓶颈，解决在网格失配、阵列互耦和多径传播等非理想情况下面临的问题。

非均匀阵列是阵元间距不唯一的阵列结构。当阵元数目相同时，非均匀阵列相较于均匀阵列具有更大的阵列孔径，从而能够提高参数估计的分辨率[37]。此外，当阵列孔径相同时，非均匀阵列所需阵元数目更少，能够降低信号处理系统的硬件成本，并且可以抑制阵元之间的耦合对参数估计性能的影响[38]。因此，本书利用非均匀阵列的结构优势，围绕其在信号参数估计中的科学问题进行研究。深度展开网络(Deep Unfolding Network，DUN)是利用稀疏重构方法的迭代过程构建神经网络的隐藏层，这是实现信号参数估计的有效途径之一[39]。每一个隐藏层对应稀疏重构方法的一次迭代过程，相较于稀疏重构方法需要较多的迭代次数达到收敛，深度展开网络可以用较少的层数达到收敛，因此收敛速度较快。相比于传统的深度神经网络和卷积神经网络，深度展开网络的隐藏层的参数对应迭代求解的计算过程，因此具有一定的数学含义。在训练过程中，深度展开网络能够学到隐藏在数据背后的规律，对于未经训练的数据，网络也能给出合理的输出，因此具有一定的泛化能力。鉴于深度展开网络具有模型驱动方法和数据驱动方法的双重优势，本书围绕非均匀阵列信号参数估计在工程应用中亟待解决的问题，开展基于深度展开网络的非均匀阵列信号高效参数估计方法的研究，对于提高信号参数估计性能具有重要意义。

1.2 非均匀阵列设计研究现状

在阵列结构设计方面，为了避免出现参数估计的模糊问题，阵元的间距需要小于或等于半波长，因此工作频率决定了阵元的间距，当工作频率过高时，在半波长范围内安装的两个阵元可能出现严重的互耦效应，导致参数估计性能严重下降甚至失效。自由度(Degree Of Freedom，DOF)是衡量一个阵列能够同时处理的最大信号数量的重要指标，对于阵元间距唯一的均匀线阵，理论上由 M 个阵元组成均匀线阵的 DOF 为 $M-1$。当空域中信号数量越来越多时，对于均匀线阵来说，通过增加阵元数目来提高阵列的 DOF 会增加硬件系统的成本。此外，为了提高参数估计的分辨率，需要增大阵列孔径，但通过增加物理阵元来扩大孔径同样会增加系统的硬件成本和维护成本。在实际工程应用中，为了控制工程成本，在物理阵元数目固定的情况下，为了提高阵列的 DOF 和参数估计的分辨率，就需要采用非均匀阵列。

非均匀阵列是阵元间距不唯一的阵列结构。当阵元数目相同时，非均匀阵列相较于均匀阵列具有更大的阵列孔径和更多的 DOF[40]。此外，当阵列孔径相同时，非均匀阵列相较于均匀阵列所需的阵元数目更少，因此能够降低信号处理系统的硬件成本和维护成本，并且可以抑制阵元之间的互耦效应对参数估计性能的影响。通过将非均匀阵列的阵元位置进行差分可以得到差协同阵列(Difference Co-Array，DCA)，利用差协同阵列中连续虚拟阵元的数目可以对非均匀阵列的 DOF 进行衡量。由于差协同阵列的虚拟阵元数目多于原始非均匀阵列的阵元数目,因此其形成的虚拟孔径大于原始非均匀阵列的孔径,从而可以提高阵列 DOF 和信号参数估计的分辨率。

典型的非均匀线阵主要包括最小冗余阵列(Minimum Redundancy Arrays,MRA)、嵌套阵列(Nested Array,NA)和互质阵列(Co-Prime Array,CPA)。最早的非均匀线阵是由 Moffet 提出的最小冗余阵列[41],最小冗余阵列在阵元数目的相同情况下具有最大的 DOF。但是,最小冗余阵列的阵元位置只能通过穷举法确定,没有具体的闭式解。嵌套阵列是 Pal 等提出的一种非均匀阵列结构[42],嵌套阵列的阵元位置具有闭式解,M 个阵元构成了两级嵌套阵列,其中第 1 级子阵由 $M/2$ 个阵元构成,其阵元的间距设置为 d;第 2 级子阵由 $M/2$ 个阵元构成,其阵元的间距设置为$(M/2+1)d$。互质阵列是 Vaidyanathan 等提出的另一种非均匀阵列结构[43],互质阵列的阵元位置同样具有闭式解,M_1+M_2 个阵元构成的互质阵列的第 1 个子阵由 M_1 个阵元构成,其阵元的间距设置为 M_2d;第 2 个子阵由 M_2 个阵元构成,其阵元的间距设置为 M_1d,两个子阵的阵元数目互为质数。一般来说,嵌套阵列的差协同阵列中形成的虚拟阵元是连续的,而互质阵列的差协同阵列中形成的虚拟阵元存在孔洞。

在嵌套阵列和互质阵列的基础上,发展和设计出了一系列演化后的非均匀阵列。Zhang 等将互质阵列进行压缩和平移扩展为广义互质阵列(Generalized Co-prime Array,GCA)[44],该阵列能够降低差协同阵列中虚拟阵元重合的数量。Lizuka 等提出了扩展的两级嵌套阵列[45],该阵列结构在两级嵌套阵列的两个子阵之间增加了合理的阵元间距,从物理结构中扩大了阵列孔径。Yang 等利用两个均匀线阵和一个额外的阵元,设计了改进的嵌套阵列(Improved Nested Array,INA)来提升阵列的 DOF[46]。此外,Yang 等利用多个相同的最小冗余子阵,设计了嵌套式最小冗余阵列(Nested Minimum Redundancy Arrays,NMRA)来进一步提升阵列的 DOF[47]。在嵌套阵列中存在密集子阵,而阵元间距过小更容易受到互耦效应的影响。为了抑制互耦效应,Liu 等提出了超嵌套阵列(Super Nested Array,SNA)[48-50],该阵列在嵌套阵列的基础上,将密集子阵的部分阵元转移到稀疏子阵,从而达到抑制密集子阵互耦效应的目的。此外,Liu 等提出了增广嵌套阵列(Augmented Nested Array,ANA)[51],该阵列在嵌套阵列的基础上,将密集子阵的阵元重新排布在稀疏子阵的两边,从而抑制密集子阵互耦效应并且提高阵列的 DOF。

1.3 基于模型驱动的参数估计研究现状

近年来,国内外的专家学者针对信号参数估计问题进行了深入的研究,形成了以子空间类方法和稀疏表示类方法为代表的模型驱动方法。模型驱动方法通过建立阵列接收数据与信号参数之间的数学模型,利用不同的匹配准则实现信号参数估计,当数学模型与接收数据一致时,模型驱动方法具有最佳的信号参数估计性能,能够逼近克拉美罗下界(Cramer-Rao Lower Bound,CRLB)。

多重信号分类(MUltiple SIgnal Classification,MUSIC)算法[7]和信号估计的旋转不变技术(Estimation of Signal via Rotational Invariance Technique,ESPRIT)算法[8]是两种典型的子空间类方法,这类算法通过对阵列接收数据的协方差矩阵进行特征值分解得到信号子空间和噪声子空间，MUSIC算法利用信号子空间和噪声子空间的正交性，ESPRIT算法利用信号子空间的旋转不变特性，都能够对信号的角度进行估计。上述子空间类算法利用了接收数据的协方差矩阵，即二阶统计特性[9]，考虑到高斯噪声的四阶累积量为零的统计特性[10]，基于四阶累积量的MUSIC算法[11-13]和基于四阶累积量的ESPRIT算法[14,15]能够抑制噪声的影响，从而提高信号参数估计性能，但是基于四阶累积量的方法需要较多的快拍数，从而需要较大的计算量。对非均匀阵列信号进行参数估计，需要对接收数据的协方差矩阵进行向量化处理，利用非均匀阵列导向向量的Khatri-Rao积可以形成虚拟阵元。由于协方差向量相当于相干信号入射到虚拟阵元，需要对协方差向量的元素进行去冗余和重排处理，并计算所有平滑子阵协方差矩阵的均值，进而通过子空间类方法实现信号参数估计。利用子空间类方法对信号参数进行估计的前提是对虚拟阵元进行平滑处理，但是经过平滑处理会缩小阵列孔径和降低阵列的DOF。由于稀疏表示类方法不需要进行平滑处理，能够充分利用虚拟阵元形成的阵列孔径和提升的阵列的DOF，因此国内外专家学者利用稀疏表示类方法对非均匀阵列信号参数估计进行了研究。

随着稀疏表示理论的不断发展，基于稀疏表示的参数估计方法可以分为贪婪追踪类方法[17-21]、ℓ_p 范数类方法[52-59]和稀疏贝叶斯学习（Sparse Bayesian Learning，SBL）方法[60-71]。以匹配追踪（Matching Pursuit，MP）[17,18]和正交匹配追踪（Orthogonal Matching Pursuit，OMP）[19-21]为代表的贪婪追踪类方法的计算复杂度相对较低，但是当超完备词典的不同列之间相关性较强时，参数估计的性能会严重下降甚至失效[72,73]。以聚焦欠定系统求解器（FOCal Underdetermined System Solver，FOCUSS）[53]和 ℓ_1 范数奇异值分解[56]为代表的 ℓ_p 范数类方法能够通过内点法（Interior Point Method，IPM）和梯度下降法（Gradient Descent Method，GDM）等对目标函数进行求解，在低信噪比、小快拍数和相干信号等情况下仍然具有较好的参数估计性能，但是这类方法往往需要较多的迭代次数才能收敛，导致计算复杂度相对较高。稀疏贝叶斯学习方法是利用概率统计学的理论，根据接收数据的先验分布求解后验信息，可以通过期望最大化（Expectation Maximization，EM）等迭代方法[74,75]实现信号参数估计。由于考虑了噪声统计信息，稀疏贝叶斯学习方法在低信噪比情况下也具有较好的参数估计性能。随着现代雷达与信息技术的发展，信号环境正变得日趋复杂，需要解决在网格失配、阵列互耦、多径传播和混合信号等情况下的信号参数估计问题。

1.3.1 网格失配情况

稀疏表示方法将空间域划分为离散网格，当信号参数没有落在网格上时会出现网格失配（Grid Mismatch，GM）的情况[76]，从而会降低信号参数的估计性能。如果通过减小网格的间隔来提高信号参数估计精度，这会导致超完备词典维度增大，从而在稀疏重构的过程需要更大的计算量。此外，根据稀疏表示理论的互不相干准则（Mutual Incoherence Property，MIP）和有限等距准则（Restricted Isometry Property，RIP）等稀疏重构条件[77,78]，划分的网格间隔过小会导致超完备词典的不同列之间存在高度相关性，从而导致稀疏重构的算法失效。国内外的专家学者针对网格失配情况下信号参数估计进行了深入的研究，形成了离网格（off-grid）[65,79-89]和无网格（gridless）[90-102]两类方法。

离网格方法通过在信号模型中引入量化误差，不再严格限定信号落在网格之上。Yang

等提出了通过基追踪去噪(Basis Pursuit DeNoising,BPDN)的数学模型,对最相近的网格以及对应的量化误差进行联合求解[85]。相比于稀疏全局最小二乘法[86],该方法中的正则化参数可以通过离网格数学模型和噪声进行设置。此外,Yang 等基于一阶泰勒级数展开式的离网格数学模型和稀疏贝叶斯学习理论,提出了基于离网格稀疏贝叶斯推论(Off-Grid Sparse Bayesian Inference,OGSBI)的信号参数估计方法[87],该方法通过引入奇异值分解的过程能够降低计算复杂度,并且同时适用于单快拍数和多快拍数的情况。Jagannath 等针对上述基于一阶泰勒级数展开式的离网格数学模型以及量化误差估计的性能进行了分析[65]。Tan 提出了联合稀疏恢复方法[88],解决了超完备词典失配的问题,能够提高离网格参数估计精度。此外,Wu 等利用扰动协方差矩阵,提高了稀疏贝叶斯学习方法对离网格参数估计的收敛性[89]。

虽然离网格方法能够提高信号参数的估计精度,但是离网格方法仍然无法摆脱网格划分的影响[90],当量化误差较大时,通过一阶泰勒级数展开无法对阵列的接收数据进行准确描述,进而会降低参数估计精度[91]。近年来,国内外的专家学者对无网格方法展开了深入的研究。无网格方法可以分为基于原子范数理论类方法和基于协方差匹配准则类方法。Chandrasekaran 等提出的原子范数理论具有对连续字典集的稀疏约束能力[92],Bhaskar 等建立起原子范数和 ℓ_1 范数之间的关系,证明了基于原子范数理论的稀疏重构问题可以转化为在无穷网格下的 ℓ_1 范数最小化问题[93]。利用原子范数理论,针对无噪声的情况,Tang 等提出了基于半正定规划(Semi Definite Programming,SDP)的无网格参数估计方法[94]。针对有噪声的情况,Tang 等提出了基于原子范数软阈值的无网格参数估计方法[95]。Mishra 等在原子范数最小化(Atomic Norm Minimization,ANM)理论框架下,提出了基于先验知识的 ANM 方法[96],该方法引入了概率分布函数,能够提高参数估计精度。Yang 等利用对数函数提出了重加权原子范数最小化方法(Reweighted Atomic Norm Minimization,RANM)[97],该方法能够增强稀疏约束能力。Semper 等通过交替方向乘子法(Alternating Direction Method of Multipliers,ADMM)对半正定规划问题进行求解[98]。Wu 等通过地址矩阵重构实现混合信号无网格参数估计[99]。在非均匀阵列下,Wagner 等通过 ANM 方法和广义 Root-MUSIC(求根 MUSIC)方法实现了无网格角度估计[100]。利用协方差匹配准则,Yang 等在多快拍数情况下提出了无离散化稀疏和参数化方法(Discretization-Free Sparse and Parametric Approach,DFSPA)[101]。此外,Yang 等在单快拍数情况下将稀疏迭代协方差估计(SParse Iterative Covariance-based Estimation,SPICE)方法扩展到无网格参数估计场景,提出了无网格 SPICE 方法[102],这两种方法都不需要任何先验知识,并且可以对相干信号参数进行估计。此外,Yang 等证明了原子范数理论类方法和协方差匹配准则类方法之间具有一定的等价性,并具有各自的优势。由于原子范数理论类方法需要噪声功率等先验知识,因此在低信噪比情况下的无网格参数估计性能低于协方差匹配准则类方法。此外,由于协方差匹配准则类方法是在非相干统计性的假设下进行参数估计,因此在相干信号情况下的无网格参数估计性能低于原子范数理论类方法。

1.3.2 阵列互耦情况

阵列互耦是由阵元之间的相互作用产生的,这会导致信号参数估计方法的性能显著下降甚至失效[103]。阵列互耦效应与阵元间距有关,阵元间距越小,互耦效应就越强[104]。在互耦情况下,除了需要对信号参数进行估计,还需要对互耦系数进行估计,从而对阵列进行校正。

近年来,国内外专家学者对阵列互耦情况下的信号参数估计进行了深入研究,主要可以分为子空间类方法[105-115]和稀疏表示类方法[116-126]。Friedlander 等利用迭代的先验信息,通过特征结构方法同时对信号参数和互耦系数进行估计[110]。相较于有源校正方法需要已知校正源的精确位置信息[127,128],该方法不需要利用校正源就可以实现信号参数和阵列互耦系数估计。Sellone 等提出了基于闭式解的交替最小化方法[111],该方法不需要先验信息,但是需要估计的未知参数较多,导致信号参数估计的实时性相对较差。由于互耦效应与阵元间距成反比,当阵元间距相同时,互耦系数也相同[112],因此可以用对称 Toeplitz 矩阵表示互耦矩阵,从而减少需要估计参数的数量和计算复杂度[113]。Ye 等利用广义特征值和信号子空间的特征向量,实现了在互耦系数未知情况下的信号角度估计[114],该方法不需要谱峰搜索的过程,计算复杂度相对较低。Dai 等提出了一种改进的秩损(RAnk REduction, RARE)方法[115],该方法可以在不损失阵列孔径的情况下消除互耦效应,从而提高信号参数的估计精度。Dai 等提出了改进的稀疏表示方法[123],该方法消除了互耦效应对信号参数估计的影响,能够提高在低信噪比和小快拍数情况下的参数估计性能。Liu 等通过稀疏贝叶斯学习方法对互耦系数以及信号参数进行了估计[124],该方法避免了 RARE 方法损失的阵列孔径,能够提高参数估计精度。Wang 等将信号参数估计视为块稀疏重构问题,通过 ℓ_1-SVD 方法实现互耦系数和信号参数估计[125]。Zhang 等通过块平滑 ℓ_0 范数和迭代近端方法实现了互耦矩阵和信号参数估计[126],该方法利用动态的超完备词典,可以进一步提高参数估计精度。

上述方法均为对互耦情况下的均匀阵列信号参数估计进行研究。相较于阵元间距相同的均匀阵列,非均匀阵列中稀疏子阵的阵元间距较大,从而能够抑制阵元之间互耦效应对参数估计性能的影响[129]。在非均匀阵列下,Dai 等通过秩损迭代校正方法实现了信号角度和互耦系数估计[130],但是该方法在低信噪比和小快拍数情况下的参数估计精度较低。Zheng 等提出了联合稀疏恢复方法[131],该方法利用联合阵列信号模型,将互耦系数与超完备词典进行解耦,并通过最小绝对收缩和选择算子(Least Absolute Shrinkage and Selection Operator, LASSO)方法实现了信号角度估计。此外,Xie 等利用变换矩阵将互耦系数从原始超完备词典中解耦,通过稀疏贝叶斯学习方法实现了信号角度估计[132]。然而,该方法在解耦后的超完备词典维度大于原始超完备词典维度,这会增加参数估计的计算复杂度。

1.3.3 多径传播情况

受到多径传播的影响,阵列接收信号中会包含直达波和多径波,由于直达波和多径波有很强的相干性,因此相干信号的协方差矩阵会出现秩亏损,从而使信号特征向量发散到噪声子空间,导致在非相干信号假设下的参数估计方法的性能下降甚至失效[133-137]。近年来,国内外的专家学者对相干信号参数估计进行了深入研究,主要可以分为子空间类方法[138-150]和稀疏表示类方法[151-158]。Shan 等提出了前向空间平滑(Forward Spatial Smoothing, FSS)方法[159],该方法将等距线阵划分为若干子阵,对子阵的协方差矩阵进行平均来恢复协方差矩阵的秩,从而实现了相干信号的参数估计。为了减小阵列孔径的损失,Pillai 等提出了双向平滑(Forward and Backward Spatial Smoothing, FBSS)方法[160],该方法对前向平滑子阵进行共轭转置,形成后向平滑子阵,利用前向平滑子阵的协方差矩阵和后向平滑子阵的协方差矩阵实现解相干。相较于前向平滑方法和双向平滑方法只利用了主对角子阵,Grenier 等利用非对角子阵,提出了加权平滑方法[161],该方法能够提高参数估计精度,但会增加计算复杂度。此外,王布宏等提出了最优加权空间平滑方法[162],该方法利用所有子阵,进一步提高了相干信号的参数估计精度。

传统解相干算法利用平滑进行降维处理会导致阵列的有效孔径减少,从而降低了参数估计精度。对于稀疏表示类方法,Tang 等利用 ℓ_0 范数和 ℓ_2 范数实现了相干信号的角度估计[154],该方法不需要牺牲有效阵列孔径来恢复协方差矩阵的秩,因此可以提高参数估计精度。Cai 等利用协方差矩阵的左下对角线元素,通过构建平滑协方差向量(Smoothed Covariance Vector,SCV)对相干信号角度进行稀疏重构[155],该方法能够降低计算复杂度。Lu 等通过稀疏贝叶斯学习的方法实现了相干信号的参数估计[156],该方法通过构造虚拟阵列的超完备词典来消除每个相干信号的交叉项影响,利用差分协方差矩阵的特征值分解来降低维度,从而降低了相干信号参数估计的计算复杂度。Xu 等提出了加权稀疏贝叶斯推理方法[157],该方法利用二阶泰勒级数展开的数学模型,能够提高离网格情况下的相干信号的角度估计精度。Wan 等将相干信号的四阶累积量矩阵与稀疏表示理论相结合,提高了色噪声情况下的相干信号的参数估计性能[158]。

由于非均匀阵列的阵元间距不相等,因此无法通过空间平滑方法对相干信号参数进行估计。Inoue 等提出通过 Kronecker 积将非均匀阵列等效为由连续虚拟阵元构成的均匀阵列,进而利用子空间类方法对相干信号参数进行估计[163]。Xie 等通过对嵌套阵列协方差矩阵进行向量化,利用 LASSO 方法实现相干信号的角度估计[164]。由于稀疏表示类方法普遍存在计算复杂度较高的问题,因此相干信号参数估计的实时性相对较差。

1.3.4　混合信号情况

当空间中同时存在远场(Far-Field,FF)信号和近场(Near-Field,NF)信号时,此时需要对远场信号的角度进行估计,并且需要对近场信号的角度和距离进行估计[165-169]。如图 1.1 所示,按照空间中信号与阵列之间的距离,可以分为远场信号和近场信号,远场信号与阵列的距离大于 $2D^2/\lambda$,可以用平面波进行描述;近场信号与阵列的距离小于 $2D^2/\lambda$,需要由球面波进行描述,其中,D 表示阵列的孔径,λ 表示信号的波长。如果通过远场信号参数估计方法对混合信号参数进行估计,则无法估计出近场信号的距离。近场信号参数估计方法一般将角度和距离进行分离后,接着分别对角度和距离进行估计。虽然远场信号可以视为距离为无穷远的近场信号,但是当远场信号的角度和近场的角度相同时,如果通过近场信号参数估计方法对混合信号参数进行估计,则无法实现混合信号的识别以及远场信号的角度估计[170]。此外,远场信号参数估计和近场信号参数估计可以视为混合信号参数估计的特殊情况,混合信号参数估计方法适用于全部为远场信号的参数估计场景和全部为近场信号的参数估计场景。

区别于远场信号参数估计和近场信号参数估计,混合信号参数估计的核心思想是对远场信号和近场信号进行分离和识别[171-175]。一般来说,利用阵列的接收信号可以得到相位差矩阵或者协方差矩阵,对于相位差矩阵,由于非相干混合信号可以在频谱中分离,因此可以通过频谱中谱峰的数量估计出混合信号的数量,并且当近场信号和远场信号的角度相同

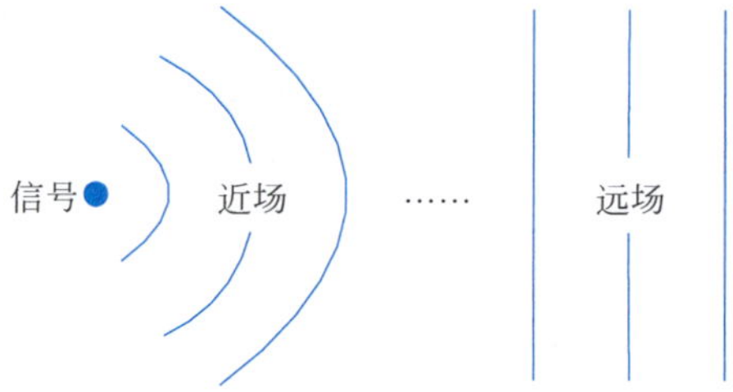

图 1.1 远场信号和近场信号传播示意图

时，可以分别利用每个信号的相位差对角度进行估计。对于协方差矩阵，近场信号协方差矩阵具有 Hermitian 矩阵的形式[176]，远场信号协方差矩阵具有 Hermitian 和 Toeplitz 矩阵的形式[177]，通过对混合信号协方差矩阵进行差分，可以提取出仅包含近场信号角度和距离的差分矩阵；在近场信号参数估计的基础上，通过子空间差分方法可以提取出远场信号协方差矩阵。

近年来，国内外的专家学者对非均匀阵列下的混合信号参数估计进行了深入研究[171-181]。Zheng 等通过将嵌套阵列的四阶累积量矩阵进行向量化，从混合信号中分离出近场信号分量，在虚拟嵌套阵列下利用空间平滑方法对近场信号角度进行估计，接着在原始嵌套阵列下利用 MUSIC 方法对远场信号角度和近场信号距离进行估计[180]。由于嵌套阵列可以在阵元数目相同的情况下增加阵列孔径，因此该方法可以提高混合信号的参数估计精度。Tian 等利用稀疏表示方法同时对近场信号角度和远场信号角度进行估计，接着通过谱峰搜索方法对近场信号距离进行估计并对混合信号进行识别[181]。此外，Wu 利用混合信号的高阶累积量，通过原子范数最小化方法对远场信号和近场信号的角度进行估计，通过 ℓ_1 范数最小化方法对近场信号距离进行估计，进一步提高了混合信号参数估计精度[179]。

在模型驱动方法中，子空间类方法的计算复杂度相对较低，但是在低信噪比和小快拍数情况下的参数估计性能相对较差，而稀疏表示类方法在低信噪比和小快拍数情况下的参数估计性能相对较好，但是往往需要相对较大的计算量，收敛速度相对较慢，导致信号参数估计的实时性较差，因此同时兼顾信号参数估计精度和计算复杂度是亟待解决的问题，需要建立新的理论框架，突破制约信号参数估计的瓶颈。

1.4 基于数据驱动的参数估计研究现状

数据驱动方法是利用大量的数据对网络进行训练，建立输入和输出之间的映射关系。相较于模型驱动方法，数据驱动方法的计算复杂度相对较低，信号参数估计的实时性较好。近年来，数据驱动方法逐步应用于信号参数估计领域[182-194]。Liu 等通过多任务自编码器将空间范围划分为若干子区域，利用深度神经网络(Deep Neural Network，DNN)实现信号的角度估计[193]，该方法具有对误差的适应能力。Wu 等利用稀疏先验信息，通过卷积神经网络(Convolutional Neural Network，CNN)实现了信号的角度估计[194]，该方法能够降低角度估计的计算时间。Barthelme 等利用深度神经网络从子阵列的协方差矩阵恢复整个阵列的协方差矩阵，通过 MUSIC 方法对角度参数进行估计[195]，该方法将参数估计视为回归问题，能够提高角度估计精度。为了提高在低信噪比和阵列互耦情况下的角度估计性能，

Chen 等通过去噪自动编码器恢复无噪声情况下的协方差向量，通过深度神经网络得到每个子区域中的空间谱，利用空间谱的峰值实现角度的精确估计[196]。Cong 等利用自动编码器和一系列并行有向无环图网络（Directed Acyclic Graph Network，DAGN），将角度估计视为回归问题，其中并行 DAGN 的每个子网络均由一个卷积神经网络和两个双向长短期记忆（Bidirectional Long Short-Term Memory，BiLSTM）网络组成，能够提高在阵列互耦和色噪声等非理想情况下的角度参数估计性能[197]。针对信号数目大于阵元数目的欠定情况，Ying 等提出了一种基于深度残差网络（Deep Residual Network，DRN）的角度估计方法，该网络通过对叠加不同时间延迟的多个协方差矩阵进行特征提取，利用超分辨的空间谱对欠定情况的角度进行估计[198]，相较于传统的模型驱动方法，深度残差网络能够提高计算效率以及低信噪比情况下的估计精度。针对信号角度不属于预设角度集合的网格失配情况，Wu 等提出了通过卷积神经网络得到无噪声协方差矩阵，利用 Root-MUSIC 方法实现无网格角度估计[199]，该方法能够突破网格划分的限制，从而提高信号的角度估计精度。

相较于模型驱动方法，深度神经网络和卷积神经网络属于“黑箱”模型，网络参数的可解释性较差，对于未经训练的数据，深度神经网络和卷积神经网络的泛化能力相对较差。此外，神经网络在训练过程中，容易出现过拟合情况，需要根据经验对神经网络的结构以及参数不断进行尝试和调整。

如图 1.2 所示，将原始算法的迭代步骤作为神经网络的隐藏层，通过将隐藏层进行级联可以构建出深度展开网络，网络的初始化参数对应原始算法迭代过程中的参数。深度展开网络相当于执行了原始算法的有限次迭代步骤，在网络训练过程中，通过链式求导将损失函数的梯度从最后一层反向逐层传播至第一层，沿梯度的相反方向对网络的参数进行更新。在训练过程中，深度展开网络能够学到隐含在数据背后的规律，对于未经训练的数据，网络也能给出合理的输出，因此具有一定的泛化能力。

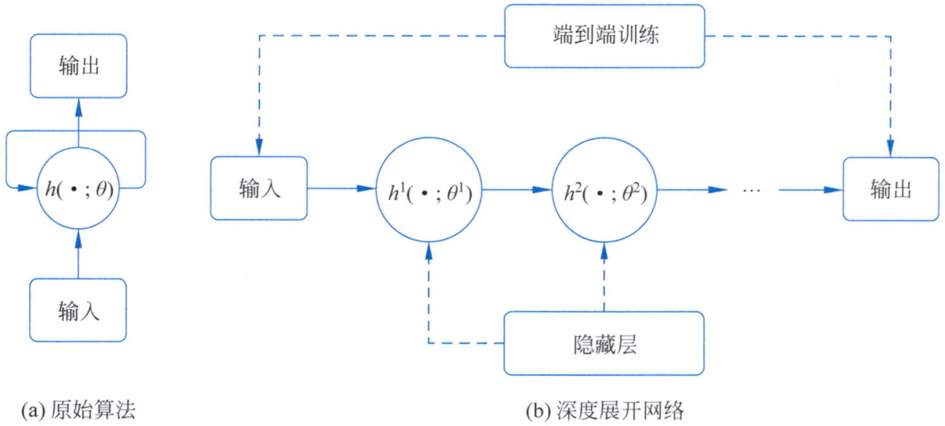

图 1.2　深度展开网络框架图

最早的深度展开网络可以追溯到 Gregor 等在稀疏编码中将迭代收缩阈值算法（Iterative Shrinkage Thresholding Algorithm，ISTA）的迭代步骤转化为深度展开网络的隐藏层，并将 ISTA 方法的非线性软阈值运算作为深度展开网络的激活函数，通过对深度展开网络进行端到端训练，能够有效加快稀疏编码的收敛速度[200]。由于该网络在隐藏层共享相同的权重参数，在架构上类似于循环神经网络（Recurrent Neural Network，RNN），因此在将 ISTA 方法的迭代过程展开为网络的级联形式后，在不同的隐藏层使用不同的参数，能够进一步加快收敛速度。Li 等对半二次分裂算法进行展开，通过误差的反向传播对参数进行更新，解决了图像去模糊问题[201]。与原始的迭代算法和传统的神经网络方法相比，该网络需要的参数更少，能够缩短计算时间。Borgerding 等将近似消息传递（Approximate Message Passing，AMP）算法和向量化近似消息传递（Vector-AMP，VAMP）算法的迭代过程构建为深度展开网络，并将其应用于 5G 通信的信道估计[202]。在核磁共振成像领域，Yang 等对交替方向乘子法（Alternate Direction Multiplier Method，ADMM）进行展开，并对迭代过程中的降噪步骤用分段线性函数进行学习，能够在 20%采样率的条件下实现稀疏重构[203,204]。Zheng 等将条件随机场迭代过程展开为循环神经网络，并将其嵌入卷积神经网络，从而避免了语义图像分割的后处理过程[205]。此外，Hosseini 等将投影梯度下降（Projected Gradient Descent，PGD）算法的迭代过程展开为网络的隐藏层，在网络的非相邻层之间引入全连接层，进一步增强了稀疏重构性能[206]。在逆合成孔径雷达成像领域，Li 等对 ADMM 算法进行展开，并引入了基于最小熵的自聚焦模块，能够从稀疏孔径一维距离向序列快速重构出完整雷达图像[207]。此外，Li 等将块稀疏和广义近似消息传递算法应用于稀疏贝叶斯学习，并将其迭代过程构建为深度展开网络，该网络的收敛速度比原始算法快 10 倍[208]。

针对不同场景下的参数估计问题，将相应的稀疏重构方法的迭代过程构建为深度展开网络的隐藏层，利用数据集对深度展开网络进行训练，有望加快参数估计的收敛速度，并且由于深度展开网络的参数具有一定的数学含义，因此可提高参数估计的泛化能力。

第2章

基于深度展开网络的非均匀阵列信号参数估计框架

2.1 引言

在模型驱动方法中,子空间类方法的计算复杂度相对较低,但是不适用于低信噪比和小快拍数情况;稀疏表示类方法在低信噪比和小快拍数情况下性能相对较好,但以相对较大的计算量为代价,导致信号参数估计的实时性较差。随着人工智能技术的发展,以卷积神经网络和残差神经网络等为代表的深度学习方法逐步应用于阵列信号处理,这类方法属于数据驱动类方法,通过对网络进行训练,建立输入数据和输出数据之间的非线性映射关系。深度展开网络将稀疏重构方法的迭代过程展开为轻量化网络的级联形式,相较于原始的稀疏重构算法,深度展开网络能够有效加快收敛速度。相较于深度神经网络和卷积神经网络,由于深度展开网络的参数具有一定的数学含义,对未经训练的信号参数具有一定的泛化能力。此外,根据在训练过程中是否使用标签,可以将深度学习方法分为有监督学习和无监督学习,传统的神经网络的损失函数与训练数据的标签有关,可以看作有监督学习,在网络的训练过程中往往需要大量的训练数据,导致训练时间相对较长。深度展开网络的损失函数对应稀疏重构方法的目标函数,一般不需要使用数据集的标签,可以看作无监督学习,并且在网络的训练过程中只需较少的训练数据,因此可以显著地减少训练时间。

近年来,非均匀阵列受到广泛的关注,典型的非均匀阵列包括最小冗余阵列、嵌套阵列和互质阵列。相较于阵元间隔相同的均匀阵列,在孔径相同的情况下,非均匀阵列所需阵元数更少,可以减少接收通道和信号处理系统的成本。由于非均匀阵列中稀疏子阵的间隔较大,因此能够抑制阵元之间的互耦对参数估计性能的影响。此外,在阵元数目相同的情况下,非均匀阵列能够拥有更大的阵列孔径和更多的 DOF,因此可以提高参数估计的精度,实现欠定情况下在信号数大于阵元数目时的参数估计。

本章主要介绍基于深度展开网络的非均匀阵列信号参数估计方法所涉及的基础知识和理论(如非均匀阵列的数学模型和深度展开网络的框架等),为后续章节的信号参数估计研究奠定基础。本章各节内容安排如下:2.2 节首先分析和比较了典型的非均匀阵列结构,并在此基础上建立信号参数估计的数学模型。2.3 节介绍基于深度展开网络的信号参数估计框架,并对该框架下的数据预处理、深度展开网络的训练和数据后处理等核心步骤进行详细阐述。2.4 节对本章进行总结。

2.2 非均匀阵列信号参数估计数学模型

相较于阵元间距相同的均匀阵列,非均匀阵列的阵元间距不同,在相同的阵元数目情况下具有更大的阵列孔径和更多的自由度,能够提高参数估计精度,解决信号个数大于阵元数目情况下的参数估计问题。

2.2.1 非均匀阵列结构

通过对非均匀阵列的阵元位置进行差分可以得到差协同阵列(Difference Co-Array, DCA),其阵元位置为

$$\{\xi_{m_1}-\xi_{m_2}, m_1, m_2=1,2,\cdots,M\} \tag{2.1}$$

其中,M 表示非均匀阵列的阵元数目,ξ_{m_1} 和 ξ_{m_2} 分别表示非均匀阵列的第 m_1 个阵元的位置和第 m_2 个阵元的位置。

自由度和冗余度是衡量非均匀阵列的重要指标,自由度表示阵列可以最多处理信号的个数,冗余度表示在差协同阵列中阵元位置的累计次数。由于差协同阵列的阵元数目多于原始非均匀阵列的阵元数目,其形成的虚拟孔径大于原始非均匀阵列的孔径,从而可以提高自由度和信号参数估计精度。下面对最小冗余阵列、嵌套阵列和互质阵列等典型的非均匀阵列进行介绍和分析。

1. 最小冗余阵列

最小冗余阵列是 Moffet 提出的一种冗余度最小的非均匀阵列结构[41]。相较于其他的非均匀阵列,最小冗余阵列在相同的阵元数目情况下具有最大的自由度。但是,最小冗余阵列的阵元位置只能通过穷举法确定,没有具体的闭式解。表 2.1 给出了在不同阵元数目情况下的最小冗余阵列的自由度和阵元位置。

表 2.1 最小冗余阵列的自由度和阵元位置

阵元数目	自由度	阵元位置
3	7	1 2 4 或 1 3 4
4	13	1 2 5 7 或 1 3 6 7
5	19	1 2 5 8 10 或 1 2 3 7 10
6	27	1 2 3 7 11 14 或 1 2 7 10 12 14
7	35	1 2 3 7 11 15 18 或 1 2 3 4 9 14 18
8	47	1 2 3 12 16 19 22 24 或 1 2 5 11 17 19 22 24
9	59	1 2 3 15 19 22 25 28 30 或 1 2 5 11 17 23 25 28 30
10	73	1 2 4 7 14 21 28 32 36 37
11	87	1 2 4 7 14 21 28 35 39 43 44

通过对 6 阵元最小冗余阵列的阵元位置进行差分,图 2.1 给出了对应差协同阵列各个阵元位置的冗余度。由图 2.1 可知,差协同阵列是连续的均匀线阵,自由度为 27,中心阵元

位置的冗余度为 6、±1 和±4 阵元位置的冗余度为 2，其余阵元位置的冗余度均为 1。

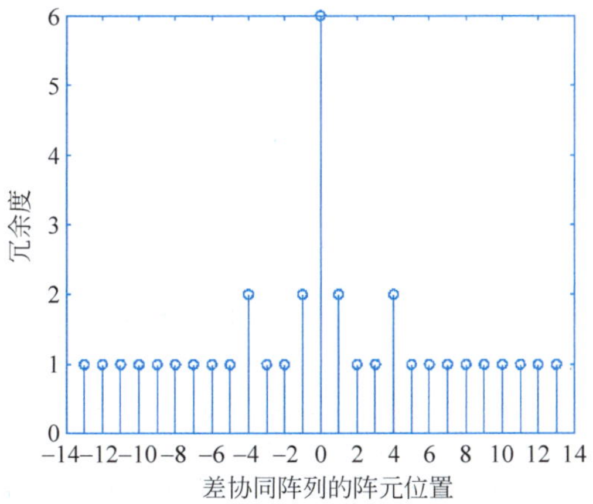

图 2.1　6 阵元最小冗余阵列对应差协同阵列阵元位置的冗余度

2. 嵌套阵列

嵌套阵列是 Pal 等提出的一种非均匀阵列结构[42]，由 M 个阵元构成两级嵌套阵列的 DOF 可以达到$(M^2-2)/2+M$。如图 2.2 所示，两级嵌套阵列由两个均匀子阵构成，实心点表示第 1 级子阵，由 $M/2$ 个阵元构成，阵元的间距设置为 d，阵元位置为

$$\{(m_1-1)d, m_1=1,2,\cdots,M/2\} \tag{2.2}$$

空心点表示第 2 级子阵，由 $M/2$ 个阵元构成，阵元的间距设置为$(M/2+1)d$，阵元位置为

$$\{(m_2(M/2+1)-1)d, m_2=1,2,\cdots,M/2\} \tag{2.3}$$

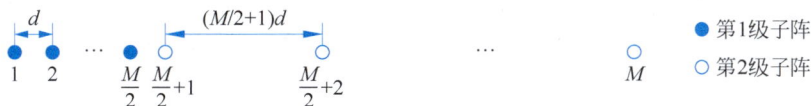

图 2.2　两级嵌套阵列结构示意图

通过对 6 阵元两级嵌套阵列的阵元位置进行差分，图 2.3 给出了对应差协同阵列各个阵元位置上的冗余度。由图 2.3 可知，6 阵元两级嵌套阵列的差协同阵列是连续的均匀线阵，DOF 为 23，中心阵元位置的冗余度为 6，±1 阵元位置的冗余度为 3、±2 和±4 阵元位置的冗余度为 2，其余阵元位置的冗余度均为 1。

3. 互质阵列

互质阵列是 Vaidyanathan 等提出的另一种非均匀阵列结构[43]。互质线阵由两个均匀子阵组成，两个子阵的阵元数目互为质数，以 M_1+M_2 个阵元构成互质阵列的为例，实心点表示第 1 个子阵，由 M_1 个阵元构成，阵元的间距设置为 M_2d，阵元位置为

$$\{(m_1-1)M_2d, m_1=1,2,\cdots,M_1\} \tag{2.4}$$

空心点表示第 2 个子阵，由 M_2 个阵元构成，阵元的间距设置为 M_1d，阵元位置为

$$\{(m_2-1)M_1d, m_2=1,2,\cdots,M_2\} \tag{2.5}$$

图 2.4 给出了 7 阵元互质阵列的结构示意图，两个子阵的阵元数目分别为 5 和 3，两个子阵除了第 1 个阵元位置重合，其余位置的阵元均没有重合。

通过对 7 阵元互质阵列的阵元位置进行差分，图 2.5 给出了对应差协同阵列各个阵元

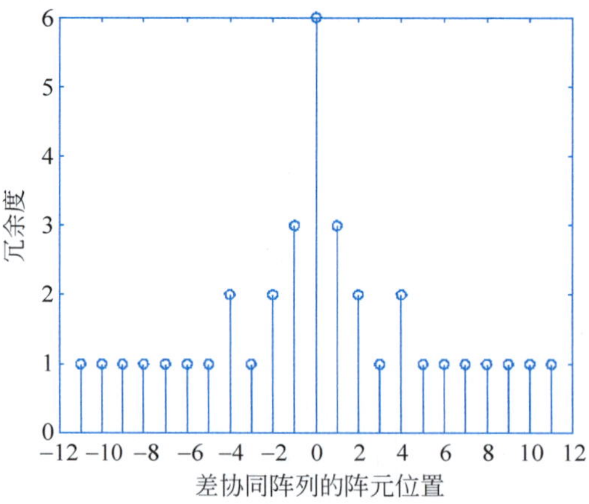

图 2.3　6 阵元两级嵌套阵列对应差协同阵列阵元位置的冗余度

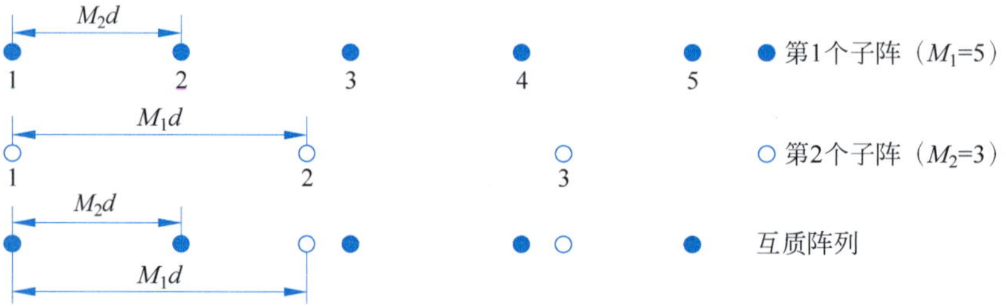

图 2.4　7 阵元互质阵列结构示意图（$M_1=5$，$M_2=3$）

位置上的冗余度。由图 2.5 可知，差协同阵列在 ±7 阵元位置之间的冗余度均大于 1，在 ±8 和 ±11 阵元位置存在孔洞，只能由中间 15 个阵元组成均匀线阵，损失了 ±8 以外的阵元构成的孔径。

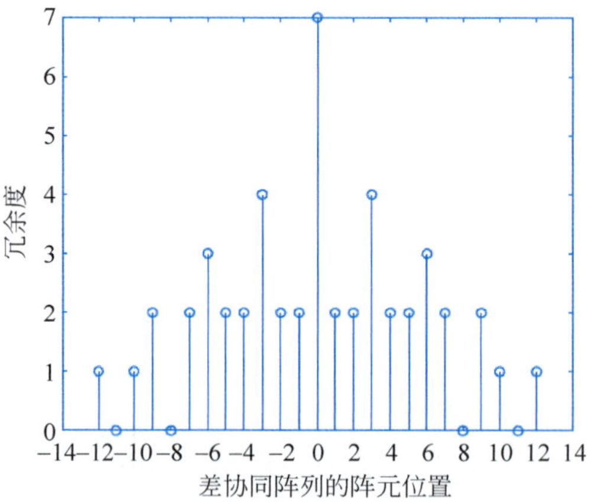

图 2.5　7 阵元互质阵列对应差协同阵列阵元位置的冗余度（$M_1=5$，$M_2=3$）

2.2.2　信号参数估计数学模型

嵌套阵列下的远场信号参数估计场景如图 2.6 所示，嵌套阵列第 1 级子阵的阵元位置和第 2 级子阵的阵元位置分别由式(2.2)和式(2.3)计算得到，由于远场信号与嵌套阵列之间的距离相对较远，可以视为平面波入射到嵌套阵列上，因此嵌套阵列的第 m 个阵元在第 n 个快拍的接收数据可以表示为

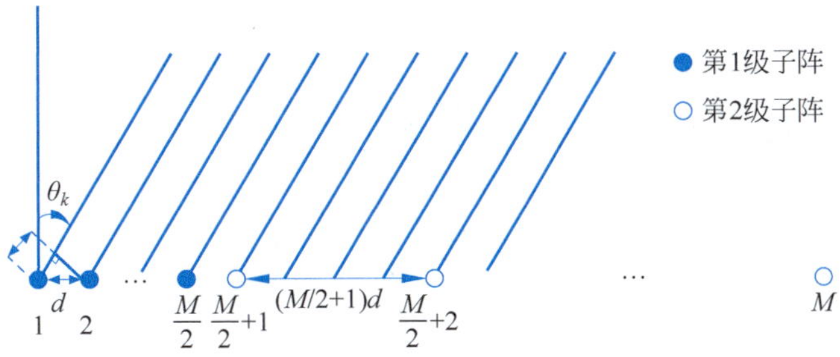

图 2.6　嵌套阵列下的远场信号参数估计场景图

$$x_m(n)=\sum_{k=1}^{K}s_k(n-\tau_{m,k})+w_m(n) \tag{2.6}$$

其中，$m=1,2,\cdots,M$，$n=1,2,\cdots,N$，$k=1,2,\cdots,K$，M 表示嵌套阵列的阵元数目，N 表示快拍数，K 表示非相干远场信号的个数，$s_k(n-\tau_{m,k})$表示第 m 个阵元接收的第 k 个远场信号在第 n 个快拍的发射数据，$w_m(n)$表示第 m 个阵元在第 n 个快拍接收的噪声，$\tau_{m,k}$ 表示第 k 个远场信号到达第 m 个阵元与到达第 1 个阵元的时延：

$$\tau_{m,k}=\frac{\xi_m\sin\theta_k}{c} \tag{2.7}$$

其中，ξ_m 表示第 m 个阵元的位置，$\theta_k\in[-\pi/2,\pi/2]$表示第 k 个远场信号的入射方向与纵坐标轴的夹角，c 表示光速。

利用第 k 个远场信号到达第 m 个阵元与到达第 1 个阵元的时延 $\tau_{m,k}$，第 m 个阵元接收的第 k 个远场信号在第 n 个快拍的发射数据 $s_k(n-\tau_{m,k})$可以表示为

$$s_k(n-\tau_{m,k})=|s_k(n-\tau_{m,k})|\,\mathrm{e}^{\mathrm{j}[2\pi f_k(n-\tau_{m,k})+\varphi_k(n-\tau_{m,k})]} \tag{2.8}$$

其中，f_k 表示第 k 个远场信号的中心频率，$|s_k(n-\tau_{m,k})|$和 $\varphi_k(n-\tau_{m,k})$分别表示第 k 个远场信号的第 n 个快拍在第 m 个阵元时延后的幅度和相位。由于时延 $\tau_{m,k}$ 远小于快拍的间隔，远场信号的幅度和相位的变化可以忽略不计，因此 $s_k(n-\tau_{m,k})$可以近似表示为

$$s_k(n-\tau_{m,k})\approx s_k(n)\mathrm{e}^{-\mathrm{j}2\pi f_k\tau_{m,k}} \tag{2.9}$$

将式(2.7)和式(2.9)代入式(2.6)，可以得到

$$x_m(n)=\sum_{k=1}^{K}s_k(n)\mathrm{e}^{\mathrm{j}\xi_m\eta_k}+w_m(n) \tag{2.10}$$

其中，$\eta_k=-2\pi\sin\theta_k/\lambda$，$\lambda$ 表示远场信号的波长。

因此，嵌套阵列在第 n 个快拍的接收数据可以表示为

$$\begin{aligned}\boldsymbol{x}(n)&=[x_1(n)\quad x_2(n)\quad\cdots\quad x_M(n)]^{\mathrm{T}}\\&=\sum_{k=1}^{K}\boldsymbol{a}(\theta_k)s_k(n)+\boldsymbol{w}(n)\\&=\boldsymbol{A}\boldsymbol{s}(n)+\boldsymbol{w}(n)\end{aligned} \tag{2.11}$$

其中，$(\cdot)^{\mathrm{T}}$ 表示转置运算，$\boldsymbol{A}=[\boldsymbol{a}(\theta_1)\quad\boldsymbol{a}(\theta_2)\quad\cdots\quad\boldsymbol{a}(\theta_K)]$表示远场信号的导向矩阵，$\boldsymbol{s}(n)=[s_1(n)\ s_2(n)\cdots s_K(n)]^{\mathrm{T}}$ 表示 K 个远场信号在第 n 个快拍的发射数据，$\boldsymbol{a}(\theta_k)=$

$[a_1(\theta_k)a_2(\theta_k)\cdots a_M(\theta_k)]^{\mathrm{T}}$ 表示第 k 个远场信号的导向向量，其中第 m 个元素为 $a_m(\theta_k)=\exp(-\mathrm{j}(2\pi\xi_m\sin\theta_k/\lambda))$，$\boldsymbol{w}(n)=[w_1(n)\ w_2(n)\cdots w_M(n)]^{\mathrm{T}}$ 表示嵌套阵列在第 n 个快拍接收的噪声向量。

2.3 深度展开网络理论框架

本节在非均匀阵列信号的数学模型基础上介绍基于深度展开网络的非均匀阵列信号参数估计框架。基于深度展开网络的非均匀阵列信号参数估计框架如图 2.7 所示，图中虚线框内为基于深度展开网络信号参数估计的核心部分，主要包括数据预处理、深度展开网络的训练与测试、数据后处理 3 部分。数据预处理也称为特征提取的过程，通过对非均匀阵列信号的原始数据进行处理，可以减少网络的输入数据维度，从而加快网络的收敛速度，减少网络的训练时间，常用的数据预处理方法包括相位差预处理、协方差矩阵预处理和协方差向量预处理等方法。在深度展开网络的构建过程中，一般是将稀疏重构方法的迭代过程转化为神经网络的级联形式，建立输入数据和信号参数之间的映射关系。在深度展开网络的训练过程中，如果使用到训练数据对应的信号参数标签，则视为有监督学习；反之，如果没有使用到信号参数标签，则视为无监督学习。此外，对深度展开网络的输出进行数据后处理可以实现信号的角度、距离和功率等参数估计。在深度展开网络的测试过程中，将非均匀阵列的接收数据或通过数学模型生成的数据进行预处理，并将其作为深度展开网络的输入，通过对网络的输出进行数据后处理可以得到信号参数估计结果。

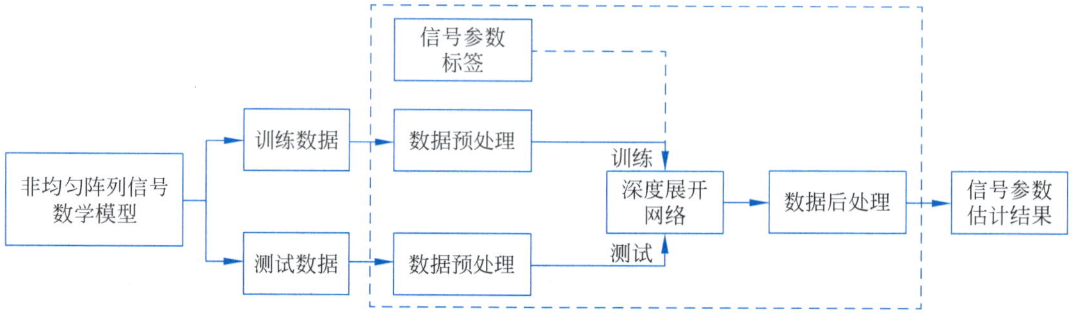

图 2.7 基于深度展开网络的非均匀阵列信号参数估计框架

2.3.1 协方差向量的稀疏表示

本节对协方差向量的稀疏表示进行介绍。协方差向量的稀疏表示可以作为数据预处理的一种方法，根据嵌套阵列下接收信号的数学模型，协方差矩阵可以表示为

$$\begin{aligned}\boldsymbol{R}&=E\{\boldsymbol{x}(n)\boldsymbol{x}^{\mathrm{H}}(n)\}\\&=\boldsymbol{A}\,\mathrm{diag}([\sigma_1^2\quad\sigma_2^2\quad\cdots\quad\sigma_K^2]^{\mathrm{T}})\boldsymbol{A}^{\mathrm{H}}+\sigma_{\mathrm{w}}^2\boldsymbol{I}_M\end{aligned}\tag{2.12}$$

其中，$E\{\cdot\}$表示求数学期望，$(\cdot)^{\mathrm{H}}$ 表示共轭转置运算，$\mathrm{diag}(\cdot)$表示将向量转化为矩阵对角线元素的运算，σ_k^2 表示第 k 个信号的功率，$k=1,2,\cdots,K$，σ_{w}^2 表示噪声的功率，在有限快拍数下，协方差矩阵可以计算为

$$\boldsymbol{R} \approx \frac{1}{N}\sum_{n=1}^{N}\boldsymbol{x}(n)\boldsymbol{x}^{\mathrm{H}}(n) \tag{2.13}$$

将协方差矩阵进行向量化处理，协方差向量可以表示为

$$\begin{aligned}\boldsymbol{y} &= \mathrm{vec}(\boldsymbol{R}) \\ &= [\boldsymbol{r}_1^{\mathrm{T}} \quad \boldsymbol{r}_2^{\mathrm{T}} \quad \cdots \quad \boldsymbol{r}_M^{\mathrm{T}}]^{\mathrm{T}}\end{aligned} \tag{2.14}$$

其中，vec(·)表示矩阵向量化运算，$\boldsymbol{r}_m^{\mathrm{T}}$ 表示协方差矩阵 $\boldsymbol{R}$ 的第 m 列。

根据矩阵向量化运算的性质，协方差向量可以计算为

$$\begin{aligned}\mathrm{vec}(\boldsymbol{R}) &= \mathrm{vec}(\boldsymbol{A}\,\mathrm{diag}([\sigma_1^2 \quad \sigma_2^2 \quad \cdots \quad \sigma_K^2]^{\mathrm{T}})\boldsymbol{A}^{\mathrm{H}} + \sigma_{\mathrm{w}}^2\boldsymbol{I}_M) \\ &= \mathrm{vec}(\boldsymbol{A}\,\mathrm{diag}([\sigma_1^2 \quad \sigma_2^2 \quad \cdots \quad \sigma_K^2]^{\mathrm{T}})\boldsymbol{A}^{\mathrm{H}}) + \mathrm{vec}(\sigma_{\mathrm{w}}^2\boldsymbol{I}_M) \\ &= (\boldsymbol{A}^* \odot \boldsymbol{A})[\sigma_1^2 \quad \sigma_2^2 \quad \cdots \quad \sigma_K^2]^{\mathrm{T}} + \sigma_{\mathrm{w}}^2[\boldsymbol{\eta}_1^{\mathrm{T}} \quad \boldsymbol{\eta}_2^{\mathrm{T}} \quad \boldsymbol{\eta}_M^{\mathrm{T}}]^{\mathrm{T}}\end{aligned} \tag{2.15}$$

其中，⊙表示导向矩阵的 Khatri-Rao 积，$\boldsymbol{\eta}_m^{\mathrm{T}}$ 表示单位矩阵 $\boldsymbol{I}_M$ 的第 m 列，即第 m 个元素为 1，其余元素为 0。$\boldsymbol{A}^* \odot \boldsymbol{A}$ 可以计算为

$$\boldsymbol{A}^* \odot \boldsymbol{A} = [\boldsymbol{a}^*(\theta_1) \otimes \boldsymbol{a}(\theta_1) \quad \boldsymbol{a}^*(\theta_2) \otimes \boldsymbol{a}(\theta_2) \quad \cdots \quad \boldsymbol{a}^*(\theta_K) \otimes \boldsymbol{a}(\theta_K)] \tag{2.16}$$

其中，$(\cdot)^*$ 表示共轭运算，$\boldsymbol{a}(\theta_k)$表示导向矩阵 $\boldsymbol{A}$ 的第 k 列，⊗表示克罗内克积，$\boldsymbol{a}^*(\theta_k) \otimes \boldsymbol{a}(\theta_k)$可以计算为

$$\boldsymbol{a}^*(\theta_k) \otimes \boldsymbol{a}(\theta_k) = \begin{bmatrix} a_1^*(\theta_k)\boldsymbol{a}(\theta_k) \\ a_2^*(\theta_k)\boldsymbol{a}(\theta_k) \\ \vdots \\ a_M^*(\theta_k)\boldsymbol{a}(\theta_k) \end{bmatrix} \tag{2.17}$$

因此，式(2.16)中 $\boldsymbol{A}^* \odot \boldsymbol{A}$ 为 $M^2 \times K$ 维矩阵，其中，第$(m_1-1)\times M+m_2$ 行第 k 列的元素可以表示为 $\exp(-\mathrm{j}(2\pi(\xi_{m_2}-\xi_{m_1})\sin\theta_k/\lambda))$，$m_1, m_2=1,2,\cdots,M$。由式(2.1)可知，通过将非均匀阵列的阵元位置相减可以得到差协同阵列，由 M 个阵元组成的嵌套阵列可以形成 $M^2/2+M-1$ 个虚拟阵元组成的均匀线阵，由于虚拟均匀线阵的孔径大于嵌套阵列的孔径，因此可以提升参数估计的精度。

将空间域划分为 Q 个离散网格，网格上角度集合为$\{\theta_1,\theta_2,\cdots,\theta_Q\}$，例如，当按 1°的间隔对[−90°,90°]空间域进行网格划分，可以得到网格上角度集合为{−90°,−89°,⋯,90°}。在网格上角度集合下，式(2.14)中协方差向量 $\boldsymbol{y}$ 的稀疏表示可以构建为

$$\boldsymbol{y} = \boldsymbol{\Phi}\boldsymbol{z} + \sigma_w^2[\boldsymbol{\eta}_1^{\mathrm{T}} \quad \boldsymbol{\eta}_2^{\mathrm{T}} \quad \cdots \quad \boldsymbol{\eta}_M^{\mathrm{T}}]^{\mathrm{T}} \tag{2.18}$$

其中，超完备词典$\boldsymbol{\Phi}$可以表示为

$$\begin{aligned}\boldsymbol{\Phi} &= [\boldsymbol{\varphi}(\theta_1) \quad \boldsymbol{\varphi}(\theta_2) \quad \cdots \quad \boldsymbol{\varphi}(\theta_Q)] \\ &= [\boldsymbol{a}^*(\theta_1) \otimes \boldsymbol{a}(\theta_1) \quad \boldsymbol{a}^*(\theta_2) \otimes \boldsymbol{a}(\theta_2) \quad \cdots \quad \boldsymbol{a}^*(\theta_Q) \otimes \boldsymbol{a}(\theta_Q)]\end{aligned} \tag{2.19}$$

$\boldsymbol{z}=[z_1 \quad z_2 \quad \cdots \quad z_Q]$表示网格上角度对应的空间谱，当 $\theta_q=\theta_k$ 时，即第 k 个信号的角度属于网格上角度集合时，空间谱 z 的第 q 个元素 z_q 为 σ_k^2，其余位置上的元素为 0，$q=1,2,\cdots,Q$，$k=1,2,\cdots,K$。

2.3.2 空间谱稀疏重构

本节对空间谱稀疏重构方法进行介绍。为了对稀疏重构问题的目标函数进行描述，将

空间谱 $\boldsymbol{z}=[z_1 z_2 \cdots z_Q]^{\mathrm{T}}$ 的 ℓ_p 范数定义为

$$\|\boldsymbol{z}\|_p=\left(\sum_{q=1}^{Q}|z_q|^p\right)^{\frac{1}{p}} \tag{2.20}$$

其中，$|\cdot|$表示取绝对值运算，z_q 表示空间谱 $\boldsymbol{z}$ 的第 q 个元素，$q=1,2,\cdots,Q$，Q 表示空间谱元素的个数。在无噪声况下，根据式(2.18)，空间谱在超完备词典$\boldsymbol{\Phi}$ 的协方差向量可以表示为

$$\boldsymbol{y}=\boldsymbol{\Phi z} \tag{2.21}$$

如果协方差向量 $\boldsymbol{y}$ 的 ℓ_p 范数 $\|\boldsymbol{y}\|_p \leqslant K$，那么协方差向量 $\boldsymbol{y}$ 在超完备词典$\boldsymbol{\Phi}$ 下是稀疏的，其中，$0<p<2$，K 表示空间谱 $\boldsymbol{z}$ 中非零元素的个数。由于超完备词典$\boldsymbol{\Phi}$ 是 $M\times Q$ 维矩阵，$M \ll Q$，因此 $\boldsymbol{y}=\boldsymbol{\Phi z}$ 是一个欠定方程组，会有无穷多组解，无法直接通过解方程得到空间谱 $\boldsymbol{z}$。如果超完备词典$\boldsymbol{\Phi}$ 满足互不相干准则(Mutual Incoherence Property，MIP)和有限等距准则(Restricted Isometry Property，RIP)等稀疏重构条件[77,78]，那么空间谱可以通过求解最小 ℓ_0 范数进行稀疏重构，目标函数和约束条件可以表示为

$$\begin{aligned}&\min \quad \|\boldsymbol{z}\|_0\\ &\text{s.t.} \quad \boldsymbol{y}=\boldsymbol{\Phi z}\end{aligned} \tag{2.22}$$

其中，$\|\cdot\|_0$ 表示 ℓ_0 范数，即向量中非零元素的个数，可以对空间谱的稀疏性进行描述。但是零范数的求解是一个非确定多项式(Non-deterministic Polynomial，NP)难问题，现有的稀疏重构方法主要可以分为贪婪算法、贝叶斯方法、非凸优化方法和凸优化方法。贪婪算法主要包括匹配追踪(Matching Pursuit，MP)算法和正交匹配追踪(Orthogonal Matching Pursuit，OMP)算法，这类方法通过在每次迭代过程中寻找局部最优解，虽然这类方法的计算复杂度相对较低，但是需要稀疏性的先验信息。贝叶斯方法是利用似然函数和先验信息，通过最大后验(Maximum A Posteriori，MAP)概率实现稀疏重构。非凸优化方法主要包括聚焦欠定系统求解器(FOCal Underdetermined System Solver，FOCUSS)方法和迭代加权最小二乘(Iteratively Re-weighted Least Squares，IRLS)方法，这类方法通过 ℓ_p 范数($0<p<1$)可以实现稀疏重构，超完备词典需要满足的有限等距准则的条件相对较弱。凸优化方法是通过求解最小 ℓ_1 范数代替求解最小 ℓ_0 范数进行稀疏重构[209]，目标函数和约束条件可以表示为

$$\begin{aligned}&\min \quad \|\boldsymbol{z}\|_1\\ &\text{s.t.} \quad \boldsymbol{y}=\boldsymbol{\Phi z}\end{aligned} \tag{2.23}$$

其中，$\|\cdot\|_1$ 表示 ℓ_1 范数。在有噪声的情况下，对空间谱进行稀疏重构的目标函数和约束条件可以表示为

$$\begin{aligned}&\min \quad \|\boldsymbol{z}\|_1\\ &\text{s.t.} \quad \|\boldsymbol{y}-\boldsymbol{\Phi z}\|_2^2 \leqslant \sigma_{\mathrm{w}}^2\end{aligned} \tag{2.24}$$

其中，$\|\cdot\|_2^2$ 表示 ℓ_2 范数的平方，σ_{w}^2 表示噪声功率。

稀疏重构的凸优化方法主要包括内点法(Interior Point Method，IPM)和梯度下降法(Gradient Descent Method，GDM)等方法。内点法的计算精度相对较高，但是计算复杂度较大；梯度下降法可以通过迭代求解，计算复杂度相对较低。常见的方法有迭代收缩阈值算法(Iterative Shrinkage Thresholding Algorithm，ISTA)、交替方向乘子法(Alternating

Direction Method of Multipliers，ADMM）、聚焦欠定系统求解器（FOCal Underdetermined System Solver，FOCUSS）、稀疏贝叶斯学习（Sparse Bayesian Learning，SBL）、迭代自适应算法（Iterative Adaptive Approach，IAA）等方法。一般来说，ISTA 和 ADMM 的计算复杂度较低，但是当信噪比较低时，稀疏重构的性能相对较差。FOCUSS 方法、SBL 方法以及 IAA 在低信噪比情况下稀疏重构的性能相对较好，但是计算复杂度相对较高。此外，ISTA、ADMM 和 FOCUSS 方法在迭代过程中需要人为设定超参数，如果参数选取不当则可能影响收敛速度。因此，需要根据以上稀疏重构方法的各自优势以及不同情况下的参数估计特点，选取相应的方法对空间谱进行重构。

以 ISTA 为例。该方法在每一次迭代过程中通过软阈值函数实现稀疏重构，计算复杂度相对较低。对空间谱 $\boldsymbol{z}$ 进行稀疏重构，式(2.24)可以等价为

$$\underset{\boldsymbol{\Phi},\boldsymbol{z}}{\operatorname{argmin}} \quad \frac{1}{2}\|\boldsymbol{y}-\boldsymbol{\Phi}\boldsymbol{z}\|_2^2+\omega\|\boldsymbol{z}\|_1 \tag{2.25}$$

其中，ω 表示正则化因子。令 $f_1=(1/2)\|\boldsymbol{y}-\boldsymbol{\Phi}\boldsymbol{z}\|_2^2$ 表示目标函数的重构误差部分，$f_2=\omega\|\boldsymbol{z}\|_1$ 表示目标函数的稀疏惩罚部分，目标函数 f 可以表示为

$$\begin{aligned} f&=f_1+f_2\\ &=\frac{1}{2}(\boldsymbol{y}-\boldsymbol{\Phi}\boldsymbol{z})^{\mathrm{H}}(\boldsymbol{y}-\boldsymbol{\Phi}\boldsymbol{z})+\omega\|\boldsymbol{z}\|_1 \end{aligned} \tag{2.26}$$

采用梯度下降法对目标函数 f 求 z 的偏导，可以得到

$$\begin{aligned} \frac{\partial f}{\partial \boldsymbol{z}}&=\frac{\partial f_1}{\partial \boldsymbol{z}}+\frac{\partial f_2}{\partial \boldsymbol{z}}\\ &=\boldsymbol{\Phi}^{\mathrm{H}}(\boldsymbol{\Phi}z-y)+\omega\operatorname{sgn}(\boldsymbol{z}) \end{aligned} \tag{2.27}$$

其中，$\partial(\cdot)$表示求偏导运算，$\operatorname{sgn}(\cdot)$表示符号函数：

$$\operatorname{sgn}(z_q)=\begin{cases}1, & z_q>0\\ 0, & z_q=0\\ -1, & z_q<0\end{cases} \tag{2.28}$$

z_q 表示空间谱 $\boldsymbol{z}$ 的第 q 个元素，$q=1,2,\cdots Q$。

对于重构误差部分，第 l 次的迭代过程可以计算为

$$\boldsymbol{z}^{(l)}=\boldsymbol{z}^{(l-1)}-\alpha\boldsymbol{\Phi}^{\mathrm{H}}(\boldsymbol{\Phi}\boldsymbol{z}^{(l-1)}-\boldsymbol{y}) \tag{2.29}$$

对于稀疏惩罚部分，第 l 次的迭代过程可以计算为

$$\boldsymbol{z}^{(l)}=\boldsymbol{z}^{(l-1)}-\alpha\omega\operatorname{sgn}(\boldsymbol{z}^{(l-1)}) \tag{2.30}$$

其中，$l=1,2,\cdots,L$，L 表示迭代次数。为了保证迭代的收敛性，$(1/\alpha)$要大于$\boldsymbol{\Phi}^{\mathrm{H}}\boldsymbol{\Phi}$ 的最大特征值。由于式[2.30]中的符号函数在 0 处是不可微的，如果在第 l 次迭代后的符号 $\operatorname{sgn}(z_q^{(l)})$与迭代前的符号 $\operatorname{sgn}(z_q^{(l-1)}-\alpha\omega\operatorname{sgn}(z_q^{(l-1)}))$不同，则将 $z_q^{(l)}$ 设置为 0，其中 $z_q^{(l)}$ 表示 $\boldsymbol{z}^{(l)}$ 的第 q 个元素，因此，空间谱稀疏重构的第 l 次迭代过程可以计算为

$$\boldsymbol{g}^{(l)}=\boldsymbol{z}^{(l-1)}-\alpha\boldsymbol{\Phi}^{\mathrm{H}}(\boldsymbol{\Phi}\boldsymbol{z}^{(l-1)}-\boldsymbol{y}) \tag{2.31}$$

$$\boldsymbol{z}^{(l)}=f_{\mathrm{ST}}(\boldsymbol{g}^{(l)},\alpha\omega) \tag{2.32}$$

其中，$l=1,2,\cdots,L$，L 表示迭代次数，$\boldsymbol{z}^{(0)}$ 的初始化为 Q 维零向量，$f_{\mathrm{ST}}(\cdot)$表示软阈值(Soft Thresholding，ST)函数，可以表示为

$$f_{\mathrm{ST}}(\boldsymbol{g}^{(l)},\alpha\omega)=\operatorname{sgn}(\boldsymbol{g}^{(l)})\oplus\max(|\boldsymbol{g}^{(l)}|-\alpha\omega,0) \tag{2.33}$$

其中，max(・)表示取最大值运算，$\oplus$表示 Hadamard 积，对于一个 $M\times N$ 维的矩阵 $\boldsymbol{A}$ 和一个 $M\times N$ 维的矩阵 $\boldsymbol{B}$，$\boldsymbol{A}\oplus\boldsymbol{B}$ 是一个 $M\times N$ 维的矩阵，即

$$\boldsymbol{A}\oplus\boldsymbol{B}=\begin{bmatrix} a_{1,1}b_{1,1} & a_{1,2}b_{1,2} & \cdots & a_{1,N}b_{1,N} \\ a_{2,1}b_{2,1} & a_{2,2}b_{2,2} & \cdots & a_{2,N}b_{2,N} \\ \vdots & \vdots & \ddots & \vdots \\ a_{M,1}b_{M,1} & a_{M,2}b_{M,2} & \cdots & a_{M,N}b_{M,N} \end{bmatrix} \tag{2.34}$$

其中，$a_{m,n}$ 表示矩阵 $\boldsymbol{A}$ 的第 m 行第 n 列的元素，$b_{m,n}$ 表示矩阵 $\boldsymbol{B}$ 的第 m 行第 n 列的元素，$m=1,2,\cdots,M$，$n=1,2,\cdots,N$。

ISTA 的计算流程如图 2.8 所示，其中 $\boldsymbol{y}$ 表示输入变量，z 表示输出变量，第 l 次迭代的计算过程为

$$\boldsymbol{z}^{(l)}=f_{\mathrm{ST}}(\boldsymbol{\Psi y}+\boldsymbol{\Pi z}^{(l-1)},\alpha\omega) \tag{2.35}$$

其中，

$$\boldsymbol{\Psi}=\alpha\boldsymbol{\Phi}^{\mathrm{H}} \tag{2.36}$$

$$\boldsymbol{\Pi}=\boldsymbol{I}_Q-\alpha\boldsymbol{\Phi}^{\mathrm{H}}\boldsymbol{\Phi} \tag{2.37}$$

$l=1,2,\cdots,L$，L 表示迭代次数，$\boldsymbol{\Phi}$ 表示超完备词典，$\boldsymbol{I}_Q$ 表示 Q 维单位矩阵，初始化 $\boldsymbol{z}^{(0)}$ 为 Q 维零向量，第 l 次迭代的输出 $\boldsymbol{z}^{(L)}$ 即为空间谱。图 2.9 给出了软阈值函数在坐标系下的示意图，其中的红线表示软阈值函数。由图 2.9 可知，软阈值函数关于原点中心对称，在 $[-\alpha\omega,\alpha\omega]$ 区间为 0。

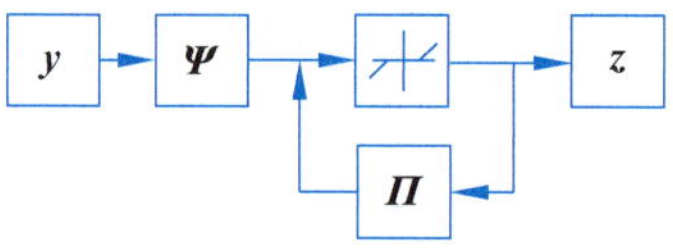

图 2.8 ISTA 的计算流程

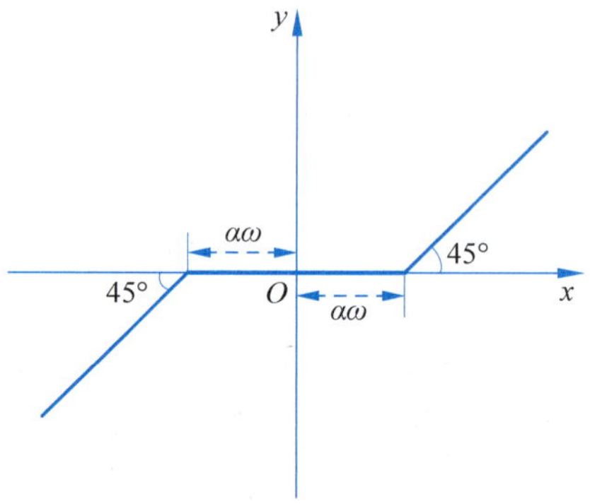

图 2.9 软阈值函数示意图

2.3.3 深度展开网络构建

本节在空间谱稀疏重构的基础上，对深度展开网络的构建过程进行了介绍。为了减少网络中复数运算的计算复杂度，将式(2.18)中的协方差向量 $\boldsymbol{y}$ 的稀疏表示转换到实数域：

$$\begin{bmatrix}\Re(\boldsymbol{y})\\ \Im(\boldsymbol{y})\end{bmatrix}=\begin{bmatrix}\Re(\boldsymbol{\Phi}) & -\Im(\boldsymbol{\Phi})\\ \Im(\boldsymbol{\Phi}) & \Re(\boldsymbol{\Phi})\end{bmatrix}\begin{bmatrix}\Re(\boldsymbol{z})\\ \Im(\boldsymbol{z})\end{bmatrix}+\begin{bmatrix}\Re(\sigma_{\mathrm{w}}^2\begin{bmatrix}\boldsymbol{\eta}_1^{\mathrm{T}} & \boldsymbol{\eta}_2^{\mathrm{T}} & \cdots & \boldsymbol{\eta}_M^{\mathrm{T}}\end{bmatrix}^{\mathrm{T}})\\ \Im(\sigma_{\mathrm{w}}^2\begin{bmatrix}\boldsymbol{\eta}_1^{\mathrm{T}} & \boldsymbol{\eta}_2^{\mathrm{T}} & \cdots & \boldsymbol{\eta}_M^{\mathrm{T}}\end{bmatrix}^{\mathrm{T}})\end{bmatrix} \tag{2.38}$$

其中，$\Re(\cdot)$表示取实部运算，$\Im(\cdot)$表示取虚部运算，σ_{w}^2 表示噪声功率，$\boldsymbol{\eta}_m^{\mathrm{T}}$ 表示 M 维单位矩阵 $\boldsymbol{I}_M$ 的第 m 列，即第 m 个元素为 1，其余元素为 0，$\Re(\boldsymbol{\Phi})$和 $\Im(\boldsymbol{\Phi})$分别表示超完备词典

的实部和虚部：

$$\Re(\boldsymbol{\Phi})=[\Re(\boldsymbol{\varphi}(\theta_1))\quad \Re(\boldsymbol{\varphi}(\theta_2))\quad \cdots\quad \Re(\boldsymbol{\varphi}(\theta_q))\quad \cdots\quad \Re(\boldsymbol{\varphi}(\theta_Q))] \tag{2.39}$$

$$\Im(\boldsymbol{\Phi})=[\Im(\boldsymbol{\varphi}(\theta_1))\quad \Im(\boldsymbol{\varphi}(\theta_2))\quad \cdots\quad \Im(\boldsymbol{\varphi}(\theta_q))\quad \cdots\quad \Im(\boldsymbol{\varphi}(\theta_Q))] \tag{2.40}$$

其中，$\boldsymbol{\varphi}(\theta_q)$表示超完备词典$\boldsymbol{\Phi}$的第$q$列。

由于σ_{w}^2表示噪声功率，空间谱$\boldsymbol{z}$的元素表示角度集合对应的功率，因此噪声功率虚部$\Im(\sigma_{\mathrm{w}}^2)$和空间谱虚部$\Im(\boldsymbol{z})$中的元素为0，实数域协方差向量$\boldsymbol{y}$的稀疏表示可以简化为

$$\begin{bmatrix}\Re(\boldsymbol{y})\\ \Im(\boldsymbol{y})\end{bmatrix}=\begin{bmatrix}\Re(\boldsymbol{\Phi})\\ \Im(\boldsymbol{\Phi})\end{bmatrix}\boldsymbol{z}+\begin{bmatrix}\sigma_{\mathrm{w}}^2[\boldsymbol{\eta}_1^{\mathrm{T}}\quad \boldsymbol{\eta}_2^{\mathrm{T}}\quad \cdots\quad \boldsymbol{\eta}_M^{\mathrm{T}}]^{\mathrm{T}}\\ \boldsymbol{0}_{M^2\times 1}\end{bmatrix} \tag{2.41}$$

可以看出，相较于式(2.38)需要$4M^2Q$次乘法运算，式(2.41)只需要$2M^2Q$次乘法运算，乘法运算量减少了一半。

令$\tilde{\boldsymbol{y}}$表示$[\Re(\boldsymbol{y}^{\mathrm{T}})\quad \Im(\boldsymbol{y}^{\mathrm{T}})]^{\mathrm{T}}$，$\tilde{\boldsymbol{\Phi}}$表示$[\Re(\boldsymbol{\Phi}^{\mathrm{T}})\quad \Im(\boldsymbol{\Phi}^{\mathrm{T}})]^{\mathrm{T}}$，式(2.41)可以表示为

$$\tilde{\boldsymbol{y}}=\tilde{\boldsymbol{\Phi}}\boldsymbol{z}+\begin{bmatrix}\sigma_{\mathrm{w}}^2[\boldsymbol{\eta}_1^{\mathrm{T}}\quad \boldsymbol{\eta}_2^{\mathrm{T}}\quad \cdots\quad \boldsymbol{\eta}_M^{\mathrm{T}}]^{\mathrm{T}}\\ \boldsymbol{0}_{M^2\times 1}\end{bmatrix} \tag{2.42}$$

深度展开ISTA网络结构如图2.10所示，将ISTA算法的迭代过程展开为神经网络的级联形式，深度展开ISTA网络共有L层，网络的输入为实数域的协方差向量$\tilde{\boldsymbol{y}}$，网络的输出为空间谱$\boldsymbol{z}^{(L)}$。

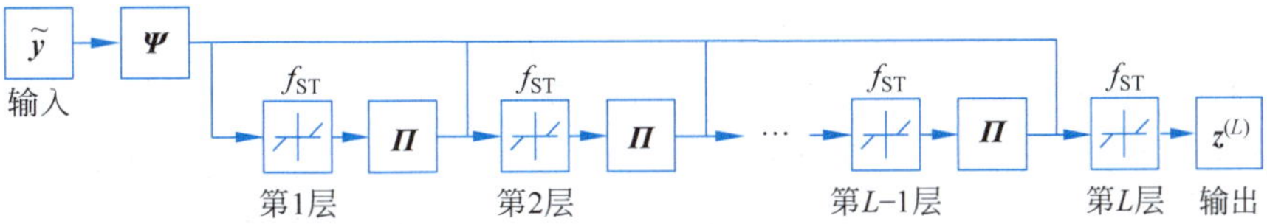

图2.10　深度展开ISTA网络结构图

深度展开ISTA网络的第1层输出为

$$\boldsymbol{z}^{(1)}=f_{\mathrm{ST}}(\boldsymbol{\Psi}\tilde{\boldsymbol{y}}) \tag{2.43}$$

第l层输出为

$$\boldsymbol{z}^{(l)}=f_{\mathrm{ST}}(\boldsymbol{\Psi}\tilde{\boldsymbol{y}}+\boldsymbol{\Pi}\boldsymbol{z}^{(l-1)},\varepsilon) \tag{2.44}$$

其中，$l=1,2,\cdots,L$，$\boldsymbol{\Psi}$表示$Q\times 2M^2$维矩阵，$\boldsymbol{\Pi}$表示$Q\times Q$维矩阵，ε表示阈值参数，$f_{\mathrm{ST}}(\cdot,\varepsilon)$表示软阈值函数，可以作为深度展开ISTA网络的激活函数。深度展开ISTA网络的初始化参数设置为

$$\boldsymbol{\Psi}=\alpha\tilde{\boldsymbol{\Phi}}^{\mathrm{T}} \tag{2.45}$$

$$\boldsymbol{\Pi}=\boldsymbol{I}_Q-\alpha\tilde{\boldsymbol{\Phi}}^{\mathrm{T}}\tilde{\boldsymbol{\Phi}} \tag{2.46}$$

其中，$\tilde{\boldsymbol{\Phi}}$表示实数域的超完备词典。一般情况下，为了保证深度展开ISTA网络在开始训练的过程中收敛，$(1/\alpha)$的初始化参数大于$\tilde{\boldsymbol{\Phi}}^{\mathrm{T}}\tilde{\boldsymbol{\Phi}}$的最大特征值。

2.3.4　深度展开网络训练

本节对深度展开网络训练过程中的损失函数(Loss Function)、优化器(Optimizer)、轮

次(Epoch)、批尺寸(Batch Size)、学习率(Learning Rate)以及数据后处理的方法进行介绍和分析。

以深度展开 ISTA 网络为例,在网络训练的过程中利用前向传播(Forward Propagation)计算误差,通过误差的反向传播(Back Propagation)对网络的参数$\boldsymbol{\Psi}$、$\boldsymbol{\Pi}$和ε进行更新,其中,损失函数$J(\boldsymbol{\Gamma})$表示为

$$J(\boldsymbol{\Gamma})=\frac{1}{T}\sum_{t=1}^{T}(\|\tilde{\boldsymbol{y}}_t-\tilde{\boldsymbol{\Phi}}\boldsymbol{z}_t^{(L)}\|_2+\omega\|\boldsymbol{z}_t^{(L)}\|_1) \tag{2.47}$$

$\boldsymbol{\Gamma}$表示网络的参数,ω表示正则化因子,$t=1,2,\cdots,T$,T表示训练样本的数量,$\tilde{\boldsymbol{y}}_t$表示网络输入的第t个训练样本,$\boldsymbol{z}_t^{(L)}$表示第t个训练样本输入网络后的第L层的输出。由于损失函数与重构误差以及空间谱的稀疏性有关,因此在深度展开 ISTA 网络的训练过程中没有使用标签(即训练样本对应的真实空间谱),可以看作无监督学习的过程。

1. *网络参数更新*

通过链式求导,将损失函数的梯度从最后一层反向逐层传播至第一层,沿梯度的相反方向对网络的参数进行更新,通过重复以上步骤,逐步得到网络的最优参数,使得损失函数的值尽可能小。常用的优化器主要包括随机梯度下降(Stochastic Gradient Descent,SGD)优化器、动量(Momentum)优化器、均方根传播(Root Mean Square Propagation,RMSProp)优化器和自适应动量(Adaptive momentum,Adam)优化器,下面分别对 4 种优化器进行介绍。

1) SGD 优化器

SGD 优化器利用当前的梯度对网络的参数进行更新:

$$\boldsymbol{\Gamma}_{i+1}=\boldsymbol{\Gamma}_i-\mu\nabla_{\boldsymbol{\Gamma}}J(\boldsymbol{\Gamma}_i) \tag{2.48}$$

其中,$\nabla_{\boldsymbol{\Gamma}}J(\boldsymbol{\Gamma}_i)$表示在第$i$次训练过程中参数的梯度,$\mu$表示学习率,通常设置为 0.01 或 0.001。SGD 优化器对学习率较为敏感,如果学习率设置过小,则参数更新的速度较慢;如果学习率设置过大,则梯度更新方向的振荡较为剧烈,容易收敛到局部最优。

2) 动量优化器

动量优化器利用了历史梯度的一阶动量,参数更新可以表示为

$$\begin{aligned}\boldsymbol{v}_i&=\rho_1\boldsymbol{v}_{i-1}+(1-\rho_1)\nabla_{\boldsymbol{\Gamma}}J(\boldsymbol{\Gamma}_i)\\ \boldsymbol{\Gamma}_{i+1}&=\boldsymbol{\Gamma}_i-\mu\boldsymbol{v}_i\end{aligned} \tag{2.49}$$

其中,ρ_1表示一阶动量因子。动量优化器在训练中的梯度更新方向更为平滑,避免振荡过大的问题,可以提高训练的稳定性。

3) RMSprop 优化器

RMSprop 优化器利用了历史梯度的二阶动量来调整学习率,参数更新可以表示为

$$\begin{aligned}\boldsymbol{\chi}_i&=\rho_2\boldsymbol{\chi}_{i-1}+(1-\rho_2)(\nabla_{\boldsymbol{\Gamma}}J(\boldsymbol{\Gamma}_i))^2\\ \boldsymbol{\Gamma}_{i+1}&=\boldsymbol{\Gamma}_i-\frac{\mu}{\sqrt{\boldsymbol{\chi}_i}+\varepsilon}\nabla_{\boldsymbol{\Gamma}}J(\boldsymbol{\Gamma}_i)\end{aligned} \tag{2.50}$$

其中,ρ_2表示二阶动量因子。RMSprop 优化器的学习率根据梯度的大小进行自适应地调整,当梯度较大时,降低参数更新的学习率;当梯度较小时,增大参数更新的学习率,同时为了避免分母为 0,在分母中增加了一个较小的常数ε。

4) Adam 优化器

Adam 优化器结合了动量优化器的思想和 RMSprop 优化器的思想,学习率通过历史梯

度的一阶动量和二阶动量进行调整，参数更新可以表示为

$$\bar{\boldsymbol{v}}_i = \frac{\boldsymbol{v}_i}{1-(\rho_1)^i}$$

$$\bar{\boldsymbol{\chi}}_i = \frac{\boldsymbol{\chi}_i}{1-(\rho_2)^i}$$

$$\boldsymbol{\Gamma}_{i+1} = \boldsymbol{\Gamma}_i - \frac{\mu}{\sqrt{\bar{\boldsymbol{\chi}}_i}+\varepsilon}\bar{\boldsymbol{v}}_i \tag{2.51}$$

其中，$\boldsymbol{v}_i$ 和$\boldsymbol{\chi}_i$ 分别表示一阶动量和二阶动量：

$$\boldsymbol{v}_i = \rho_1 \boldsymbol{v}_{i-1} + (1-\rho_1)\nabla_{\boldsymbol{\Gamma}} J(\boldsymbol{\Gamma}_i)$$

$$\boldsymbol{\chi}_i = \rho_2 \boldsymbol{\chi}_{i-1} + (1-\rho_2)(\nabla_{\boldsymbol{\Gamma}} J(\boldsymbol{\Gamma}_i))^2 \tag{2.52}$$

ρ_1 表示一阶动量因子，一般设置为 0.9，ρ_2 表示二阶动量因子，一般设置为 0.999，$\bar{\boldsymbol{v}}_i$ 和$\bar{\boldsymbol{\chi}}_i$ 分别表示在第 i 次训练后修正的一阶动量和二阶动量。可以看出，随着训练次数 i 的增加，$1-(\rho_1)^i$ 和 $1-(\rho_2)^i$ 逐渐趋近于 1。Adam 优化器在训练中能够平滑梯度更新方向，同时能够自适应地调整学习率。

2. 训练参数设置

在深度展开网络的训练过程中，需要对 Epoch、Batch Size 和 Learning Rate 进行设置。一次 Epoch 表示由全部训练样本完成一次前向传播和反向传播计算过程。Batch Size 表示在一个批次训练样本的数量，当训练样本较少时，如果 Batch Size 设置为训练样本数量，即将全部训练样本一次性输入网络，那么此时由全部训练样本计算的梯度下降方向能够更准确地朝向极值所在的方向，但是，这适用于训练样本较少的情况。当训练样本较多时，如果 Batch Size 设置为训练样本的数量，即将全部训练样本一次性输入网络，由于计算机的内存的限制，无法执行网络的训练过程。如果将 Batch Size 设置为 1，则可以视为在线学习(Online Learning)过程，此时以每个样本的梯度方向进行修正，容易陷入局部极值，并且难以达到收敛。

一方面，在计算机内存容许的范围内，在网络的训练过程中增大 Batch Size 可以提高计算机内存利用率，减少完成一次 Epoch 所需的迭代次数，使得梯度下降的方向更为准确，进而加快网络的收敛速度。另一方面，由于训练精度与局部极值有关，因此在达到相同训练精度的要求下，Batch Size 越大，所需的 Epoch 越多，从而需要更多的训练时间。由于上述两方面的矛盾，需要在训练过程中选择一个合适的 Batch Size，达到最优的训练时间和训练精度。

此外，在深度展开网络的训练过程中需要设置一个合适的学习率。一方面，如果学习率设置过大，那么可能会导致在参数更新时出现梯度爆炸的情况；另一方面，如果学习率设置过小，那么在训练的过程中往往需要较多的迭代次数才能够达到收敛。

2.3.5 数据后处理

数据后处理是利用网络的输出实现信号参数估计，一般来说，不同类型网络的输出需要使用不同的数据后处理方法。对于网络输出的空间谱 $\boldsymbol{z}^{(L)}$，空间谱的谱峰所对应的位置即为信号角度的估计值，但是由离散化的角度集合构成的空间谱会引入量化误差。为了提高

估计精度，通过线性插值的方法得到第 k 个信号角度的估计值可以表示为

$$\hat{\theta}_k=\frac{\sqrt{\boldsymbol{z}_{k,1}^{(L)}}}{\sqrt{\boldsymbol{z}_{k,1}^{(L)}}+\sqrt{\boldsymbol{z}_{k,2}^{(L)}}}\hat{\theta}_{k,1}+\frac{\sqrt{\boldsymbol{z}_{k,2}^{(L)}}}{\sqrt{\boldsymbol{z}_{k,1}^{(L)}}+\sqrt{\boldsymbol{z}_{k,2}^{(L)}}}\hat{\theta}_{k,2} \tag{2.53}$$

其中，$k=1,2,\cdots,K$，$\hat{\theta}_{k,1}$ 和 $\hat{\theta}_{k,2}$ 分别表示在空间谱中第 k 个谱峰对应的左侧角度值和右侧角度值，$\boldsymbol{z}_{k,1}^{(L)}$ 和 $\boldsymbol{z}_{k,2}^{(L)}$ 分别表示在空间谱中第 k 个谱峰的左侧幅值和右侧幅值，由于空间谱表示离散化角度对应的功率，因此离散化角度对应的幅度需要对功率进行开平方处理。

2.4 本章小结

本章主要介绍了非均匀阵列信号参数估计的数学模型以及基于深度展开网络的非均匀阵列信号参数估计框架，为后续章节研究提供了基础和保障。所取得的研究成果主要包括：

(1) 介绍了最小冗余阵列、嵌套阵列和互质阵列等典型的非均匀阵列；对比了 3 种非均匀阵列的自由度和冗余度；阐述了非均匀阵列能够提高参数估计精度的原理，并且能够解决信号个数大于阵元数目情况下的参数估计问题；在此基础上建立了非均匀阵列信号参数估计的数学模型。

(2) 建立了基于深度展开网络的非均匀阵列信号参数估计框架，对数据预处理、深度展开网络的训练以及数据后处理等核心步骤进行了重点介绍，主要包括利用协方差向量的稀疏表示进行数据预处理，利用空间谱稀疏重构方法的迭代步骤构建深度展开网络，利用线性插值的方法进行数据后处理。此外，对深度展开网络的训练过程中损失函数、优化器和学习率等参数进行了介绍和分析。

第3章

远场信号的离网格角度估计方法

3.1 引言

第 2 章在远场信号的角度属于网格上角度集合的假设下建立了数学模型,但是在离网格情况下,即远场信号的角度不属于网格上角度集合时,通过第 2 章建立的数学模型无法对离网格角度估计情况进行准确描述,从而会降低离网格角度的估计精度。如果通过减小网格上角度的间隔来提高估计精度,这会增加网格上角度集合中元素的个数,导致超完备词典维度增大,从而在稀疏重构的过程中需要更大的计算量。此外,根据稀疏表示理论的 MIP 和 RIP 准则,如果网格上角度的间隔划分过小,则会使得超完备词典的不同列之间存在高度相关性,从而导致稀疏重构的算法失效。

本章在网格上角度集合以及超完备词典的基础上,引入了信号角度与网格上角度之间的量化误差,利用超完备词典的一阶导数,建立了离网格角度估计的数学模型。此外,为了降低运算复杂度,本章将嵌套阵列的复数域协方差向量转化为实数域协方差向量。考虑到深度展开网络具有模型驱动方法和数据驱动方法的双重优势,本章将稀疏重构算法的迭代步骤转换为神经网络的级联形式,分别构建了深度展开聚焦欠定系统求解器(FOCal Underdetermined System Solver,FOCUSS)网络和深度展开交替方向乘子法(Alternating Direction Method of Multipliers,ADMM)网络,通过网格上空间谱和离网格量化误差的交替迭代实现远场信号的离网格角度估计。实验结果表明,深度展开 ADMM 网络的计算复杂度相对较低,但是估计精度低于深度展开 FOCUSS 网络;而深度展开 FOCUSS 网络具有更高的估计精度,但是计算复杂度也相对较高。

本章各节内容安排如下:3.2 节建立了嵌套阵列下的实数域离网格角度估计的数学模型,其中 3.2.1 节介绍了超完备词典一阶导数的计算过程,3.2.2 节描述了将复数域的协方差向量转化为实数域协方差向量的计算步骤;3.3 节提出了基于深度展开 FOCUSS 网络的离网格角度估计方法;3.4 节提出了基于深度展开 ADMM 网络的离网格角度估计方法;3.5 节通过仿真实验从收敛性能、泛化能力、计算复杂度和估计精度等方面对所提出的深度展开 FOCUSS 网络和深度展开 ADMM 网络进行了详细分析和比较;3.6 节通过实测数据对所提深度展开 FOCUSS 网络和深度展开 ADMM 网络的有效性进行了验证；3.7 节对本章的研究内容和主要成果进行了归纳和总结。

3.2 实数域离网格角度估计数学模型

本节引入了远场信号角度与网格上角度之间的量化误差，在超完备词典一阶导数的基础上，建立了嵌套阵列下的离网格角度估计数学模型，并将嵌套阵列的复数域协方差向量转化为实数域协方差向量。

3.2.1 超完备词典的一阶导数

离网格角度估计如图 3.1 所示，将空间域划分为 Q 个离散网格，网格上角度集合可以表示为 $\{\theta_1,\theta_2,\cdots,\theta_Q\}$，在离网格情况下，即第 k 个远场信号角度 θ_k 不属于网格上角度集合时，对式(2.14)中 $\boldsymbol{A}^*\odot\boldsymbol{A}$ 的第 k 个列进行一阶泰勒级数展开，可以表示为

$$\boldsymbol{a}^*(\theta_k)\otimes\boldsymbol{a}(\theta_k)\approx\boldsymbol{a}^*(\theta_{q_k})\otimes\boldsymbol{a}(\theta_{q_k})+(\boldsymbol{a}^*(\theta_{q_k})\otimes\boldsymbol{a}(\theta_{q_k}))'\Delta_{q_k} \tag{3.1}$$

其中，$(\cdot)'$ 表示求导运算，$\boldsymbol{a}(\theta_k)=[a_1(\theta_k)\quad a_2(\theta_k)\quad\cdots\quad a_M(\theta_k)]^{\mathrm{T}}$ 表示第 k 个信号的导向向量，第 m 个元素为 $a_m(\theta_k)=\exp(-\mathrm{j}(2\pi\xi_m\sin\theta_k/\lambda))$，$\theta_{q_k}$ 表示第 k 个信号角度 θ_k 在网格上角度集合中最相邻的角度，$(\boldsymbol{a}^*(\theta_{q_k})\otimes\boldsymbol{a}(\theta_{q_k}))'$ 表示 $\boldsymbol{a}^*(\theta)\otimes\boldsymbol{a}(\theta)$ 在 $\theta=\theta_{q_k}$ 处的一阶导数，$\Delta_{q_k}=\theta_k-\theta_{q_k}$ 表示第 k 个信号角度与网格上最相邻角度之间的量化误差，$-\delta/2\leqslant\Delta_{q_k}<\delta/2$，$\delta$ 表示网格上角度集合的划分间隔。

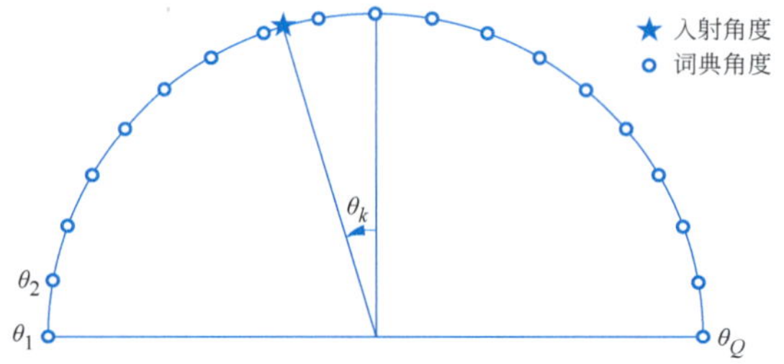

图 3.1 离网格角度估计示意图

在离网格情况下，利用网格上超完备词典的一阶导数，远场信号协方差向量的稀疏表示可以构建为

$$\boldsymbol{y}=(\boldsymbol{\Phi}+\boldsymbol{FB})\boldsymbol{z}+\sigma_{\mathrm{w}}^2[\boldsymbol{\eta}_1^{\mathrm{T}}\quad\boldsymbol{\eta}_2^{\mathrm{T}}\quad\cdots\quad\boldsymbol{\eta}_M^{\mathrm{T}}]^{\mathrm{T}} \tag{3.2}$$

其中，σ_{w}^2 表示噪声功率，$\boldsymbol{\eta}_m^{\mathrm{T}}$ 表示 M 维单位矩阵 $\boldsymbol{I}_M$ 的第 m 列，即第 m 个元素为 1，其余元素为 0 的向量，$\boldsymbol{z}=[z_1z_2\cdots z_Q]^{\mathrm{T}}$ 表示网格上的空间谱，$\{\theta_{q_1},\theta_{q_2},\cdots,\theta_{q_K}\}$ 在网格上空间谱中对应元素的数值分别为 $\{\sigma_1^2,\sigma_2^2,\cdots,\sigma_k^2\}$，$\sigma_k^2$ 表示第 k 个信号的功率。此外，$\boldsymbol{\Phi}+\boldsymbol{FB}$ 表示离网格超完备词典，$\boldsymbol{\Phi}$ 表示网格上超完备词典，可以表示为

$$\begin{aligned}\boldsymbol{\Phi}&=[\boldsymbol{\varphi}(\theta_1)\quad\boldsymbol{\varphi}(\theta_2)\quad\cdots\quad\boldsymbol{\varphi}(\theta_Q)]\\&=[\boldsymbol{a}^*(\theta_1)\otimes\boldsymbol{a}(\theta_1)\quad\boldsymbol{a}^*(\theta_2)\otimes\boldsymbol{a}(\theta_2)\quad\cdots\quad\boldsymbol{a}^*(\theta_Q)\otimes\boldsymbol{a}(\theta_Q)]\end{aligned} \tag{3.3}$$

其中，$\boldsymbol{a}(\theta_q)=[a_1(\theta_q)\quad a_2(\theta_q)\quad\cdots\quad a_M(\theta_q)]^{\mathrm{T}}$ 表示在角度集合 $\{\theta_1,\theta_2,\cdots,\theta_Q\}$ 中第 q 个

角度对应的导向向量，$\boldsymbol{F}$ 表示网格上超完备词典的一阶导数，可以表示为

$$\begin{aligned}\boldsymbol{F} &= [\boldsymbol{f}(\theta_1)\quad \boldsymbol{f}(\theta_2)\quad \cdots\quad \boldsymbol{f}(\theta_Q)] \\ &= [\boldsymbol{\varphi}'(\theta_1)\quad \boldsymbol{\varphi}'(\theta_2)\quad \cdots\quad \boldsymbol{\varphi}'(\theta_Q)] \\ &= [(\boldsymbol{a}^*(\theta_1)\otimes\boldsymbol{a}(\theta_1))'\quad (\boldsymbol{a}^*(\theta_2)\otimes\boldsymbol{a}(\theta_2))'\quad \cdots\quad (\boldsymbol{a}^*(\theta_Q)\otimes\boldsymbol{a}(\theta_Q))'] \end{aligned} \tag{3.4}$$

$\boldsymbol{B}$ 表示量化误差矩阵，可以表示为

$$\boldsymbol{B} = \mathrm{diag}(\boldsymbol{b}) \tag{3.5}$$

$\boldsymbol{b}=[b_1\quad b_2\quad \cdots\quad b_Q]^{\mathrm{T}}$ 表示量化误差向量，$\{\theta_{q_1},\theta_{q_2},\cdots,\theta_{q_k}\}$ 在量化误差向量中对应元素的数值分别为 $\{\Delta_1,\Delta_2,\cdots,\Delta_k\}$，量化误差向量中其余元素的数值为 0。

3.2.2　实数域的协方差向量

为了降低运算复杂度，利用式(3.2)中协方差向量的实部和虚部，嵌套阵列下的实数域协方差向量可以表示为

$$\begin{bmatrix}\Re(\boldsymbol{y})\\ \Im(\boldsymbol{y})\end{bmatrix} = \begin{bmatrix}\Re(\boldsymbol{\Phi}+\boldsymbol{FB}) & -\Im(\boldsymbol{\Phi}+\boldsymbol{FB})\\ \Im(\boldsymbol{\Phi}+\boldsymbol{FB}) & \Re(\boldsymbol{\Phi}+\boldsymbol{FB})\end{bmatrix}\begin{bmatrix}\Re(\boldsymbol{z})\\ \Im(\boldsymbol{z})\end{bmatrix} + \begin{bmatrix}\Re(\sigma_{\mathrm{w}}^2[\boldsymbol{\eta}_1^{\mathrm{T}}\quad \boldsymbol{\eta}_2^{\mathrm{T}}\quad \cdots\quad \boldsymbol{\eta}_M^{\mathrm{T}}]^{\mathrm{T}})\\ \Im(\sigma_{\mathrm{w}}^2[\boldsymbol{\eta}_1^{\mathrm{T}}\quad \boldsymbol{\eta}_2^{\mathrm{T}}\quad \cdots\quad \boldsymbol{\eta}_M^{\mathrm{T}}]^{\mathrm{T}})\end{bmatrix} \tag{3.6}$$

由于空间谱 z 中的元素表示角度集合 $\{\theta_1,\theta_2,\cdots,\theta_Q\}$ 对应的功率，其虚部为 0；σ_{w}^2 表示噪声功率，其虚部也为 0，因此，实数域的远场信号协方差向量可以重构为

$$\begin{aligned}\begin{bmatrix}\Re(\boldsymbol{y})\\ \Im(\boldsymbol{y})\end{bmatrix} &= \begin{bmatrix}\Re(\boldsymbol{\Phi}+\boldsymbol{FB})\\ \Im(\boldsymbol{\Phi}+\boldsymbol{FB})\end{bmatrix} z + \begin{bmatrix}\sigma_{\mathrm{w}}^2[\boldsymbol{\eta}_1^{\mathrm{T}}\quad \boldsymbol{\eta}_2^{\mathrm{T}}\quad \cdots\quad \boldsymbol{\eta}_M^{\mathrm{T}}]^{\mathrm{T}}\\ \boldsymbol{0}_{M^2\times 1}\end{bmatrix} \\ &= \left(\begin{bmatrix}\Re(\boldsymbol{\Phi})\\ \Im(\boldsymbol{\Phi})\end{bmatrix} + \begin{bmatrix}\Re(\boldsymbol{F})\\ \Im(\boldsymbol{F})\end{bmatrix}\boldsymbol{B}\right) z + \begin{bmatrix}\sigma_{\mathrm{w}}^2[\boldsymbol{\eta}_1^{\mathrm{T}}\quad \boldsymbol{\eta}_2^{\mathrm{T}}\quad \cdots\quad \boldsymbol{\eta}_M^{\mathrm{T}}]^{\mathrm{T}}\\ \boldsymbol{0}_{M^2\times 1}\end{bmatrix}\end{aligned} \tag{3.7}$$

其中，$\Re(\boldsymbol{\Phi})$ 和 $\Im(\boldsymbol{\Phi})$ 分别表示网格上超完备词典的实部和虚部：

$$\Re(\boldsymbol{\Phi}) = [\Re(\boldsymbol{\varphi}(\theta_1))\quad \Re(\boldsymbol{\varphi}(\theta_2))\quad \cdots\quad \Re(\boldsymbol{\varphi}(\theta_q))\quad \cdots\quad \Re(\boldsymbol{\varphi}(\theta_Q))] \tag{3.8}$$

$$\Im(\boldsymbol{\Phi}) = [\Im(\boldsymbol{\varphi}(\theta_1))\quad \Im(\boldsymbol{\varphi}(\theta_2))\quad \cdots\quad \Im(\boldsymbol{\varphi}(\theta_q))\quad \cdots\quad \Im(\boldsymbol{\varphi}(\theta_Q))] \tag{3.9}$$

$\boldsymbol{\varphi}(\theta_q)$ 表示网格上超完备词典 $\boldsymbol{\Phi}$ 的第 q 列。此外，式(3.7)中 $\Re(\boldsymbol{F})$ 和 $\Im(\boldsymbol{F})$ 分别表示网格上超完备词典一阶导数的实部和虚部：

$$\Re(\boldsymbol{F}) = [\Re(\boldsymbol{f}(\theta_1))\quad \Re(\boldsymbol{f}(\theta_2))\quad \cdots\quad \Re(\boldsymbol{f}(\theta_q))\quad \cdots\quad \Re(\boldsymbol{f}(\theta_Q))] \tag{3.10}$$

$$\Im(\boldsymbol{F}) = [\Im(\boldsymbol{f}(\theta_1))\quad \Im(\boldsymbol{f}(\theta_2))\quad \cdots\quad \Im(\boldsymbol{f}(\theta_q))\quad \cdots\quad \Im(\boldsymbol{f}(\theta_Q))] \tag{3.11}$$

$\boldsymbol{f}(\theta_q)$ 表示网格上超完备词典一阶导数 $\boldsymbol{F}$ 的第 q 列，$\Re(\boldsymbol{F})$ 和 $\Im(\boldsymbol{F})$ 的详细计算过程在中附录 A 中给出。

3.3　基于深度展开 FOCUSS 网络的离网格角度估计方法

为了加快 FOCUSS 算法的收敛速度，本节将 FOCUSS 方法的迭代步骤展开为网络级联的形式，利用网格上空间谱和离网格量化误差实现离网格角度估计。深度展开 FOCUSS 网络如图 3.2 所示，网格上空间谱估计和离网格量化误差估计各有 L 层，利用前一层的离网格量化误差矩阵 $\boldsymbol{B}$ 对当前层的网格上空间谱 z 进行估计，利用前一层的网格上空间谱 z

对当前层的离网格量化误差矩阵 $\boldsymbol{B}$ 进行估计。

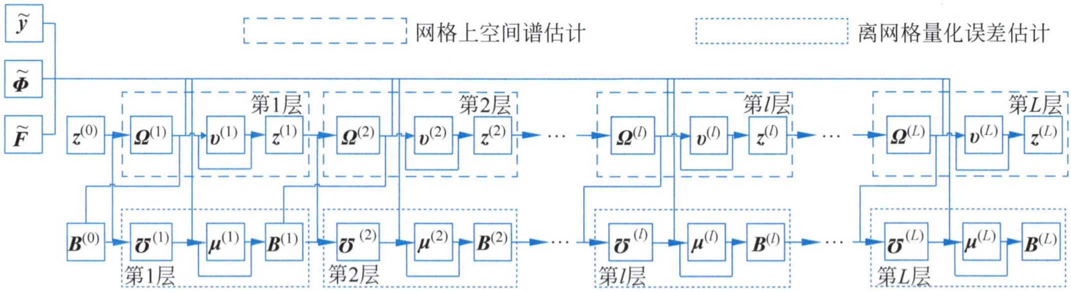

图 3.2　基于深度展开 FOCUSS 网络的离网格角度估计结构图

3.3.1　网格上空间谱估计

将式(3.7)中$[\Re(\boldsymbol{y}^{\mathrm{T}})\quad \Im(\boldsymbol{y}^{\mathrm{T}})]^{\mathrm{T}}$ 表示为 $\widetilde{\boldsymbol{y}}$，$[\Re(\boldsymbol{\Phi}^{\mathrm{T}})\quad \Im(\boldsymbol{\Phi}^{\mathrm{T}})]^{\mathrm{T}}$ 表示为$\widetilde{\boldsymbol{\Phi}}$，$[\Re(\boldsymbol{F})^{\mathrm{T}}\quad \Im(\boldsymbol{F})^{\mathrm{T}}]^{\mathrm{T}}$ 表示为 $\widetilde{\boldsymbol{F}}$，实数域的协方差向量可以表示为

$$\widetilde{\boldsymbol{y}}=(\widetilde{\boldsymbol{\Phi}}+\widetilde{\boldsymbol{F}}\boldsymbol{B})\boldsymbol{z}+\begin{bmatrix}\sigma_{\mathrm{w}}^{2}[\boldsymbol{\eta}_{1}^{\mathrm{T}} & \boldsymbol{\eta}_{2}^{\mathrm{T}} & \cdots & \boldsymbol{\eta}_{M}^{\mathrm{T}}]^{\mathrm{T}}\\ & \boldsymbol{0}_{M^{2}\times 1} & & \end{bmatrix}\tag{3.12}$$

由于模型驱动 FOCUSS 算法在目标函数中利用了一个权重矩阵，可以通过最小化的 ℓ_2 范数来逼近最小化的 ℓ_0 范数[53]。由于实数域离网格超完备词典$\widetilde{\boldsymbol{\Phi}}+\widetilde{\boldsymbol{F}}\boldsymbol{B}$ 的列数大于行数，因此式(3.12)的解不唯一，需要加入约束项进行求解。基于权重最小化范数准则，网格上空间谱估计的优化问题可以转化为

$$\begin{aligned}&\min\quad \|\boldsymbol{\Omega}^{-1}\boldsymbol{z}\|_2^2\\ &\text{s.t.}\quad \widetilde{\boldsymbol{y}}=(\widetilde{\boldsymbol{\Phi}}+\widetilde{\boldsymbol{F}}\boldsymbol{B})\boldsymbol{z}\end{aligned}\tag{3.13}$$

其中，$\boldsymbol{\Omega}$ 表示权重矩阵，网格上空间谱 $\boldsymbol{z}$ 可以通过迭代过程进行求解。一般来说，模型驱动 FOCUSS 方法的迭代求解过程收敛速度较慢，本节将模型驱动 FOCUSS 算法的迭代步骤转化为深度展开网络的隐藏层，并通过网络训练来加快收敛速度。在深度展开 FOCUSS 网络的前向传播过程中，网格上空间谱估计的第 l 层输出可以计算为

$$\boldsymbol{\Omega}^{(l)}=\mathrm{diag}([\boldsymbol{z}^{(l-1)}]^{\alpha_1})\tag{3.14}$$

$$\boldsymbol{\Lambda}^{(l)}=(\widetilde{\boldsymbol{\Phi}}+\widetilde{\boldsymbol{F}}\boldsymbol{B}^{(l)})\boldsymbol{\Omega}^{(l)}\tag{3.15}$$

$$\boldsymbol{\upsilon}^{(l)}=(\boldsymbol{\Lambda}^{(l)})^{\mathrm{T}}(\boldsymbol{\Lambda}^{(l)}(\boldsymbol{\Lambda}^{(l)})^{\mathrm{T}}+\beta_1\boldsymbol{I}_{2M^2})^{-1}\widetilde{\boldsymbol{y}}\tag{3.16}$$

$$z^{(l)}=\boldsymbol{\Omega}^{(l)}\boldsymbol{\upsilon}^{(l)}\tag{3.17}$$

其中，$l=1,2,\cdots,L$，L 表示深度展开 FOCUSS 网络中网格上空间谱估计层的层数，α_1 和 β_1 分别表示网格上空间谱估计层的稀疏因子和正则化因子。在深度展开 FOCUSS 网络的训练开始前，第 1 层输入的初始化参数 $\boldsymbol{z}^{(0)}$ 为元素全为 1 的 Q 维向量。

3.3.2　离网格量化误差估计

为了对离网格量化误差矩阵进行估计，在网格上空间谱估计 $\boldsymbol{z}$ 的基础上，实数域协方差向量的稀疏表示可以构建为

$$\widetilde{\boldsymbol{y}}-\widetilde{\boldsymbol{\Phi}}\boldsymbol{z}=\widetilde{\boldsymbol{F}}(\boldsymbol{B}\boldsymbol{z})+\begin{bmatrix}\sigma_{\mathrm{w}}^{2}[\boldsymbol{\eta}_1^{\mathrm{T}} & \boldsymbol{\eta}_2^{\mathrm{T}} & \cdots & \boldsymbol{\eta}_M^{\mathrm{T}}]^{\mathrm{T}} \\ & \boldsymbol{0}_{M^2\times 1} & & \end{bmatrix} \tag{3.18}$$

同样，基于模型驱动 FOCUSS 算法，离网格量化误差估计的优化问题可以表示为

$$\begin{aligned} &\min \quad \|(\boldsymbol{\mho})^{-1}(\boldsymbol{B}\boldsymbol{z})\|_2^2 \\ &\text{s. t.} \quad \widetilde{\boldsymbol{y}}-\widetilde{\boldsymbol{\Phi}}\boldsymbol{z}=\widetilde{\boldsymbol{F}}(\boldsymbol{B}\boldsymbol{z}) \end{aligned} \tag{3.19}$$

在深度展开 FOCUSS 网络的前向传播过程中，将式(3.19)中的 $\boldsymbol{B}\boldsymbol{z}$ 表示为 $\boldsymbol{\gamma}$，根据模型驱动 FOCUSS 方法的迭代过程，离网格量化误差估计的第 l 层输出可以计算为

$$\boldsymbol{\mho}^{(l)}=\operatorname{diag}([\boldsymbol{\gamma}^{(l-1)}]^{\alpha_2}) \tag{3.20}$$

$$\boldsymbol{\mu}^{(l)}=(\widetilde{\boldsymbol{F}}\boldsymbol{\mho}^{(l)})^{\mathrm{T}}((\widetilde{\boldsymbol{F}}\boldsymbol{\mho}^{(l)})(\widetilde{\boldsymbol{F}}\boldsymbol{\mho}^{(l)})^{\mathrm{T}}+\beta_2\boldsymbol{I}_{2M^2})^{-1}(\widetilde{\boldsymbol{y}}-\widetilde{\boldsymbol{\Phi}}\boldsymbol{z}^{(l)}) \tag{3.21}$$

$$\boldsymbol{\gamma}^{(l)}=\boldsymbol{\mho}^{(l)}\boldsymbol{\mu}^{(l)} \tag{3.22}$$

其中，α_2 和 β_2 分别表示深度展开 FOCUSS 网络中离网格量化误差估计层的稀疏因子和正则化因子。根据网格上空间谱估计的第 l 层输出 $\boldsymbol{\gamma}^{(l)}$ 和离网格量化误差估计的第 l 层输出 $\boldsymbol{z}^{(l)}$，第 l 层输出的离网格量化误差矩阵 $\boldsymbol{B}^{(l)}$ 的对角线上第 q 个元素可以计算为

$$b_q^{(l)}=\gamma_q^{(l)}/z_q^{(l)} \tag{3.23}$$

其中，$\gamma_q^{(l)}$ 和 $z_q^{(l)}$ 分别表示 $\boldsymbol{\gamma}^{(l)}$ 和 $\boldsymbol{z}^{(l)}$ 中的第 q 个元素。此外，在训练开始前，$\boldsymbol{B}^{(0)}$ 的初始化参数设置为元素全为 0 的 $Q\times Q$ 维矩阵。

在深度展开 FOCUSS 网络的训练过程中，采用 Adam 优化器来更新网络的参数，损失函数定义为

$$\frac{1}{T}\sum_{t=1}^{T}(\|(\boldsymbol{\Omega}_t^{(L)})^{-1}\boldsymbol{z}_t^{(L)}\|_2^2+\|(\boldsymbol{\mho}_t^{(L)})^{-1}(\boldsymbol{B}_t^{(L)}\boldsymbol{z}_t^{(L)})\|_2^2) \tag{3.24}$$

其中，$t=1,2,\cdots,T$，T 表示训练样本的数量，$\boldsymbol{\Omega}_t^{(L)}$、$\boldsymbol{z}_t^{(L)}$、$\boldsymbol{\mho}_t^{(L)}$ 和 $\boldsymbol{B}_t^{(L)}$ 表示第 t 个训练样本输入至深度展开 FOCUSS 网络后的第 L 层输出。可以看出，损失函数与深度展开 FOCUSS 网络的输出有关，在训练过程中没有使用标签(即训练样本对应的真实空间谱和量化误差)，因此深度展开 FOCUSS 网络的训练可以视为无监督学习的过程。

基于网格上空间谱估计第 L 层的输出 $\boldsymbol{z}^{(L)}$ 和离网格量化误差估计第 L 层的输出 $\boldsymbol{B}^{(L)}$，第 k 个信号的离网格角度可以计算为

$$\hat{\theta}_k=\theta_k^{(L)}+b_k^{(L)} \tag{3.25}$$

其中，$\theta_k^{(L)}$ 表示在 $\boldsymbol{z}^{(L)}$ 中第 k 个谱峰对应的角度，$b_k^{(L)}$ 表示在 $\boldsymbol{b}^{(L)}$ 中第 k 个谱峰值，$\boldsymbol{b}^{(L)}$ 为 $\boldsymbol{B}^{(L)}$ 的主对角线元素构成的向量。

3.4　基于深度展开 ADMM 网络的离网格角度估计方法

FOCUSS 算法中指数运算的计算量较大，为了进一步降低计算复杂度，本节将 ADMM 算法的迭代步骤展开为网络的级联形式，利用网格上空间谱和离网格量化误差实现离网格角度估计。深度展开 ADMM 网络如图 3.3 所示，其中网格上空间谱估计层和离网格量化误差估计层各有 L 层，利用前一层的离网格量化误差矩阵 $\boldsymbol{B}$ 对当前层的网格上空间谱 $\boldsymbol{z}$ 进行估计，利用前一层的网格上空间谱 $\boldsymbol{z}$ 对当前层的离网格量化误差矩阵 $\boldsymbol{B}$ 进行估计。

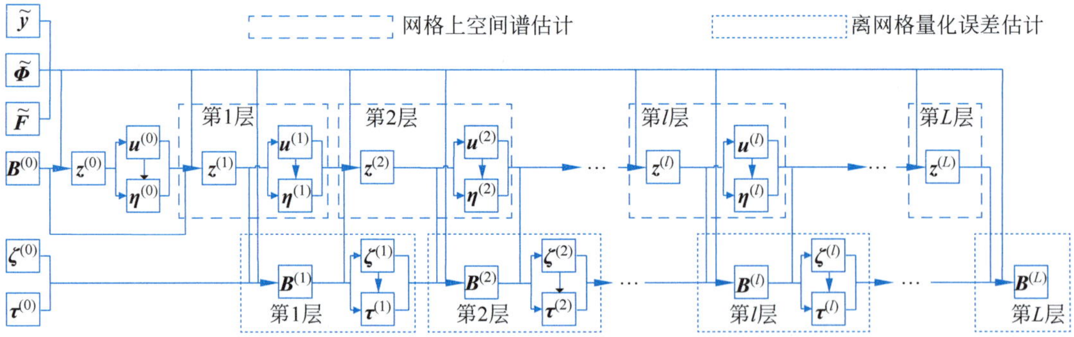

图 3.3 基于深度展开 ADMM 网络的离网格角度估计结构图

3.4.1 网格上空间谱估计

为了得到网格上空间谱 $\boldsymbol{z}$，根据式(3.12)中实数域协方差向量的稀疏表示，利用 LASSO 方法可以将目标函数表示为

$$\min \|\tilde{\boldsymbol{y}}-(\tilde{\boldsymbol{\Phi}}+\tilde{\boldsymbol{F}}\boldsymbol{B})\boldsymbol{z}\|_2^2+\omega\|\boldsymbol{z}\|_1 \tag{3.26}$$

其中，ω 表示正则化因子，用于平衡重构误差和稀疏度。

基于拉格朗日方法，上述凸松弛的目标函数可以转化为 ADMM 求解问题：

$$\begin{aligned}&\min \|\tilde{\boldsymbol{y}}-(\tilde{\boldsymbol{\Phi}}+\tilde{\boldsymbol{F}}\boldsymbol{B})\boldsymbol{z}\|_2^2+\|\boldsymbol{u}\|_1\\&\text{s.t.}\quad \boldsymbol{z}-\boldsymbol{u}=\boldsymbol{0}\end{aligned} \tag{3.27}$$

其中，向量 $\boldsymbol{u}$ 的维度与网格上空间谱 z 的维数相同。利用增广拉格朗日乘子法，目标函数可以进一步表示为

$$G_\rho(\boldsymbol{z},\boldsymbol{u},\boldsymbol{\eta})=\|\tilde{\boldsymbol{y}}-(\tilde{\boldsymbol{\Phi}}+\tilde{\boldsymbol{F}}\boldsymbol{B})\boldsymbol{z}\|_2^2+\|\boldsymbol{u}\|_1+\boldsymbol{\eta}^{\mathrm{H}}(\boldsymbol{z}-\boldsymbol{u})+\frac{\rho}{2}\|\boldsymbol{z}-\boldsymbol{u}\|_2^2 \tag{3.28}$$

其中，$\rho>0$ 表示惩罚因子，$\boldsymbol{\eta}$ 表示拉格朗日乘子。

通过对偶下降法，第 l 次的迭代求解过程可以表示为

$$\boldsymbol{z}^{(l)},\boldsymbol{u}^{(l)}\leftarrow \arg\min_{\boldsymbol{z},\boldsymbol{u}} G_\rho(\boldsymbol{z},\boldsymbol{u},\boldsymbol{\eta}^{(l-1)}) \tag{3.29}$$

$$\boldsymbol{\eta}^{(l)}\leftarrow \boldsymbol{\eta}^{(l-1)}+\rho(\boldsymbol{z}^{(l)}-\boldsymbol{u}^{(l)}) \tag{3.30}$$

由于式(3.29)中的增广拉格朗日算子不能通过对偶下降法进行分解，因此利用交替方向最小化对 $\boldsymbol{z}^{(l)}$、$\boldsymbol{u}^{(l)}$ 和 $\boldsymbol{\eta}^{(l)}$ 进行求解：

$$\boldsymbol{z}^{(l)}\leftarrow \arg\min_{\boldsymbol{z}} G_\rho(\boldsymbol{z},\boldsymbol{u}^{(l-1)},\boldsymbol{\eta}^{(l-1)}) \tag{3.31}$$

$$\boldsymbol{u}^{(l)}\leftarrow \arg\min_{\boldsymbol{u}} G_\rho(\boldsymbol{z}^{(l)},\boldsymbol{u},\boldsymbol{\eta}^{(l-1)}) \tag{3.32}$$

$$\boldsymbol{\eta}^{(l)}\leftarrow \boldsymbol{\eta}^{(l-1)}+\rho(\boldsymbol{z}^{(l)}-\boldsymbol{u}^{(l)}) \tag{3.33}$$

为了加快 ADMM 算法的收敛速度，本节将上述模型驱动 ADMM 算法的迭代过程转化为深度展开 ADMM 网络的隐藏层，网格上空间谱估计第 l 层的输出可以表示为

$$\boldsymbol{z}^{(l)}=\Pi(\boldsymbol{u}^{(l-1)}-\boldsymbol{\eta}^{(l-1)}) \tag{3.34}$$

$$\boldsymbol{u}^{(l)}=f_{\mathrm{ST}}\left(\boldsymbol{z}^{(l)}+\boldsymbol{\eta}^{(l-1)},\frac{1}{\rho}\right) \tag{3.35}$$

$$\boldsymbol{\eta}^{(l)}=\boldsymbol{\eta}^{(l-1)}+\boldsymbol{z}^{(l)}-\boldsymbol{u}^{(l)} \tag{3.36}$$

其中，$\Pi(\cdot)$表示空间谱估计$\{\boldsymbol{z}^{(l)}\in\mathbb{R}^{Q}\mid(\widetilde{\boldsymbol{\Phi}}+\widetilde{\boldsymbol{F}}\boldsymbol{B}^{(l-1)})\boldsymbol{z}^{(l)}=\widetilde{\boldsymbol{y}}\}$的投影算子，$\mathbb{R}$ 表示实数集。利用线性约束的最小欧几里得范数，$\boldsymbol{z}^{(l)}$可以计算为

$$\boldsymbol{z}^{(l)}=(\boldsymbol{I}_Q-(\boldsymbol{\Upsilon}^{(l)})^{\mathrm{T}}(\boldsymbol{\Upsilon}^{(l)}(\boldsymbol{\Upsilon}^{(l)})^{\mathrm{T}})^{-1}\boldsymbol{\Upsilon}^{(l)})(\boldsymbol{u}^{(l-1)}-\boldsymbol{\eta}^{(l-1)})+(\boldsymbol{\Upsilon}^{(l)})^{\mathrm{T}}(\boldsymbol{\Upsilon}^{(l)}(\boldsymbol{\Upsilon}^{(l)})^{\mathrm{T}})^{-1}\widetilde{\boldsymbol{y}} \tag{3.37}$$

其中，$\boldsymbol{\Upsilon}^{(l)}=\widetilde{\boldsymbol{\Phi}}+\widetilde{\boldsymbol{F}}\boldsymbol{B}^{(l-1)}$。

在式(3.35)中，$f_{\mathrm{ST}}(\cdot)$表示软阈值(Soft Thresholding,ST)函数，可以通过式(2.33)进行计算，将其作为深度展开 ADMM 网络的激活函数，能够在网络中引入非线性特性。此外，第 1 层输入的初始化参数分别设置为

$$\boldsymbol{z}^{(0)}=\widetilde{\boldsymbol{\Phi}}^{\mathrm{T}}(\widetilde{\boldsymbol{\Phi}}\widetilde{\boldsymbol{\Phi}}^{\mathrm{T}})^{-1}\widetilde{\boldsymbol{y}} \tag{3.38}$$

$$\boldsymbol{u}^{(0)}=f_{\mathrm{ST}}\left(\boldsymbol{z}^{(0)},\frac{1}{\rho}\right) \tag{3.39}$$

$$\boldsymbol{\eta}^{(0)}=\boldsymbol{z}^{(0)}-\boldsymbol{u}^{(0)} \tag{3.40}$$

3.4.2 离网格量化误差估计

为了对离网格量化误差矩阵进行估计，在网格上空间谱估计 $\boldsymbol{z}$ 的基础上，根据式(3.18)中实数域协方差向量的稀疏表示，通过 ADMM 方法求解离网格量化误差矩阵 $\boldsymbol{B}$ 的目标函数可以表示为

$$\begin{aligned}&\min\quad \|(\widetilde{\boldsymbol{y}}-\widetilde{\boldsymbol{\Phi}}\boldsymbol{z})-\widetilde{\boldsymbol{F}}(\boldsymbol{B}\boldsymbol{z})\|_2^2+\|\boldsymbol{\zeta}\|_1\\&\mathrm{s.t.}\quad \boldsymbol{B}\boldsymbol{z}-\boldsymbol{\zeta}=\boldsymbol{0}\end{aligned} \tag{3.41}$$

同样采用增广拉格朗日乘子法，离网格量化误差估计第 l 层的输出可以表示为

$$\boldsymbol{\psi}^{(l)}=(\boldsymbol{I}_Q-\widetilde{\boldsymbol{F}}^{\mathrm{T}}(\widetilde{\boldsymbol{F}}\widetilde{\boldsymbol{F}}^{\mathrm{T}})^{-1}\widetilde{\boldsymbol{F}})(\boldsymbol{\zeta}^{(l-1)}-\boldsymbol{\tau}^{(l-1)})+\widetilde{\boldsymbol{F}}^{\mathrm{T}}(\widetilde{\boldsymbol{F}}\widetilde{\boldsymbol{F}}^{\mathrm{T}})^{-1}(\widetilde{\boldsymbol{y}}-\widetilde{\boldsymbol{\Phi}}\boldsymbol{z}^{(l)}) \tag{3.42}$$

$$\boldsymbol{\zeta}^{(l)}=f_{\mathrm{ST}}\left(\boldsymbol{\psi}^{(l)}+\boldsymbol{\tau}^{(l-1)},\frac{1}{\rho}\right) \tag{3.43}$$

$$\boldsymbol{\tau}^{(l)}=\boldsymbol{\tau}^{(l-1)}+\boldsymbol{\psi}^{(l)}-\boldsymbol{\zeta}^{(l)} \tag{3.44}$$

因此，$\boldsymbol{B}^{(l)}$对角线上的第 q 个元素 $b_q^{(l)}$ 可以通过下式计算：

$$b_q^{(l)}=\psi_q^{(l)}/z_q^{(l)} \tag{3.45}$$

其中，$\psi_q^{(l)}$ 和 $z_q^{(l)}$ 分别表示$\boldsymbol{\psi}^{(l)}$和 $\boldsymbol{z}^{(l)}$的第 q 个元素。此外，第 1 层输入的初始化参数分别设置为 $\boldsymbol{B}^{(0)}=\boldsymbol{0}_{Q\times Q}$，$\boldsymbol{\zeta}^{(0)}=\boldsymbol{0}_{Q\times 1}$ 和$\boldsymbol{\tau}^{(0)}=\boldsymbol{0}_{Q\times 1}$。

在深度展开 ADMM 网络的训练过程中采用 SGD 优化器对网络参数进行更新，损失函数设置为

$$\frac{1}{T}\sum_{t=1}^{T}(\|\widetilde{\boldsymbol{y}}_t-(\widetilde{\boldsymbol{\Phi}}+\widetilde{\boldsymbol{F}}\boldsymbol{B}_t^{(L)})\boldsymbol{z}_t^{(L)}\|_2+\omega_1\|\boldsymbol{z}_t^{(L)}\|_1+\omega_2\|\mathrm{diag}(\boldsymbol{B}_t^{(L)})\|_1) \tag{3.46}$$

其中，ω_1 和 ω_2 分别表示网格上空间谱估计和离网格量化误差估计的正则化因子，$t=1,2,\cdots,T$，T 表示训练样本的数量，$\widetilde{\boldsymbol{y}}_t$ 表示网络输入的第 t 个训练样本，$\boldsymbol{B}_t^{(L)}$ 和 $\boldsymbol{z}_t^{(L)}$ 分别表示网络输出的第 t 个训练样本对应的离网格量化误差矩阵和网格上空间谱。由于损失函数与重构误差、网格上空间谱稀疏性和离网格量化误差的稀疏性有关，在深度展开 ADMM 网

络的训练过程中没有使用标签(即训练样本对应的真实空间谱和量化误差),可以看作无监督学习过程。

基于网格上空间谱估计第 L 层的输出 $\boldsymbol{z}^{(L)}$ 和离网格量化误差估计第 L 层的输出 $\boldsymbol{B}^{(L)}$,第 k 个信号的角度可以计算为

$$\hat{\theta}_k = \theta_k^{(L)} + b_k^{(L)} \tag{3.47}$$

其中,$\theta_k^{(L)}$ 表示在 $\boldsymbol{z}^{(L)}$ 中第 k 个谱峰对应的角度,$b_k^{(L)}$ 表示在 $\boldsymbol{b}^{(L)}$ 中第 k 个谱峰值,$\boldsymbol{b}^{(L)}$ 为 $\boldsymbol{B}^{(L)}$ 的主对角线元素构成的向量。

3.5 仿真实验与分析

本节利用仿真实验对所提深度展开 FOCUSS 网络和深度展开 ADMM 网络的离网格角度估计方法的收敛性能、泛化能力、计算复杂度和估计精度进行分析和验证,其中嵌套阵列的 6 个阵元的位置设置为[1,2,3,4,8,12]d,角度间隔在超完备词典及其对应的一阶导数中设置为 1°。在深度展开 FOCUSS 网络和深度展开 ADMM 网络的训练过程中,都使用相同的数据集进行训练和验证,数据集中 80%的样本用于网络的训练,20%的样本用于网络的验证,每个样本由两个信号生成,其中离网格角度为 −60°～60°,信噪比(Signal to Noise Ratio,SNR)为 0～20dB,快拍数为 100～500。在深度展开 FOCUSS 网络的训练过程中,Batch Size、Epoch 和 Learning Rate 分别设置为 16、16 和 0.01;在深度展开 ADMM 网络的训练过程中,Batch Size、Epoch 和 Learning Rate 分别设置为 16、30 和 0.01。

3.5.1 收敛性能分析

本节通过比较在训练过程和验证过程中的均方根误差(Root Mean Square Error,RMSE)以确定深度展开 FOCUSS 网络和深度展开 ADMM 网络中的最优层数,并对深度展开网络和相应的模型驱动算法的收敛性能进行了比较。

在深度展开网络的训练过程中,每个 Epoch 下的 RMSE 定义为

$$\sqrt{\frac{1}{T}\sum_{t=1}^{T}\left(\|\boldsymbol{z}_t^{(L)} - \boldsymbol{z}_t^{\text{label}}\|_2^2 + \|\boldsymbol{b}_t^{(L)} - \boldsymbol{b}_t^{\text{label}}\|_2^2\right)} \tag{3.48}$$

其中,$t=1,2,\cdots,T$,T 表示样本的个数,$\boldsymbol{z}_t^{(L)}$ 和 $\boldsymbol{z}_t^{\text{label}}$ 分别表示深度展开网络输出第 t 个样本的网格上空间谱及其对应的标签,$\boldsymbol{b}_t^{(L)}$ 和 $\boldsymbol{b}_t^{\text{label}}$ 分别表示深度展开网络输出第 t 个样本的离网格量化误差及其对应的标签。

在深度展开 FOCUSS 网络的训练和验证过程中,RMSE 随着 Epoch 的变化情况如图 3.4 所示。由图 3.4(a)可知,在训练过程中,6 层、8 层、10 层和 12 层的 RMSE 随着 Epoch 的增加逐渐减小,在第 10 个 Epoch 后趋于平稳,并且 12 层网络的 RMSE 小于其他层数网络的 RMSE,这表明 12 层网络的估计精度优于其他层数网络的估计精度。考虑到网络的计算复杂度与网络的层数呈正比关系,由于 12 层网络的 RMSE 略小于 10 层网络的 RMSE,为了平衡离网格角度估计精度和计算复杂度,将深度展开 FOCUSS 网络设置为 10 层。此外,由图 3.4(b)可知,在验证过程中,6 层、8 层、10 层和 12 层网络的 RMSE 随着 Epoch 的增加逐渐减小,这表明在深度展开 FOCUSS 网络的训练过程中没有出现过拟合

情况。

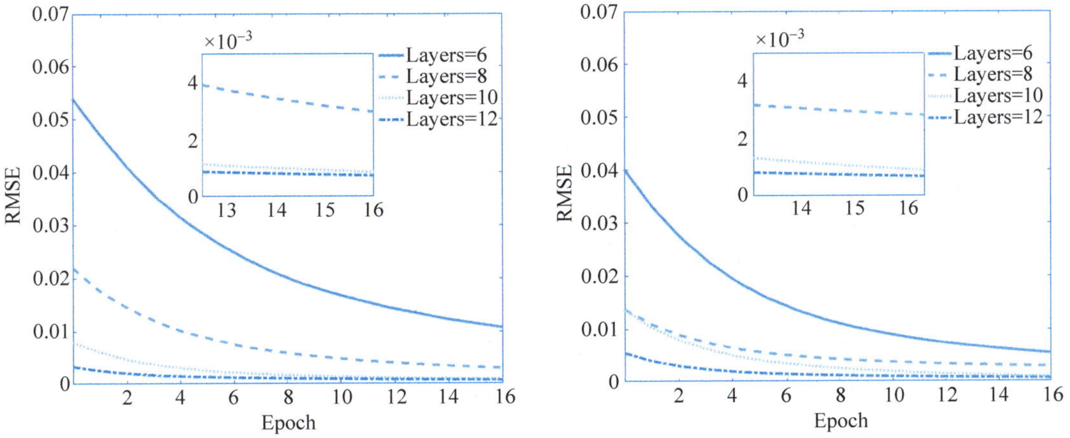

(a) 训练过程　　(b) 验证过程

图 3.4　深度展开 FOCUSS 网络在不同层数下的 RMSE

在深度展开 ADMM 网络的训练和验证过程中，RMSE 随着 Epoch 的变化情况如图 3.5 所示。由图 3.5(a)可知，在训练过程中，10 层、20 层、30 层和 40 层的 RMSE 随着 Epoch 的增加逐渐减小，并且 40 层网络的 RMSE 小于其他层数网络的 RMSE，这表明 40 层网络的估计精度优于其他层数网络的估计精度。由于初始阶段训练不足，当 Epoch 小于 5 时，层数较多网络的 RMSE 大于层数较少网络的 RMSE。随着 Epoch 的增加，层数较多网络的 RMSE 逐步小于层数较少网络的 RMSE。当深度展开 ADMM 网络的训练过程完成后，40 层网络的 RMSE 略小于 30 层网络的 RMSE，为了平衡离网格角度估计精度和计算复杂度，将深度展开 ADMM 网络设置为 30 层。此外，由图 3.5(b)可知，在验证过程中，10 层、20 层、30 层和 40 层网络的 RMSE 随着 Epoch 的增加逐渐下降，这表明在深度展开 ADMM 网络的训练过程中没有出现过拟合情况。

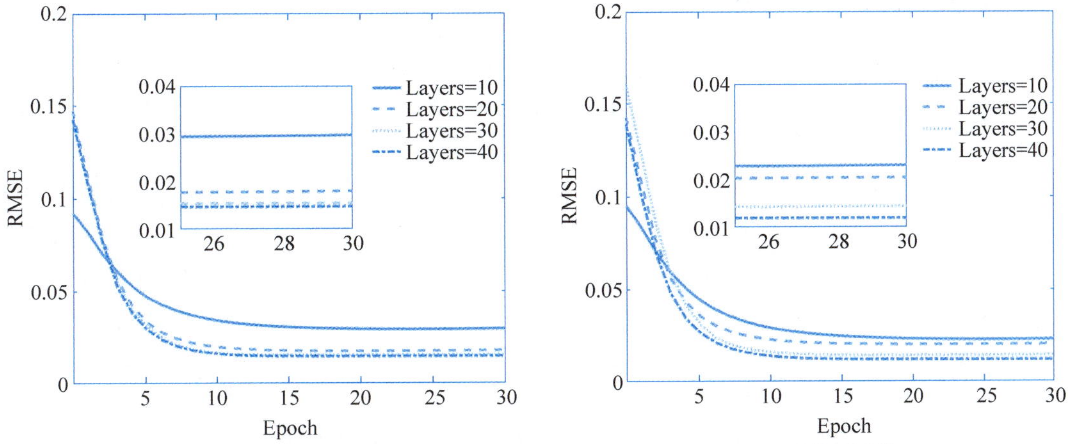

(a) 训练过程　　(b) 验证过程

图 3.5　深度展开 ADMM 网络在不同层数下的 RMSE

在测试过程中，深度展开网络中的第 l 层或模型驱动算法中的第 l 次迭代的相对误差定义为

$$\frac{\|(\boldsymbol{z}^{(l)}+\boldsymbol{b}^{(l)})-(\boldsymbol{z}^{(l-1)}+\boldsymbol{b}^{(l-1)})\|_2}{\|\boldsymbol{z}^{(l)}+\boldsymbol{b}^{(l)}\|_2} \tag{3.49}$$

其中，$l=1,2,\cdots,L$，L 表示网络中的层数或模型驱动算法中的迭代次数。

当测试样本的离网格角度设置为−10.95°和 2.98°时，图 3.6 给出了离网格角度估计的相对误差，其中实线表示深度展开网络的相对误差，虚线表示模型驱动算法的相对误差。由图 3.6(a)可知，相较于 10 层深度展开 FOCUSS 网络，模型驱动 FOCUSS 算法经过 16 次迭代达到收敛，由于深度展开 FOCUSS 网络中每一层的计算复杂度与模型驱动 FOCUSS 算法中每一次迭代的计算复杂度相同，因此深度展开 FOCUSS 网络可以在更短的时间内收敛，收敛速度提高了 1.6 倍。此外，由图 3.6(b)可知，相较于 30 层深度展开 ADMM 网络，模型驱动 ADMM 算法经过 51 次迭代达到收敛，因此深度展开 ADMM 网络可以在更短的时间内收敛，收敛速度提高了 1.7 倍。

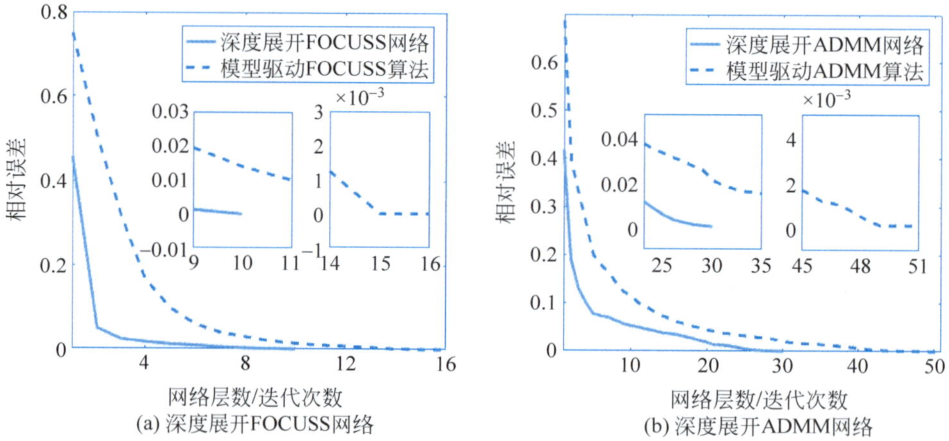

图 3.6 离网格角度估计的相对误差

3.5.2 泛化能力分析

本节对深度展开网络的信号个数和信号参数的泛化能力进行分析。由于训练样本是由两个信号生成的，为了验证 10 层深度展开 FOCUSS 网络和 30 层深度展开 ADMM 网络的有效性，测试样本也由两个信号生成，离网格角度分别设置为−10.95°和 2.98°，信噪比设置为 5dB。通过深度展开 FOCUSS 网络和深度展开 ADMM 网络得到的网格上空间谱分别如图 3.7(a)和图 3.7(c)所示，离网格量化误差分别如图 3.7(b)和图 3.7(d)所示，其中红点表示网格上角度设定值和离网格量化误差设定值。由图 3.7 可知，离网格角度可以通过网格上空间谱以及离网格量化误差进行估计，从而验证了深度展开网络可以实现两个信号的离网格角度估计。此外，图 3.7(b)中谱峰外较为平坦，图 3.7(d)中谱峰外出现波动，表明深度展开 ADMM 网络在低信噪比情况下的估计精度较低。

为了证明深度展开网络的泛化能力，将测试样本中信号与训练样本中信号设置为不同数量。当一个信号的离网格角度设置为−30.96°时，深度展开网络的输出如图 3.8 所示；当 3 个信号的离网格角度设置为−10.95°、2.98°和 10.03°时，深度展开网络的输出如图 3.9 所示。由图 3.9 可知，深度展开网络具有对 1 个信号和 3 个信号进行离网格角度估计的泛化能力。通过将嵌套阵列的协方差矩阵向量化可以形成虚拟阵元，由 M 个阵元组成的两级

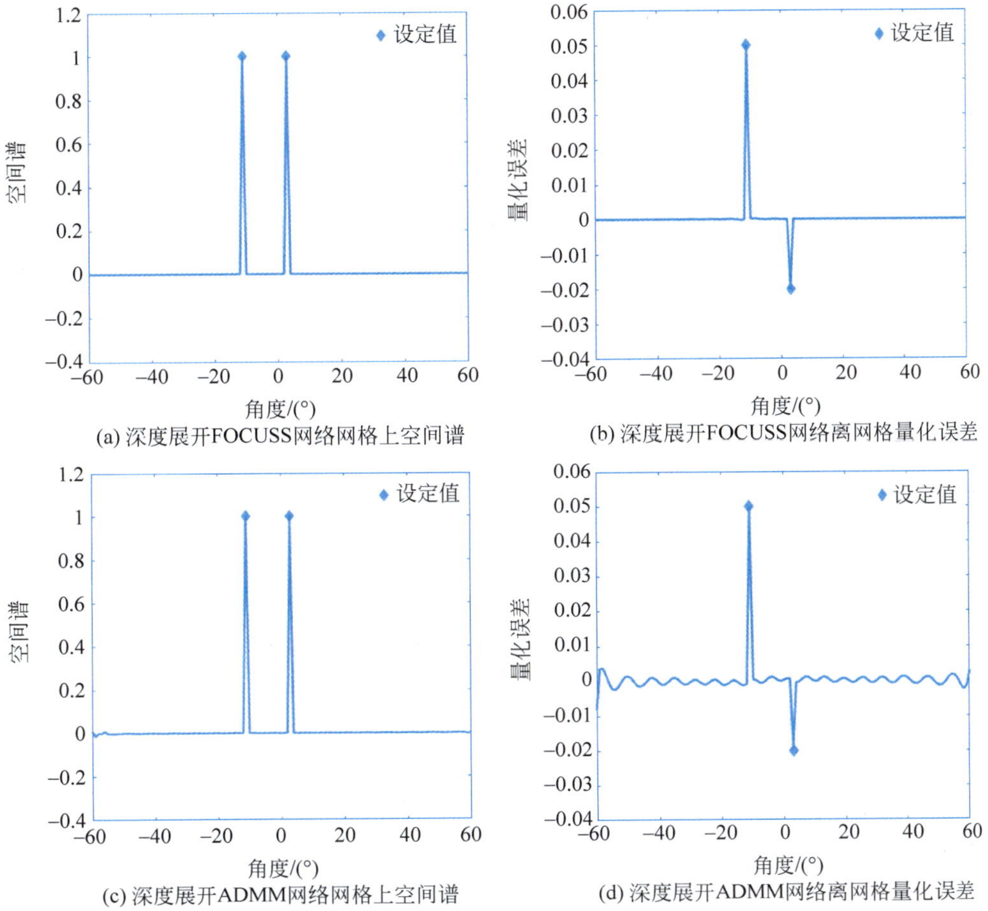

(a) 深度展开FOCUSS网络网格上空间谱

(b) 深度展开FOCUSS网络离网格量化误差

(c) 深度展开ADMM网络网格上空间谱

(d) 深度展开ADMM网络离网格量化误差

图 3.7　两个信号的离网格角度估计结果

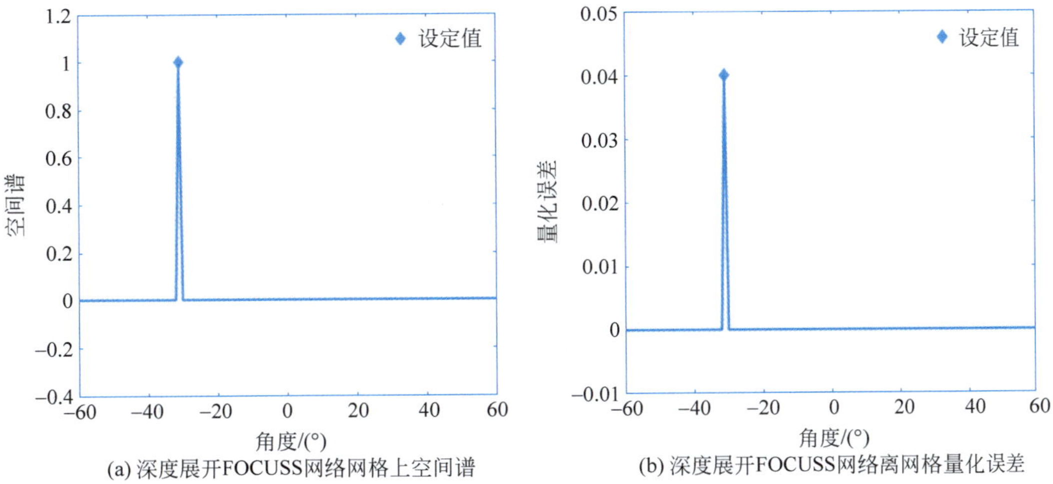

(a) 深度展开FOCUSS网络网格上空间谱

(b) 深度展开FOCUSS网络离网格量化误差

图 3.8　1 个信号的离网格角度估计结果

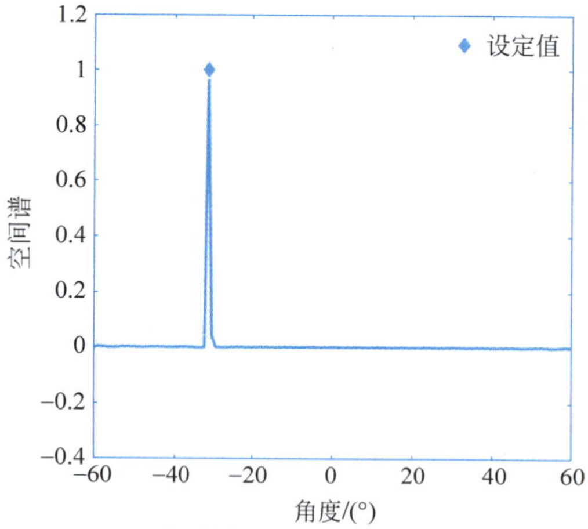

(c) 深度展开ADMM网络网格上空间谱

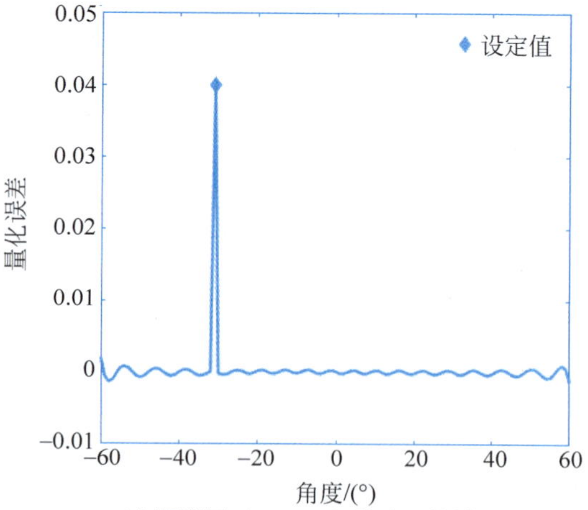

(d) 深度展开ADMM网络离网格量化误差

图 3.8 （续）

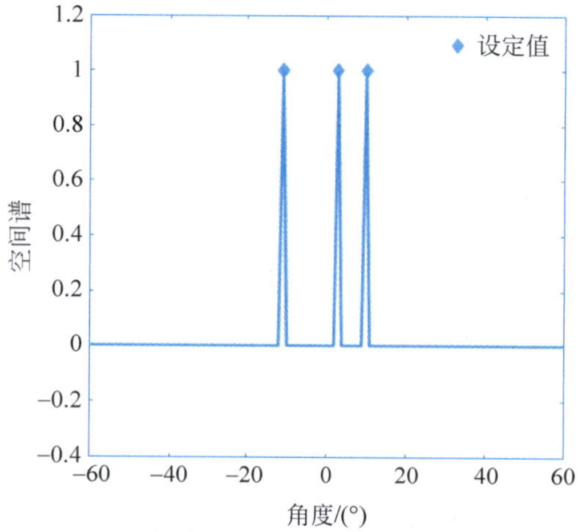

(a) 深度展开FOCUSS网络网格上空间谱

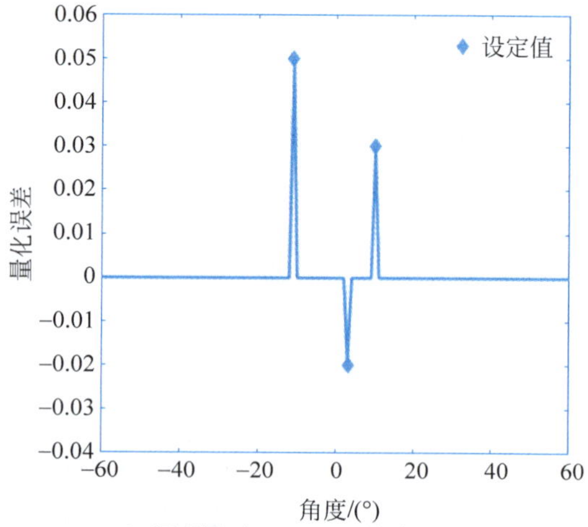

(b) 深度展开FOCUSS网络离网格量化误差

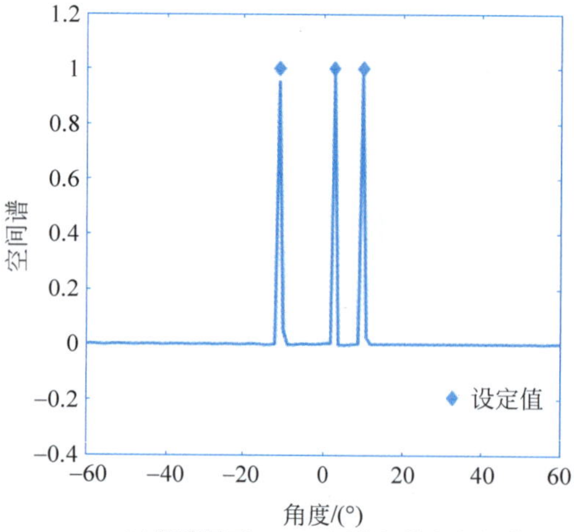

(c) 深度展开ADMM网络网格上空间谱

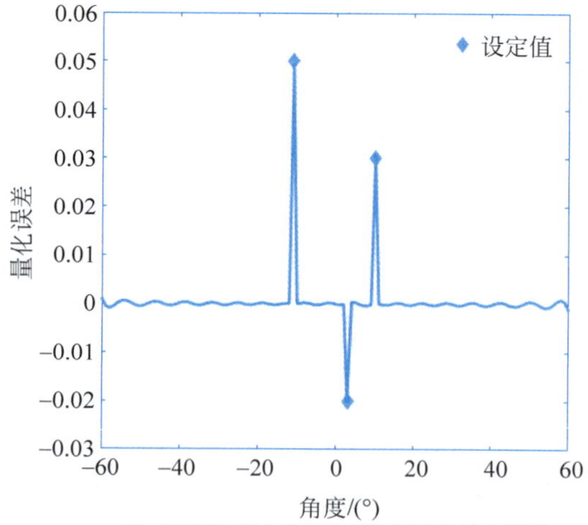

(d) 深度展开ADMM网络离网格量化误差

图 3.9 3 个信号的离网格角度估计结果

嵌套阵列的 DOF 可以增加到$(M^2-2)/2+M$，从而能够实现在信号数大于阵元数目情况下的离网格角度估计。在测试样本中，11 个信号的离网格角度分别设置为 −49.03°、−40.94°、−30.05°、−20.98°、−10.95°、0.96°、10.98°、20.06°、30.03°、40.08°和 50.04°，深度展开网络的输出如图 3.10 所示。由图 3.10 可知，利用网格上空间谱和离网格量化误差可以实现欠定情况下的离网格角度估计。

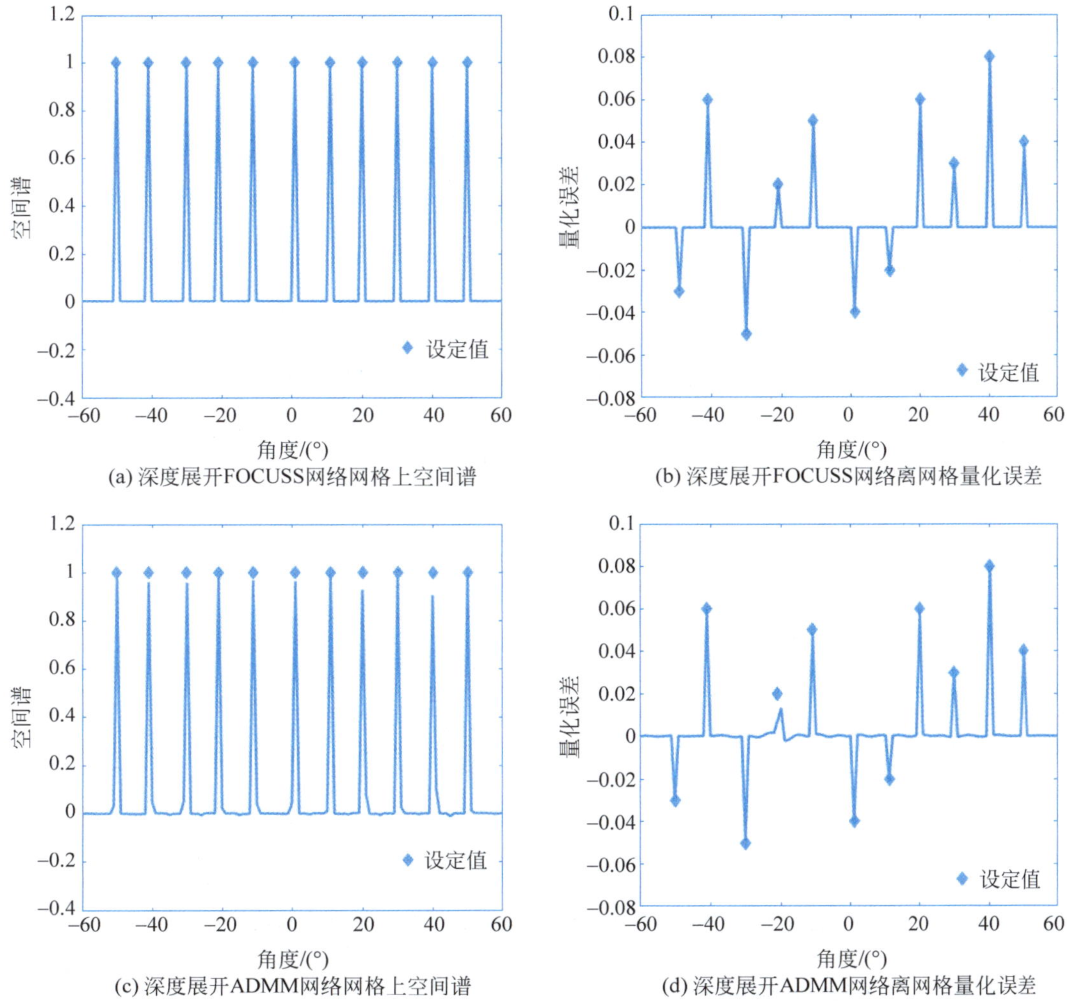

(a) 深度展开FOCUSS网络网格上空间谱　(b) 深度展开FOCUSS网络离网格量化误差

(c) 深度展开ADMM网络网格上空间谱　(d) 深度展开ADMM网络离网格量化误差

图 3.10　欠定情况下的离网格角度估计结果

此外，为了验证深度展开网络对离网格角度在不同数值情况下的泛化能力，共生成了 120 个测试样本，其中每个测试样本包含一个信号，将网格上空间谱的角度设置为−60°～59°，间隔为 1°，离网格量化误差设置为 0°～1°的随机值，信噪比设置为 5dB。通过深度展开 FOCUSS 网络和深度展开 ADMM 网络得到的离网格角度估计值分别如图 3.11(a)和图 3.12(a)所示，离网格角度估计误差分别如图 3.11(b)和图 3.12(b)所示，由图 3.12 可知，深度展开 FOCUSS 网络和深度展开 ADMM 网络具有对离网格角度在不同数值情况下的泛化能力。由于深度展开 FOCUSS 网络和深度展开 ADMM 网络分别将相应的稀疏重构算法的迭代步骤建模为神经网络的隐藏层，网络的参数具有一定的数学含义，在训练过程中，深度展开网络能够学到隐含在数据背后的规律，因此对于未经训练的数据，深度展开网络也能对离网格角度进行估计。

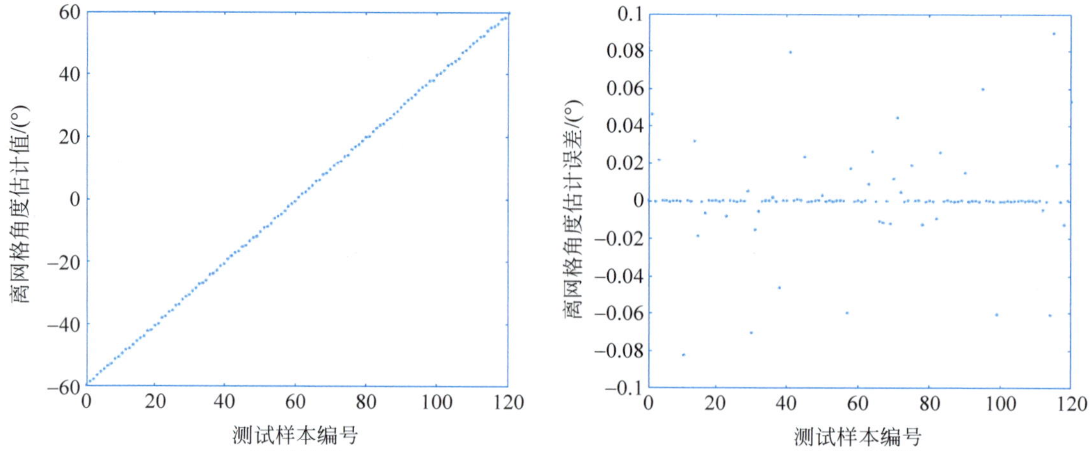

(a) 估计值 (b) 估计误差

图 3.11 深度展开 FOCUSS 网络的离网格角度估计结果

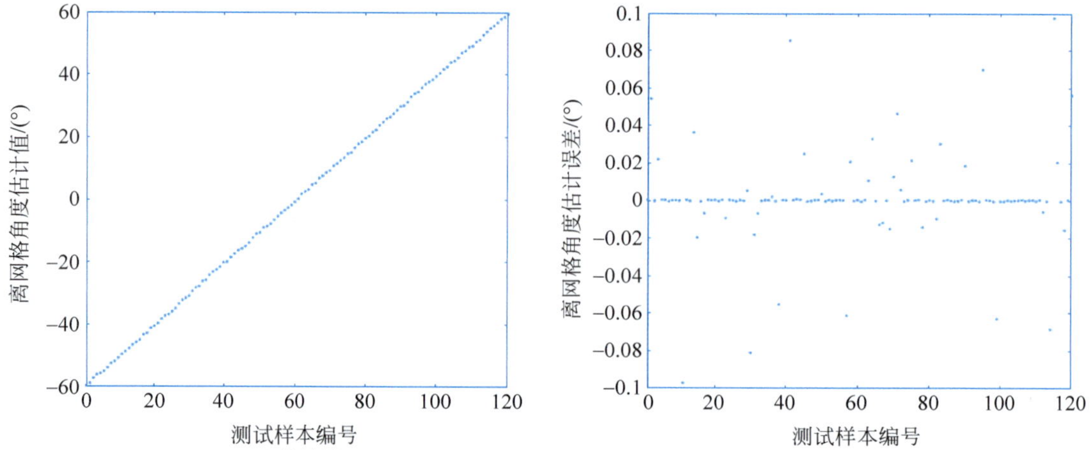

(a) 估计值 (b) 估计误差

图 3.12 深度展开 ADMM 网络的离网格角度估计结果

3.5.3 计算复杂度分析

本节对离网格角度估计的计算复杂度进行分析。对于深度展开网络的输入，计算嵌套阵列下的协方差矩阵需要 M^2N 次乘法运算和 $M^2(N-1)$ 次加法运算，将嵌套阵列协方差矩阵进行向量化，并利用其实部与虚部转化为式(3.6)中协方差向量不需要额外的计算。由于深度展开网络的每一层的计算过程相同，因此网络的计算复杂度与层数呈正比关系。对于深度展开 FOCUSS 网络的第 l 层，式(3.16)中 $\boldsymbol{\upsilon}^{(l)}$ 和式(3.21)中 $\boldsymbol{\mu}^{(l)}$ 的计算复杂度为 $O(M^2Q^2)$，并且需要 $O(M^2)$ 的计算量进行求逆，式(3.17)中 $\boldsymbol{z}^{(l)}$ 和式(3.22)中 $\boldsymbol{\gamma}^{(l)}$ 的计算复杂度为 $O(Q)$，式(3.14)中 $\boldsymbol{\Omega}^{(l)}$ 和式(3.20)中 $\boldsymbol{\mho}^{(l)}$ 需要进行指数运算。对于深度展开 ADMM 网络的第 l 层，式(3.35)中 $\boldsymbol{u}^{(l)}$ 和式(3.43)中 $\boldsymbol{\zeta}^{(l)}$ 的计算复杂度为 $O(Q)$，式(3.36)中 $\boldsymbol{\eta}^{(l)}$ 和式(3.44)中 $\boldsymbol{\tau}^{(l)}$ 需要进行 Q 次加法运算和 Q 次减法运算，式(3.37)中 $\boldsymbol{z}^{(l)}$ 和式(3.42)

中$\boldsymbol{\psi}^{(l)}$的计算复杂度为$O(M^2Q^2)$，并且需要$O(M^2)$的计算量进行求逆。

此外，在CPU为Intel i5-337U的环境下，通过100次Monte-Carlo仿真实验得到的平均计算时间对所提深度展开网络的计算复杂度进行分析，并与网格细化稀疏贝叶斯学习算法[84]和卷积神经网络[194]进行了对比。表3.1给出了不同方法的离网格角度估计的计算时间，其中测试样本由两个信号生成，离网格角度分别设置为$-10.95°$和$2.98°$。由表3.1可知，基于深度展开ADMM网络的离网格角度估计方法所需的计算时间低于深度展开FOCUSS网络、网格细化稀疏贝叶斯学习算法和卷积神经网络，这表明通过深度展开ADMM网络进行离网格角度估计的计算复杂度最低。

表3.1 离网格角度估计的计算时间对比

离网格角度估计方法	计算时间/s
深度展开FOCUSS网络	0.056
深度展开ADMM网络	0.029
网格细化稀疏贝叶斯学习算法	0.112
卷积神经网络	0.036

3.5.4 估计精度分析

本节通过500次Monte-Carlo仿真实验得到的RMSE对所提深度展开网络的估计精度进行分析，并与网格细化稀疏贝叶斯学习算法[84]、卷积神经网络[194]以及克拉美罗下界进行了对比。离网格角度估计的RMSE定义为

$$\sqrt{\frac{1}{VK}\sum_{v=1}^{V}\sum_{k=1}^{K}(\hat{\theta}_k^{(v)}-\theta_k)^2} \tag{3.50}$$

其中，K和V分别表示信号的个数和Monte-Carlo实验的次数，θ_k表示第k个信号设定的离网格角度，$\hat{\theta}_k^{(v)}$表示第v次Monte-Carlo仿真实验中第k个信号的离网格角度估计值。

由式(2.2)和式(2.3)可知，由6个阵元组成的嵌套阵列和由12个阵元组成的均匀线阵的物理孔径相同，通过将嵌套阵列的阵元位置相减，由6个阵元组成的嵌套阵列可以形成由23个虚拟阵元组成的均匀线阵，相较于原始的物理孔径扩大了约两倍。两种阵列的离网格角度估计的RMSE如图3.13所示，测试样本包含两个信号，离网格角度分别设置为$-10.95°$和$2.98°$。当快拍数设置为200时，图3.13(a)给出了在不同信噪比下的RMSE；当信噪比设置为10dB时，图3.13(b)给出了在不同快拍数下的RMSE，其中红色实线和绿色实线分别表示在嵌套阵列下的深度展开FOCUSS网络和深度展开ADMM网络的RMSE，红色虚线和绿色虚线分别表示在均匀线阵下的深度展开FOCUSS网络和深度展开ADMM网络的RMSE。由图3.13可知，随着信噪比和快拍数的增加，RMSE逐渐减小，在同一种阵列形式下，深度展开FOCUSS网络的RMSE低于深度展开ADMM网络的RMSE，这表明深度展开FOCUSS网络的估计精度更高。此外，由于嵌套阵列形成的虚拟孔径大于均匀线阵的物理孔径，可以看出，对于同一种深度展开网络，嵌套阵列的RMSE低于均匀线阵的RMSE，这表明嵌套阵可以提高离网格角度的估计精度。

在嵌套阵列下，不同方法的离网格角度估计的RMSE如图3.14所示，其中测试样本包含两个信号，离网格角度分别设置为$-10.95°$和$2.98°$。当快拍数设置为200时，图3.14(a)

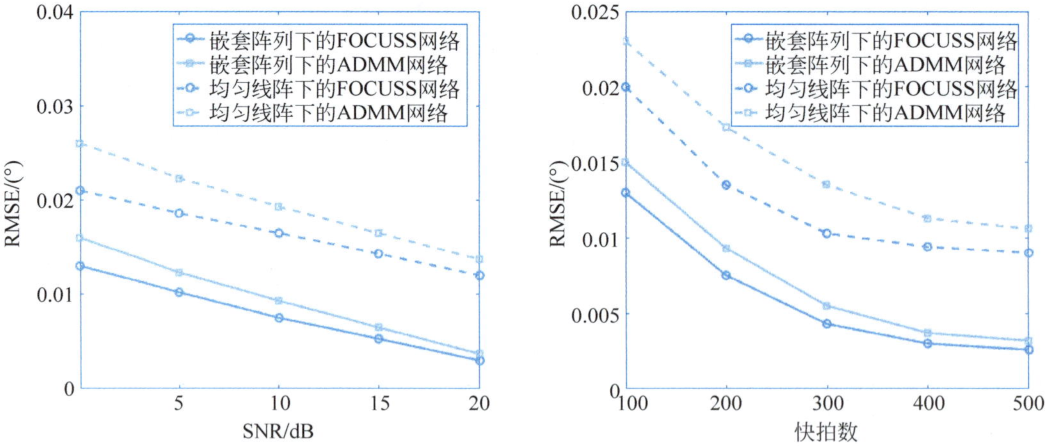

(a) 信噪比　(b) 快拍数

图 3.13　不同阵列的离网格角度估计的 RMSE

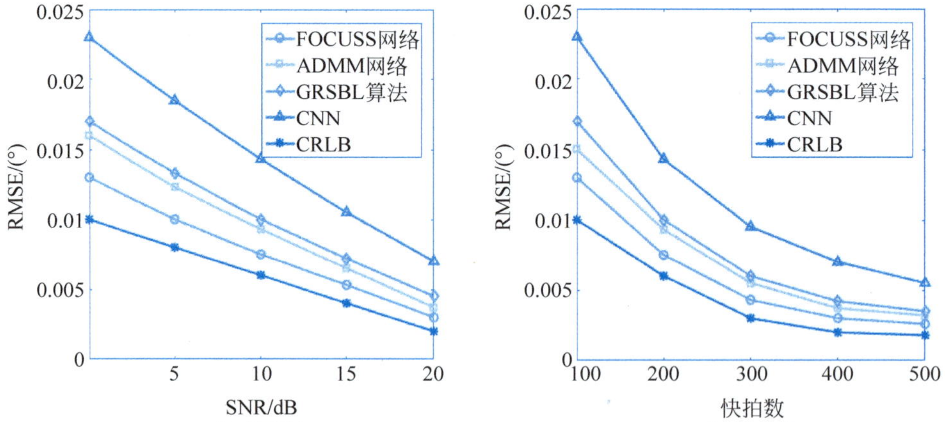

(a) 信噪比　(b) 快拍数

图 3.14　不同方法的离网格角度估计的 RMSE

给出了在不同信噪比下的 RMSE；当信噪比设置为 10dB 时，图 3.14(b)给出了在不同快拍数下的 RMSE，其中红线、绿线、洋红线、蓝线和黑线分别代表深度展开 FOCUSS 网络、深度展开 ADMM 网络、网格细化稀疏贝叶斯学习(Grid Refining Sparse Bayesian Learning，GRSBL)算法、卷积神经网络算法以及克拉美罗下界(Cramer-Rao Lower Bound，CRLB)。远场信号的 CRLB[210,211] 可以计算为

$$\mathrm{CRLB}^{-1}(\theta)=\frac{2N}{\sigma_{\mathrm{w}}^{2}}\Re\left\{\mathrm{tr}\left(\frac{\partial \boldsymbol{A}^{\mathrm{H}}}{\partial\theta}\boldsymbol{P}\frac{\partial \boldsymbol{A}}{\partial\theta}\boldsymbol{Q}\right)\right\} \tag{3.51}$$

其中，tr(・)表示矩阵的迹，$\boldsymbol{A}$ 表示远场信号的导向矩阵，矩阵 $\boldsymbol{P}$ 和 $\boldsymbol{Q}$ 可以分别计算为

$$\boldsymbol{P}=\boldsymbol{I}_M-\boldsymbol{A}\boldsymbol{A}^{\dagger} \tag{3.52}$$

$$\boldsymbol{Q}=\boldsymbol{R}_s\boldsymbol{A}^{\mathrm{H}}\boldsymbol{R}^{-1}\boldsymbol{A}\boldsymbol{R}_s \tag{3.53}$$

其中，$(\cdot)^{\dagger}$ 表示伪逆运算，$\boldsymbol{I}_M$ 表示 M 维单位矩阵，$\boldsymbol{R}$ 表示接收数据的协方差矩阵，远场信号发射数据的协方差矩阵 $\boldsymbol{R}_s$ 可以计算为

$$\boldsymbol{R}_s \approx \frac{1}{N}\sum_{n=1}^{N}\boldsymbol{s}(n)\boldsymbol{s}^{\mathrm{H}}(n) \tag{3.54}$$

其中，$\boldsymbol{s}(n)=[s_1(n)\ s_2(n)\cdots s_K(n)]^{\mathrm{T}}$ 表示 K 个远场信号在第 n 个快拍的发射数据。

由于 CNN 是对网格上空间谱进行估计，对于离网格情况下的角度估计，该方法的估计精度较低。由图 3.14 可知，随着信噪比和快拍数的增加，RMSE 逐渐减小，并且深度展开 FOCUSS 网络的 RMSE 低于深度展开 ADMM 网络、GRSBL 算法和 CNN 的 RMSE，并且更接近 CRLB，这表明深度展开 FOCUSS 网络可以实现更准确的离网格角度估计。

3.6　实测数据验证

本节通过多输入多输出(Multiple Input Multiple Output，MIMO)雷达以及超表面获取的实测数据，对本章所提基于深度展开 FOCUSS 网络以及基于深度展开 ADMM 网络的离网格角度估计方法进行验证。

3.6.1　MIMO 雷达接收数据的离网格角度估计结果

本节通过 MIMO 雷达获取的实验数据对所提的离网格角度估计方法进行验证。通过将接收通道的信号分别与第 1 个发射通道的信号进行匹配滤波，可以等效为式(2.10)中的接收信号，详细推导过程在附录 B 中给出。

1. 实验数据获取

实验场景如图 3.15 所示，利用 MIMO 雷达获取的数据对 3 个角反射器的角度进行估计。MIMO 雷达发射线性调频信号(Linear Frequency Modulation，LFM)的起始频率为 79GHz，带宽为 512MHz，脉冲周期为 130.2μs，脉宽为 51.2μs，采样率为 5MHz，每个脉冲的采样点为 256。由于 3 个角反射器位于不同的距离单元，因此可以将其等效为 3 个非相干窄带信号。

图 3.15　通过 MIMO 雷达进行数据获取的实验场景

2. 实测数据处理

通过计算第 1、2、3、4、8、12 个接收通道匹配滤波后的协方差矩阵，将其转化为实数域的协方差向量，然后利用深度展开 FOCUSS 网络和深度展开 ADMM 网络得到实测数据处理结果，分别如图 3.16 和图 3.17 所示。

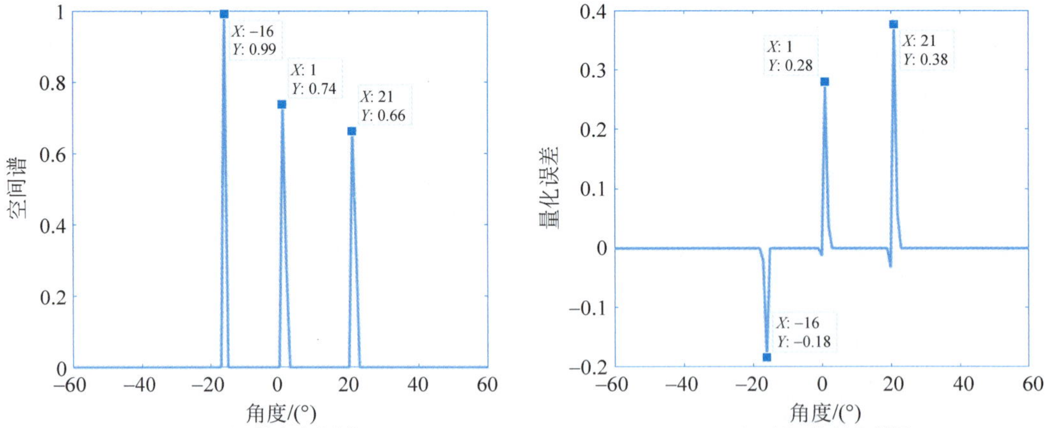

(a) 网格上空间谱　　(b) 离网格量化误差

图 3.16　基于深度展开 FOCUSS 网络的 MIMO 雷达实测数据处理结果

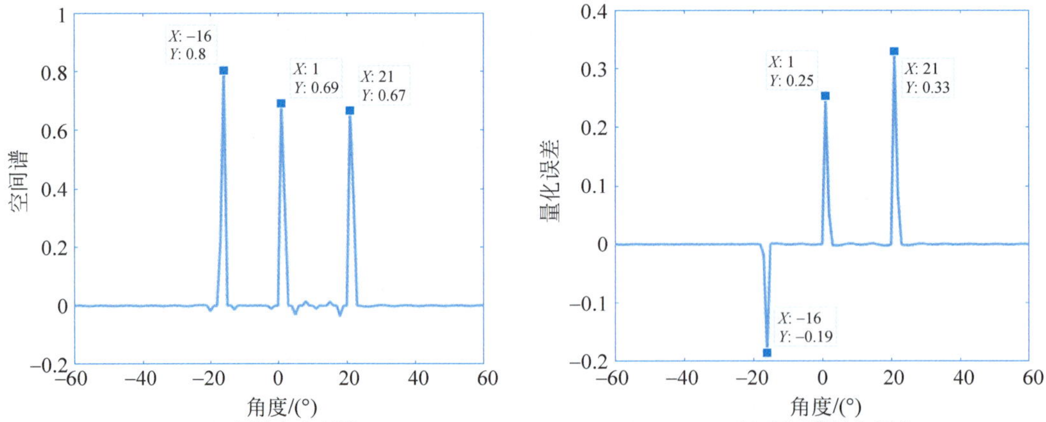

(a) 网格上空间谱　　(b) 离网格量化误差

图 3.17　基于深度展开 ADMM 网络的 MIMO 雷达实测数据处理结果

由图 3.16 和图 3.17 可知，通过网格上空间谱和离网格量化误差能够对离网格角度进行估计，通过深度展开 FOCUSS 网络得到 3 个角反射器的离网格角度分别为 −16.18°、1.28°和 21.38°，通过深度展开 ADMM 网络得到 3 个角反射器的离网格角度分别为 −16.19°、1.25°和 21.33°。

3.6.2　超表面接收数据的离网格角度估计结果

本节对在暗室中的超表面实验进行介绍，利用实测数据处理结果对所提深度展开 FOCUSS 网络以及深度展开 ADMM 网络的离网格角度估计方法进行验证。通过超表面进行角度估计的实验原理如图 3.18 所示，信号发射后，经过超表面的反射，接收喇叭通过射频线缆将数据传输至向量网络分析仪。由于超表面采用单比特量化的方式，通过对每个单元进行 0 和 1 编码，相当于对信号进行 0°和 180°调相。

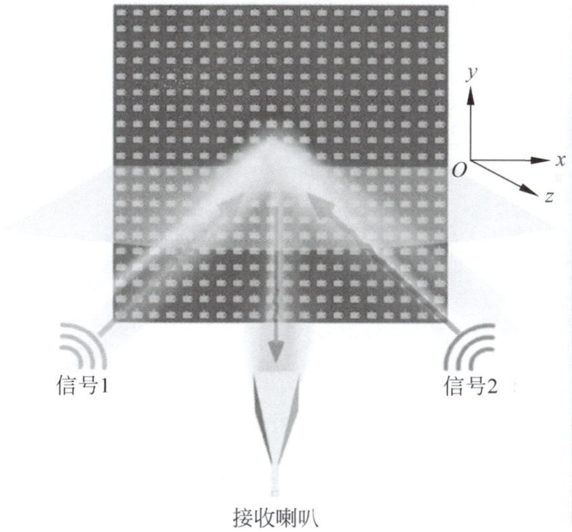

(a) 示意图

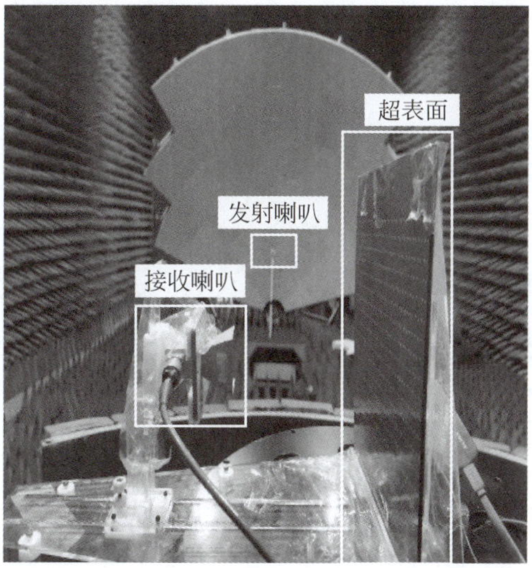

(b) 实物图

图 3.18 通过超表面进行角度估计的实验原理

1. 实验数据获取

利用信号到超表面的时延、超表面的编码以及超表面到接收喇叭的时延，可以建立超表面接收信号的数学模型，超表面接收信号的协方差向量可以等效为式(2.18)表示的稀疏表示形式，详细推导过程在附录 C 中给出。

在暗室中通过超表面进行数据获取的实验场景如图 3.19 所示，超表面放置在转台上，通过向量网络分析仪测量深度展开网络的训练数据和测试数据。在获取深度展开网络的训练数据时，转台从−90°～90°以 1°为间隔进行旋转，共得到 181 组数据；在获取深度展开网络的测试数据时，转台设置为 0°。

图 3.19 通过超表面进行数据获取的实验场景

2. 实测数据处理

在利用训练数据对深度展开网络进行训练后，通过超表面对一个信号进行角度估计的实验场景如图 3.20 所示，通过将超表面接收数据的协方差矩阵转化为实数域的协方差向量，并将其分别输入至深度展开 FOCUSS 网络和深度展开 ADMM 网络，利用网络的输出对信号的角度进行估计。

利用深度展开 FOCUSS 网络和深度展开 ADMM 网络得到的离网格角度估计结果分

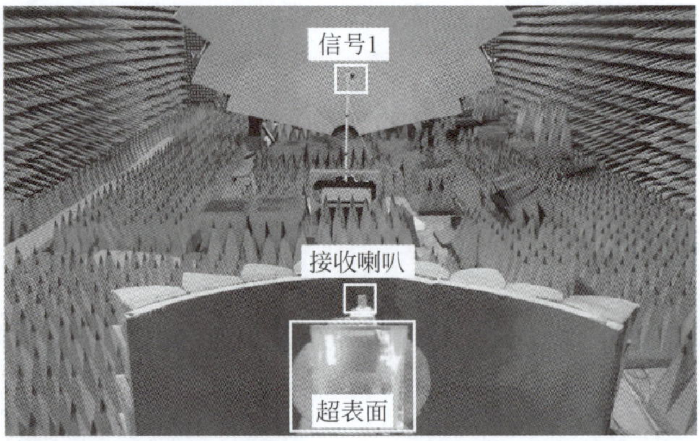

图 3.20 通过超表面对一个信号进行角度估计的实验场景

别如图 3.21 和图 3.22 所示。由图 3.21 和图 3.22 可知，通过网格上空间谱和离网格量化误差能够对离网格角度进行估计，利用深度展开 FOCUSS 网络和深度展开 ADMM 网络得到离网格角度均为 $-0.05°$。此外，图 3.21(b)谱峰外较为平坦，图 3.22(d)谱峰外出现波动。

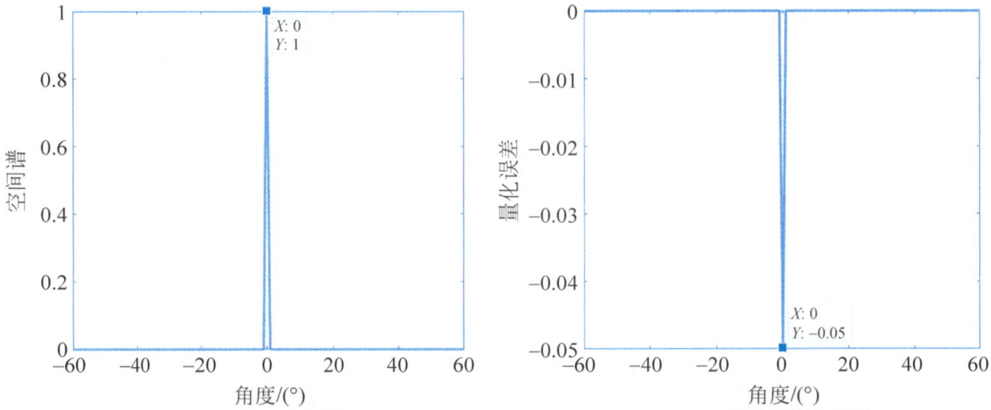

(a) 网格上空间谱　(b) 离网格量化误差

图 3.21 基于深度展开 FOCUSS 网络的超表面实测数据处理结果(一个信号)

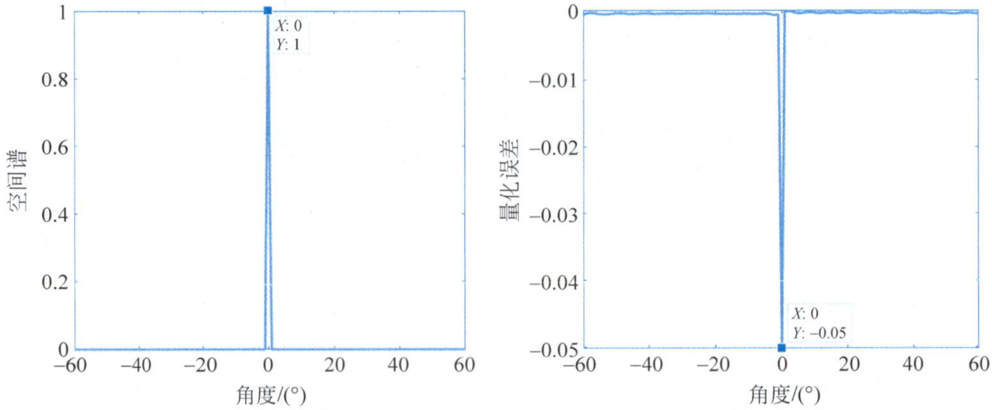

(a) 网格上空间谱　(b) 离网格量化误差

图 3.22 基于深度展开 ADMM 网络的超表面实测数据处理结果(一个信号)

通过超表面对两个信号进行角度估计的实验场景如图 3.23 所示，利用深度展开 FOCUSS 网络和深度展开 ADMM 网络得到的离网格角度估计结果分别如图 3.24 和图 3.25 所示。由图 3.24 和图 3.25 可知，通过网格上空间谱和离网格量化误差能够对离网格角度进行估计，通过深度展开 FOCUSS 网络得到的离网格角度分别为−0.05°和 15.02°，通过深度展开 ADMM 网络得到的离网格角度分别为−0.05°和 15.03°。

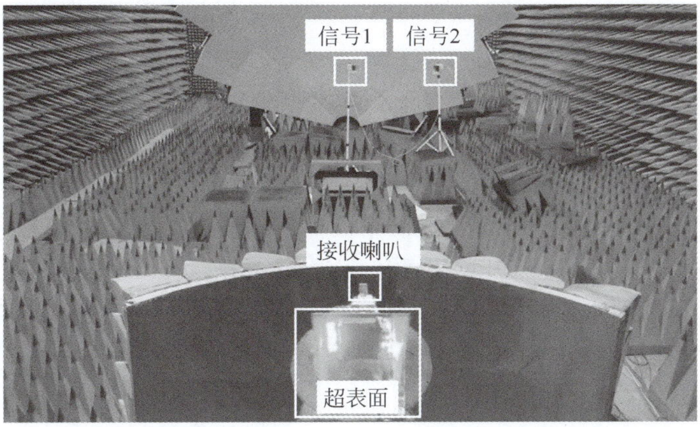

图 3.23 通过超表面对两个信号进行角度估计的实验场景

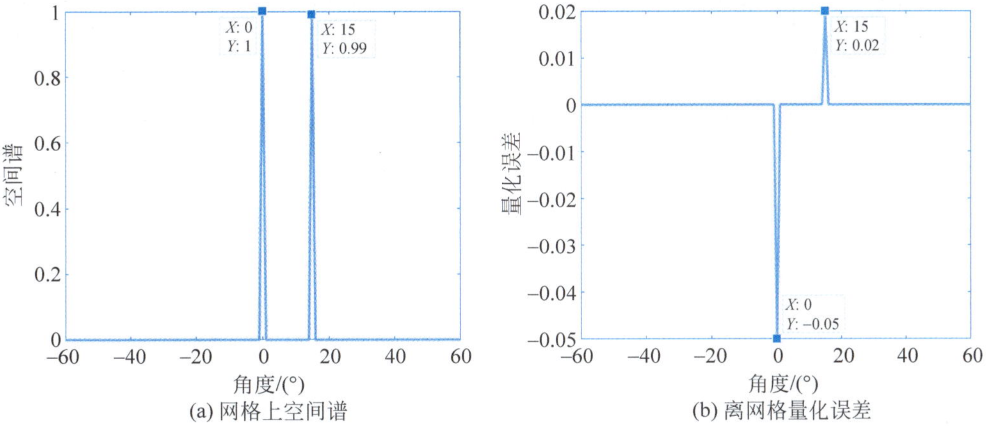

(a) 网格上空间谱 (b) 离网格量化误差

图 3.24 基于深度展开 FOCUSS 网络的超表面实测数据处理结果(两个信号)

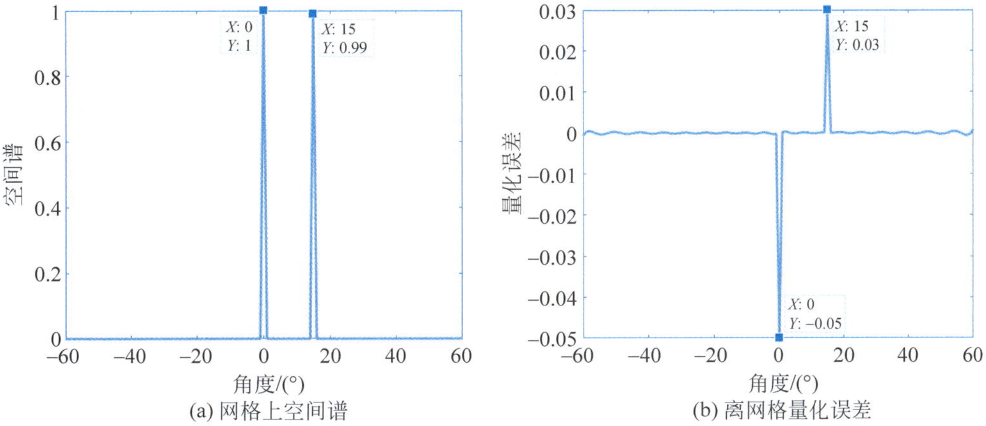

(a) 网格上空间谱 (b) 离网格量化误差

图 3.25 基于深度展开 ADMM 网络的超表面实测数据处理结果(两个信号)

3.7 本章小结

本章针对远场信号离网格角度估计的问题，在实数域离网格角度估计的数学模型的基础上，构建了深度展开 FOCUSS 网络和深度展开 ADMM 网络，利用网格上空间谱和离网格量化误差实现了离网格角度估计，并通过仿真实验和实测数据验证了所提方法的性能。所取得的研究成果主要包括：

（1）利用超完备词典的一阶导数建立了离网格角度的数学模型，避免了由于网格上角度集合的间隔划分过小而导致的计算复杂度增加问题。此外，将复数域的协方差矩阵转化为实数域协方差向量，并将其作为深度展开网络的输入，能够减少复数运算的计算复杂度。

（2）提出了基于深度展开 FOCUSS 网络的离网格角度估计方法，该方法将原始模型驱动算法的迭代过程转化为深度展开网络的隐藏层，其中包含网格上空间谱估计层和离网格量化误差估计层，利用网络输出的空间谱和离网格量化误差可以实现离网格角度估计。实验结果表明，相较于模型驱动 FOCUSS 算法，深度展开 FOCUSS 网络可以在更短的时间内收敛，收敛速度提高了 1.6 倍。此外，所提深度展开 FOCUSS 网络能够提高离网格角度的估计精度，并且具有欠定情况下离网格角度估计的泛化能力。

（3）提出了基于深度展开 ADMM 网络的离网格角度估计方法，该方法利用拉格朗日方法，将目标函数转化为 ADMM 求解问题，通过增广拉格朗日算子和对偶下降法，实现网格上空间谱和离网格量化误差估计。由于该网络避免了 FOCUSS 算法迭代过程中的指数运算，可以进一步降低离网格角度估计的计算复杂度。实验结果表明，相较于模型驱动 ADMM 算法，深度展开 ADMM 网络的收敛速度提高了 1.7 倍。

第4章

远场信号的无网格角度估计方法

4.1 引言

虽然第 3 章提出的离网格角度估计方法能够提高估计精度，但是当量化误差较大时，通过一阶泰勒级数展开无法对离网格角度估计的数学模型进行准确描述，进而会降低离网格角度的估计精度。一般来说，离网格角度估计方法的精度与超完备词典的角度划分间隔有关，超完备词典的角度划分间隔越小，离网格角度的估计精度越高。但是，角度间隔划分得过小会导致不能满足稀疏重构的 MIP 条件，进而无法实现离网格角度估计。此外，减小网格划分的间隔会增加超完备词典及其一阶导数的维度，导致离网格角度估计的计算复杂度上升。

为了进一步提高远场信号的角度估计精度，本章将稀疏重构算法的迭代步骤展开为神经网络的级联形式，通过深度展开 ADMM 网络和深度展开交替投影(Alternating Projections，AP)网络得到广义 Toeplitz 矩阵，利用广义求根多重信号分类(Root-MUltiple SIgnal Classification，Root-MUSIC)方法得到无网格角度估计。相较于第 3 章构建的离网格角度估计数学模型，无网格角度估计能够突破网格划分的限制，进一步提高信号的角度估计精度。此外，相较于以深度神经网络和卷积神经网络为代表的数据驱动方法，本章所提深度展开 ADMM 网络和深度展开 AP 网络中的隐藏层对应于原始 ADMM 算法和 AP 算法中的迭代过程，网络的参数具有一定的可解释性，使得网络具有对不同个数信号进行无网格角度估计的泛化能力；相较于原始 ADMM 算法和 AP 算法，本章所提深度展开网络的参数在训练过程中通过梯度下降进行更新，可以加快收敛速度。因此，本章提出的深度展开 ADMM 网络和深度展开 AP 网络具有模型驱动方法和数据驱动方法的双重优势。

本章各节内容安排如下：4.2 节提出了基于深度展开 ADMM 网络的无网格角度估计方法，其中 4.2.1 节介绍了嵌套阵列下广义 Root-MUSIC 方法，4.2.2 节描述了深度展开 ADMM 网络的原理和结构；4.3 节提出了基于深度展开 AP 网络的无网格角度估计方法，其中 4.3.1 节介绍了通过协方差矩阵降维得到具有原子范数形式的测量向量，4.3.2 节描述了深度展开 AP 网络的原理和结构；4.4 节通过仿真实验从收敛性能、泛化能力、计算复杂度和估计精度等方面对所提出的深度展开 ADMM 网络和深度展开 AP 网络进行了详细分析，4.5 节通过实测数据对所提方法的有效性进行验证，4.6 节对本章的研究内容和主要成果进行了归纳和总结。

4.2 基于深度展开 ADMM 网络的无网格角度估计方法

本节首先介绍了广义 Root-MUSIC 方法，接着，考虑到在噪声情况下通过广义 Root-MUSIC 方法得到的角度估计会出现误差，通过构建深度展开 ADMM 网络得到广义 Toeplitz 矩阵，进而通过广义 Root-MUSIC 方法实现无网格角度估计。

4.2.1 广义 Root-MUSIC 方法

根据式(2.11)，在有噪声情况下多快拍的接收数据可以表示为

$$\begin{aligned}\boldsymbol{X} &= \breve{\boldsymbol{X}} + \boldsymbol{W} \\ &= \sum_{k=1}^{K} \boldsymbol{a}(\theta_k)\boldsymbol{s}_k^{\mathrm{T}} + \boldsymbol{W} \\ &= \boldsymbol{AS} + \boldsymbol{W}\end{aligned} \tag{4.1}$$

其中，$\breve{\boldsymbol{X}}=\boldsymbol{AS}$ 表示无噪声情况下多快拍接收数据，$\boldsymbol{S}=[\boldsymbol{s}_1 \quad \boldsymbol{s}_2 \quad \cdots \quad \boldsymbol{s}_K]^{\mathrm{T}}$ 表示信号的发射数据，$\boldsymbol{s}_k=[s_k(1) \quad s_k(2) \quad \cdots \quad s_k(N)]^{\mathrm{T}}$ 表示第 k 个信号的发射数据，N 表示快拍数，$\boldsymbol{W}=[\boldsymbol{w}_1 \quad \boldsymbol{w}_2 \quad \cdots \boldsymbol{w}_M]^{\mathrm{T}}$ 表示高斯白噪声矩阵，$\boldsymbol{w}_m=[w_m(1) \quad w_m(2) \quad \cdots \quad w_m(N)]^{\mathrm{T}}$ 表示第 m 个阵元接收的高斯白噪声向量，$\boldsymbol{A}=[\boldsymbol{a}(\theta_1) \quad \boldsymbol{a}(\theta_2) \quad \cdots \quad \boldsymbol{a}(\theta_K)]$表示导向矩阵，$K$ 表示信号的个数，$\boldsymbol{a}(\theta_k)=[a_1(\theta_k) \quad a_2(\theta_k) \quad \cdots \quad a_M(\theta_k)]^{\mathrm{T}}$ 表示第 k 个信号的导向向量，嵌套阵列的导向矩阵 $\boldsymbol{A}_{\mathrm{NA}}$ 与均匀阵列的导向矩阵 $\boldsymbol{A}_{\mathrm{ULA}}$ 具有如下关系：

$$\boldsymbol{A}_{\mathrm{NA}} = \boldsymbol{P}_{\mathrm{NA}}\boldsymbol{A}_{\mathrm{ULA}} \tag{4.2}$$

以 6 阵元构成的均匀线阵和 4 阵元构成的两级嵌套阵列为例，图 4.1 中实心点表示在该位置上存在阵元，×号表示在该位置上不存在阵元。

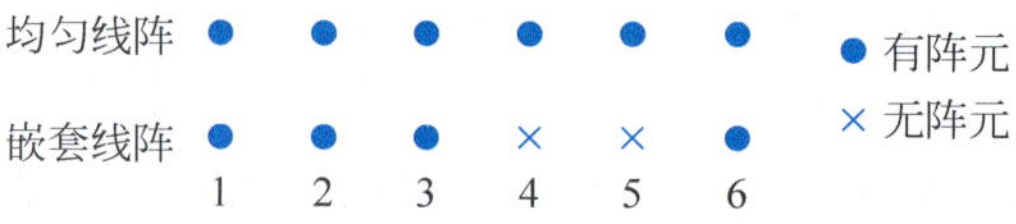

图 4.1 6 阵元均匀线阵和 4 阵元两级嵌套阵列对比图

因此，6 阵元均匀线阵和 4 阵元两级嵌套阵列之间的投影矩阵 $\boldsymbol{P}_{\mathrm{NA}}$ 可以表示为

$$\boldsymbol{P}_{\mathrm{NA}} = \begin{bmatrix} 1 & 0 & 0 & 0 & 0 & 0 \\ 0 & 1 & 0 & 0 & 0 & 0 \\ 0 & 0 & 1 & 0 & 0 & 0 \\ 0 & 0 & 0 & 0 & 0 & 1 \end{bmatrix} \tag{4.3}$$

根据式(4.1)，在无噪声情况下，均匀线阵的协方差矩阵可以表示为

$$\begin{aligned}\breve{\boldsymbol{R}}_{\mathrm{ULA}} &= \breve{\boldsymbol{X}}_{\mathrm{ULA}}\breve{\boldsymbol{X}}_{\mathrm{ULA}}^{\mathrm{H}} \\ &= \boldsymbol{A}_{\mathrm{ULA}}\boldsymbol{SS}^{\mathrm{H}}\boldsymbol{A}_{\mathrm{ULA}}^{\mathrm{H}}\end{aligned}$$

$$
=\begin{bmatrix} r_1 & r_2 & r_3 & r_4 & r_5 & r_6 \\ r_2^* & r_1 & r_2 & r_3 & r_4 & r_5 \\ r_3^* & r_2^* & r_1 & r_2 & r_3 & r_4 \\ r_4^* & r_3^* & r_2^* & r_1 & r_2 & r_3 \\ r_5^* & r_4^* & r_3^* & r_2^* & r_1 & r_2 \\ r_6^* & r_5^* & r_4^* & r_3^* & r_2^* & r_1 \end{bmatrix} \tag{4.4}
$$

可以看出，均匀线阵的协方差矩阵具有 Toeplitz 矩阵形式。

此外，在无噪声情况下，嵌套阵列的协方差矩阵可以表示为

$$
\begin{aligned}
\breve{\boldsymbol{R}}_{\mathrm{NA}} &= \breve{\boldsymbol{X}}_{\mathrm{NA}} \breve{\boldsymbol{X}}_{\mathrm{NA}}^{\mathrm{H}} \\
&= \boldsymbol{P}_{\mathrm{NA}} \boldsymbol{A}_{\mathrm{ULA}} \boldsymbol{S} \boldsymbol{S}^{\mathrm{H}} \boldsymbol{A}_{\mathrm{ULA}}^{\mathrm{H}} \boldsymbol{P}_{\mathrm{NA}}^{\mathrm{H}} \\
&= \begin{bmatrix} r_1 & r_2 & r_3 & r_6 \\ r_2^* & r_1 & r_2 & r_5 \\ r_3^* & r_2^* & r_1 & r_4 \\ r_6^* & r_5^* & r_4^* & r_1 \end{bmatrix}
\end{aligned} \tag{4.5}
$$

可以看出，在无噪声情况下，嵌套阵列协方差矩阵具有广义 Toeplitz 矩阵形式，可以通过投影矩阵和均匀线阵的协方差矩阵得到。由于嵌套阵列的导向矩阵 $\boldsymbol{A}_{\mathrm{NA}}$ 具有广义 Vandermonde 矩阵的形式，令 $\gamma_k = \mathrm{e}^{-\mathrm{j}(2\pi \sin\theta_k)/\lambda}$，嵌套阵列的导向矩阵可以表示为

$$
\boldsymbol{V} = [\boldsymbol{v}(\gamma_1) \quad \boldsymbol{v}(\gamma_2) \quad \cdots \quad \boldsymbol{v}(\gamma_k)] \tag{4.6}
$$

其中，$\boldsymbol{v}(\gamma_k)$表示导向矩阵的第 k 列：

$$
\boldsymbol{v}(\gamma_k) = [\gamma_k^{\xi_1} \quad \gamma_k^{\xi_2} \quad \cdots \quad \gamma_k^{\xi_M}]^{\mathrm{T}} \tag{4.7}
$$

因此，在有噪声情况下，嵌套阵列的协方差矩阵 $\boldsymbol{R}_{\mathrm{NA}}$ 可以表示为

$$
\begin{aligned}
\boldsymbol{R}_{\mathrm{NA}} &= \breve{\boldsymbol{R}}_{\mathrm{NA}} + \sigma_{\mathrm{w}}^2 \boldsymbol{I}_M \\
&= \boldsymbol{A}_{\mathrm{NA}} \boldsymbol{S} \boldsymbol{S}^{\mathrm{H}} \boldsymbol{A}_{\mathrm{NA}}^{\mathrm{H}} + \sigma_{\mathrm{w}}^2 \boldsymbol{I}_M \\
&= \boldsymbol{V} \boldsymbol{S} \boldsymbol{S}^{\mathrm{H}} \boldsymbol{V}^{\mathrm{H}} + \sigma_{\mathrm{w}}^2 \boldsymbol{I}_M
\end{aligned} \tag{4.8}
$$

将嵌套阵列的广义空谱(Null Spectrum)定义为

$$
G_{\mathrm{NA}}(\theta) = \| \boldsymbol{U}_{\mathrm{W}}^{\mathrm{H}} \boldsymbol{a}_{\mathrm{NA}}(\theta) \|_2^2 = \boldsymbol{a}_{\mathrm{NA}}^{\mathrm{H}}(\theta) \boldsymbol{U}_{\mathrm{W}} \boldsymbol{U}_{\mathrm{W}}^{\mathrm{H}} \boldsymbol{a}_{\mathrm{NA}}(\theta) \tag{4.9}
$$

其中，$\boldsymbol{a}_{\mathrm{NA}}(\theta) = [\mathrm{e}^{-\mathrm{j}(2\pi\xi_1 \sin\theta)/\lambda} \quad \mathrm{e}^{-\mathrm{j}(2\pi\xi_2 \sin\theta)/\lambda} \quad \cdots \quad \mathrm{e}^{-\mathrm{j}(2\pi\xi_M \sin\theta)/\lambda}]^{\mathrm{T}}$ 表示嵌套阵列的导向向量，$\boldsymbol{U}_{\mathrm{W}}$ 表示对嵌套阵列协方差矩阵 $\boldsymbol{R}_{\mathrm{NA}}$ 进行特征值分解后，由 $M-K$ 个较小特征值对应的特征向量构成的 $M \times (M-K)$维噪声子空间。

令$\boldsymbol{v}(\gamma) = [4\gamma^{\xi_1} \quad \gamma^{\xi_2} \quad \cdots \quad \gamma^{\xi_M}]^{\mathrm{T}}$，$\gamma = \mathrm{e}^{-\mathrm{j}(2\pi\sin\theta)/\lambda}$，$\boldsymbol{B} = \boldsymbol{U}_{\mathrm{W}} \boldsymbol{U}_{\mathrm{W}}^{\mathrm{H}}$，嵌套线阵的空谱可以表示为

$$
\begin{aligned}
G_{\mathrm{NA}}(\gamma) &= \boldsymbol{v}\left(\frac{1}{\gamma}\right)^{\mathrm{T}} \boldsymbol{U}_{\mathrm{W}} \boldsymbol{U}_{\mathrm{W}}^{\mathrm{H}} \boldsymbol{v}(\gamma) \\
&= \sum_{m_1=1}^{M} \sum_{m_2=1}^{M} b_{m_1,m_2} \gamma^{\xi_{m_1} - \xi_{m_2}}
\end{aligned} \tag{4.10}
$$

其中，b_{m_1,m_2} 表示矩阵 $\boldsymbol{B}$ 的第 m_1 行第 m_2 列的元素。

由于嵌套阵列的差协同阵列是连续的均匀线阵，通过广义 Root-MUSIC 方法计算单位圆上的最小值：

$$\hat{\gamma}_k = \arg\min_{|\gamma|=1} G_{\mathrm{NA}}(\gamma) \tag{4.11}$$

其中，$k=1,2,\cdots,K$。因此，第 k 个信号的角度可以计算为

$$\hat{\theta}_k = -\arcsin((\lambda/2\pi)\angle\hat{\gamma}_k) \tag{4.12}$$

其中，∠(·)表示求复数相位的运算。

图 4.2 给出了无噪声情况下嵌套阵列的广义空谱和单位圆空间谱，图 4.3 给出了有噪声情况下嵌套阵列的空谱和单位圆空间谱，其中信号的角度设置为 10°和 30°，图 4.2(a)和图 4.3(a)中横坐标表示 γ 的实部，纵坐标表示 γ 的虚部，红色虚线表示单位圆。图 4.2(b)和图 4.3(b)中纵坐标表示单位圆上 γ 的幅度，横坐标表示单位圆上 γ 对应的角度，玫红色的三角形表示角度的设定值。由图 4.2 和图 4.3 可知，在无噪声情况下，广义空谱的最小值

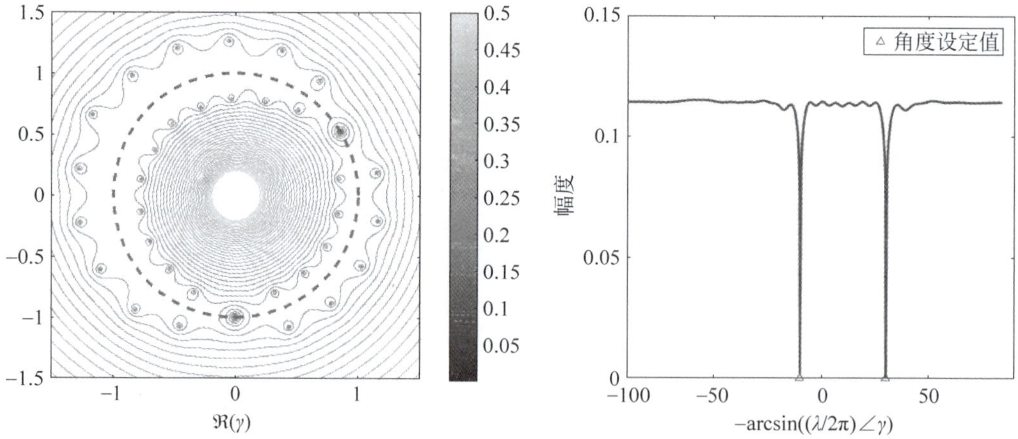

(a) 空谱　(b) 单位圆空间谱

图 4.2　无噪声情况下嵌套阵列的空间谱

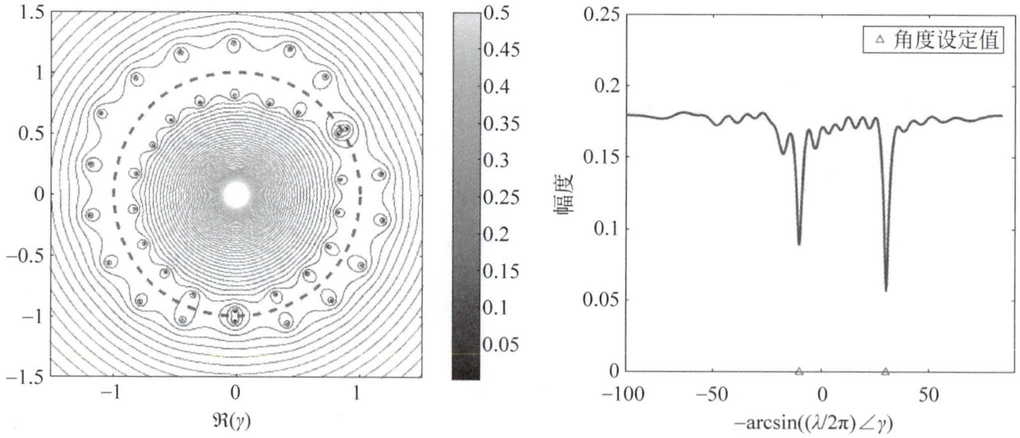

(a) 空谱　(b) 单位圆空间谱

图 4.3　有噪声情况下嵌套阵列的空间谱

落在单位圆上，通过单位圆空间谱的最小值可以估计出信号的角度。在有噪声情况下，嵌套阵列的协方差矩阵不具有广义 Toeplitz 矩阵的形式，广义空谱的最小值没有落在单位圆上，通过 Root-MUSIC 方法对信号角度进行估计会出现误差。

4.2.2 无网格角度估计

由于在有噪声情况下通过广义 Root-MUSIC 方法得到的角度估计会出现误差，因此本节通过构建深度展开 ADMM 网络得到广义 Toeplitz 矩阵，进而利用广义 Root-MUSIC 方法得到无网格角度估计。

令 $c_k=\|\boldsymbol{s}_k\|_2$，$\boldsymbol{u}_k=c_k^{-1}\boldsymbol{s}_k$，则式(4.1)中嵌套阵列下的多快拍接收数据可以重构为

$$\begin{aligned}\boldsymbol{X}&=\breve{\boldsymbol{X}}+\boldsymbol{W}\\&=\sum_{k=1}^{K}\boldsymbol{a}(\theta_k)\boldsymbol{s}_k^{\mathrm{T}}+\boldsymbol{W}\\&=\sum_{k=1}^{K}c_k\boldsymbol{a}(\theta_k)\boldsymbol{u}_k^{\mathrm{T}}+\boldsymbol{W}\end{aligned}\tag{4.13}$$

其中，$\boldsymbol{a}(\theta_k)=[a_1(\theta_k)\quad a_2(\theta_k)\quad\cdots\quad a_M(\theta_k)]^{\mathrm{T}}$ 表示第 k 个信号的导向向量，$s_k=[s_k(1)\quad s_k(2)\quad\cdots\quad s_k(N)]^{\mathrm{T}}$ 表示第 k 个信号的发射数据。记原子集为

$$\mathcal{A}=\left\{\boldsymbol{a}(\theta)\boldsymbol{u}^{\mathrm{T}}\mid\theta\in\left[-\frac{\pi}{2},\frac{\pi}{2}\right],\|\boldsymbol{u}\|_2=1\right\}\tag{4.14}$$

因此，在无噪声情况下，多快拍的接收数据 $\breve{\boldsymbol{X}}$ 为原子集的线性组合，对应的 ℓ_0 原子范数定义为

$$\begin{aligned}\|\breve{\boldsymbol{X}}\|_{\mathcal{A},0}&=\left\|\sum_{k=1}^{K}\boldsymbol{a}(\theta_k)\boldsymbol{s}_k^{\mathrm{T}}\right\|_{\mathcal{A},0}\\&=\inf_{\substack{|c_k|\geqslant 0\\ \boldsymbol{a}(\theta_k)\boldsymbol{u}_k^{\mathrm{T}}\in\mathcal{A}}}\left\{K:\sum_{k=1}^{K}\boldsymbol{a}(\theta_k)\boldsymbol{s}_k^{\mathrm{T}}=\sum_{k=1}^{K}|c_k|\boldsymbol{a}(\theta_k)\boldsymbol{u}_k^{\mathrm{T}}\right\}\end{aligned}\tag{4.15}$$

为了通过原子范数最小化(Atomic Norm Minimization，ANM)方法对式(4.15)进行求解[194]，对式(4.14)进行分解，得到半正定(Positive Semi-Definite，PSD)复矩阵：

$$\begin{aligned}\boldsymbol{\Psi}&=\sum_{k=1}^{K}c_k^2\begin{bmatrix}\boldsymbol{a}(\theta_k)\\\boldsymbol{u}_k\end{bmatrix}\begin{bmatrix}\boldsymbol{a}(\theta_k)\\\boldsymbol{u}_k\end{bmatrix}^{\mathrm{H}}\\&=\begin{bmatrix}\breve{\boldsymbol{R}}&\breve{\boldsymbol{X}}\\\breve{\boldsymbol{X}}^{\mathrm{H}}&\boldsymbol{S}^{\mathrm{H}}\boldsymbol{S}\end{bmatrix}\end{aligned}\tag{4.16}$$

其中，$\breve{\boldsymbol{R}}$ 表示无噪声情况下的协方差矩阵：

$$\begin{aligned}\breve{\boldsymbol{R}}&=\boldsymbol{ASS}^{\mathrm{H}}\boldsymbol{A}^{\mathrm{H}}\\&=\boldsymbol{ACA}^{\mathrm{H}}\end{aligned}\tag{4.17}$$

对角矩阵 $\boldsymbol{C}$ 为

$$\boldsymbol{C}=\mathrm{diag}([c_1^2\quad c_2^2\quad\cdots\quad c_K^2])\tag{4.18}$$

可以看出,半正定复矩阵$\boldsymbol{\Psi}$为 Hermitian 矩阵,即$\boldsymbol{\Psi}_{m_1,m_2}=\boldsymbol{\Psi}^*_{m_2,m_1}$,$m_1,m_2=1,2,\cdots,M+N$,其特征值是非负的。

由于矩阵的秩等于非零特征值的个数,因此$\breve{\boldsymbol{R}}$的特征值个数等于信号的个数K。由于$K<M$,因此$\breve{\boldsymbol{R}}$是低秩矩阵,在噪声情况下通过原子范数最小化求解式(4.15),可以等价为低秩恢复问题的最优解:

$$\begin{aligned}&\min \quad \operatorname{rank}(\boldsymbol{\Omega})\\&\text{s. t.}\quad \hat{\boldsymbol{\Psi}}=\begin{bmatrix}\boldsymbol{\Omega} & \boldsymbol{Z}\\ \boldsymbol{Z}^{\mathrm{H}} & \boldsymbol{\Phi}\end{bmatrix}\geqslant 0\\&\|\boldsymbol{Z}-\boldsymbol{X}\|_{\mathrm{F}}^2\leqslant\varepsilon\end{aligned}\tag{4.19}$$

其中,rank(·)表示矩阵的秩,$\|\cdot\|_{\mathrm{F}}$表示 Frobenius 范数,$\hat{\boldsymbol{\Psi}}\in\mathbb{C}^{(M+N)\times(M+N)}$为半正定复矩阵,$\boldsymbol{\Omega}\in\mathbb{C}^{M\times M}$,$\boldsymbol{Z}\in\mathbb{C}^{M\times N}$,$\boldsymbol{\Phi}\in\mathbb{C}^{N\times N}$,$\varepsilon$表示噪声容限。

由于秩约束是非凸的,无法通过凸优化方法对广义 Toeplitz 矩阵$\boldsymbol{\Omega}$进行求解。因此,为了避免非凸特性,利用矩阵的迹代替矩阵的秩,将其转化为凸松弛来进行求解[100],上述优化问题可以等价为半正定规划(Semi-Definite Programming,SDP)问题:

$$\begin{aligned}&\min \quad \frac{1}{2}\|\boldsymbol{Z}-\boldsymbol{X}\|_{\mathrm{F}}^2+\frac{\alpha}{2}\operatorname{tr}(\hat{\boldsymbol{\Psi}})\\&\text{s. t.}\quad \hat{\boldsymbol{\Psi}}=\begin{bmatrix}\boldsymbol{\Omega} & \boldsymbol{Z}\\ \boldsymbol{Z}^{\mathrm{H}} & \boldsymbol{\Phi}\end{bmatrix}\geqslant 0\end{aligned}\tag{4.20}$$

其中,α表示正则化参数。

利用增广拉格朗日乘子法进行无网格角度估计[98,212,213],目标函数可以重构为

$$\begin{aligned}G_\rho(\boldsymbol{\Phi},\hat{\boldsymbol{\Psi}},\boldsymbol{Z},\boldsymbol{\Gamma},\boldsymbol{\Omega})=&\frac{1}{2}\|\boldsymbol{Z}-\boldsymbol{X}\|_{\mathrm{F}}^2+\frac{\alpha}{2}\operatorname{tr}(\hat{\boldsymbol{\Psi}})\\&+\left\langle\boldsymbol{\Gamma},\hat{\boldsymbol{\Psi}}-\begin{bmatrix}\boldsymbol{\Omega} & \boldsymbol{Z}\\ \boldsymbol{Z}^{\mathrm{H}} & \boldsymbol{\Phi}\end{bmatrix}\right\rangle+\frac{\rho}{2}\left\|\hat{\boldsymbol{\Psi}}-\begin{bmatrix}\boldsymbol{\Omega} & \boldsymbol{Z}\\ \boldsymbol{Z}^{\mathrm{H}} & \boldsymbol{\Phi}\end{bmatrix}\right\|_{\mathrm{F}}^2\end{aligned}\tag{4.21}$$

其中,ρ表示惩罚因子,$\boldsymbol{\Gamma}$表示拉格朗日乘子。

无网格角度估计的深度展开 ADMM 网络如图 4.4 所示,将模型驱动 ADMM 方法的迭代步骤转化为神经网络的级联形式,深度展开 ADMM 网络的第l层的输出可以表示为

$$\boldsymbol{\Phi}^{(l)},\boldsymbol{Z}^{(l)},\boldsymbol{\Omega}^{(l)}\leftarrow\arg\min_{\boldsymbol{\Phi},\boldsymbol{Z},\boldsymbol{\Omega}}G_\rho(\boldsymbol{\Phi},\hat{\boldsymbol{\Psi}}^{(l-1)},\boldsymbol{Z},\boldsymbol{\Gamma}^{(l-1)},\boldsymbol{\Omega})\tag{4.22}$$

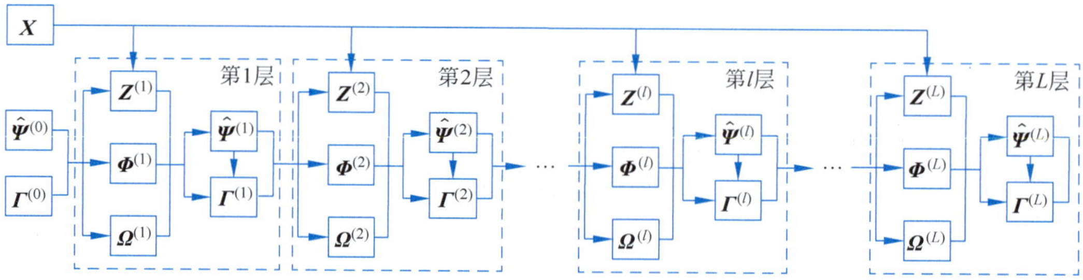

图 4.4 基于深度展开 ADMM 网络的无网格角度估计结构图

$$\hat{\boldsymbol{\Psi}}^{(l)} \leftarrow \underset{\hat{\boldsymbol{\Psi}}\geqslant 0}{\operatorname{argmin}} G_{\rho}(\boldsymbol{\Phi}^{(l-1)},\hat{\boldsymbol{\Psi}},\boldsymbol{Z}^{(l-1)},\boldsymbol{\Gamma}^{(l-1)},\boldsymbol{\Omega}^{(l-1)}) \tag{4.23}$$

$$\boldsymbol{\Gamma}^{(l)} \leftarrow \boldsymbol{\Gamma}^{(l-1)} + \rho\left(\hat{\boldsymbol{\Psi}}^{(l)} - \begin{bmatrix} \boldsymbol{\Omega}^{(l)} & \boldsymbol{Z}^{(l)} \\ (\boldsymbol{Z}^{(l)})^{\mathrm{H}} & \boldsymbol{\Phi}^{(l)} \end{bmatrix}\right) \tag{4.24}$$

其中,$l=1,2,\cdots,L$,L 表示深度展开 ADMM 网络的层数。

将$\hat{\boldsymbol{\Psi}}^{(l)}$和$\boldsymbol{\Gamma}^{(l)}$进行分块,可以得到

$$\hat{\boldsymbol{\Psi}}^{(l)} = \begin{bmatrix} \hat{\boldsymbol{\Psi}}_{\boldsymbol{\Omega}}^{(l-1)} & \hat{\boldsymbol{\Psi}}_{\boldsymbol{Z}}^{(l-1)} \\ \hat{\boldsymbol{\Psi}}_{\boldsymbol{Z}^{\mathrm{H}}}^{(l-1)} & \hat{\boldsymbol{\Psi}}_{\boldsymbol{\Phi}}^{(l-1)} \end{bmatrix},\quad \boldsymbol{\Gamma}^{(l)} = \begin{bmatrix} \boldsymbol{\Gamma}_{\boldsymbol{\Omega}}^{(l-1)} & \boldsymbol{\Gamma}_{\boldsymbol{Z}}^{(l-1)} \\ \boldsymbol{\Gamma}_{\boldsymbol{Z}^{\mathrm{H}}}^{(l-1)} & \boldsymbol{\Gamma}_{\boldsymbol{\Phi}}^{(l-1)} \end{bmatrix} \tag{4.25}$$

其中,$\hat{\boldsymbol{\Psi}}_{\boldsymbol{\Omega}}^{(l-1)},\boldsymbol{\Gamma}_{\boldsymbol{\Omega}}^{(l-1)}\in\mathbb{C}^{M\times M}$,$\hat{\boldsymbol{\Psi}}_{\boldsymbol{Z}}^{(l-1)},\boldsymbol{\Gamma}_{\boldsymbol{Z}}^{(l-1)}\in\mathbb{C}^{M\times N}$,$\hat{\boldsymbol{\Psi}}_{\boldsymbol{Z}^{\mathrm{H}}}^{(l-1)},\boldsymbol{\Gamma}_{\boldsymbol{Z}^{\mathrm{H}}}^{(l-1)}\in\mathbb{C}^{N\times M}$,$\hat{\boldsymbol{\Psi}}_{\boldsymbol{\Phi}}^{(l-1)}$,$\boldsymbol{\Gamma}_{\boldsymbol{\Phi}}^{(l-1)}\in\mathbb{C}^{N\times N}$。

因此,第 l 层输出的$\boldsymbol{\Phi}^{(l)}$、$\boldsymbol{Z}^{(l)}$和$\boldsymbol{\Omega}^{(l)}$可以计算为

$$\boldsymbol{\Phi}^{(l)} = \frac{1}{2}\hat{\boldsymbol{\Psi}}_{\boldsymbol{\Phi}}^{(l-1)} + \frac{1}{2}(\hat{\boldsymbol{\Psi}}_{\boldsymbol{\Phi}}^{(l-1)})^{\mathrm{H}} + \frac{1}{\rho}\left(\boldsymbol{\Gamma}_{\boldsymbol{\Phi}}^{(l-1)} - \frac{1}{2}\boldsymbol{I}_M\right) \tag{4.26}$$

$$\boldsymbol{Z}^{(l)} = \frac{1}{2\rho+1}(\boldsymbol{X} + \rho\hat{\boldsymbol{\Psi}}_{\boldsymbol{Z}}^{(l-1)} + \rho\hat{\boldsymbol{\Psi}}_{\boldsymbol{Z}^{\mathrm{H}}}^{(l-1)} + 2\boldsymbol{\Gamma}_{\boldsymbol{Z}}^{(l-1)}) \tag{4.27}$$

$$\boldsymbol{\Omega}^{(l)} = P_{\text{Toeplitz}}\left(\hat{\boldsymbol{\Psi}}_{\boldsymbol{\Omega}}^{(l-1)} + \frac{1}{\rho}\boldsymbol{\Gamma}_{\boldsymbol{\Omega}}^{(l-1)}\right) - \frac{\alpha}{2\rho}\boldsymbol{I}_M \tag{4.28}$$

其中,$P_{\text{Toeplitz}}(\cdot)$表示广义 Toeplitz 矩阵运算,$\boldsymbol{\Omega}^{(l)}$的第 m_1 行第 m_2 列的元素可以计算为

$$\boldsymbol{\Omega}_{m_1,m_2}^{(l)} = \begin{cases} \operatorname{mean}(\boldsymbol{\Upsilon}_{m_3,m_4}^{(l-1)} + (\boldsymbol{\Upsilon}_{m_4,m_3}^{(l-1)})^*), & m_1 \leqslant m_2,\quad \xi_{m_3} - \xi_{m_4} = \xi_{m_1} - \xi_{m_2} \\ \operatorname{mean}((\boldsymbol{\Upsilon}_{m_3,m_4}^{(l-1)})^* + \boldsymbol{\Upsilon}_{m_4,m_3}^{(l-1)}), & m_1 > m_2,\quad \xi_{m_3} - \xi_{m_4} = \xi_{m_1} - \xi_{m_2} \end{cases} \tag{4.29}$$

其中,$m_1,m_2,m_3,m_4=1,2,\cdots,M$,$\xi_{m_1}$、$\xi_{m_2}$、$\xi_{m_3}$ 和 ξ_{m_4} 分别表示第 m_1、m_2、m_3 和 m_4 个阵元位置,$\boldsymbol{\Upsilon}^{(l-1)}=\hat{\boldsymbol{\Psi}}_{\boldsymbol{\Omega}}^{(l-1)}+(1/\rho)\boldsymbol{\Gamma}_{\boldsymbol{\Omega}}^{(l-1)}$,$\operatorname{mean}(\cdot)$表示取平均运算。

因此,第 l 层的输出$\boldsymbol{\Theta}^{(l)}$可以计算为

$$\boldsymbol{\Theta}^{(l)} = \hat{\boldsymbol{\Psi}}^{(l-1)} - \begin{bmatrix} \boldsymbol{\Omega}^{(l)} & \boldsymbol{Z}^{(l)} \\ (\boldsymbol{Z}^{(l)})^{\mathrm{H}} & \boldsymbol{\Phi}^{(l)} \end{bmatrix} + \frac{1}{\rho}\boldsymbol{\Gamma}^{(l)} \tag{4.30}$$

通过半正定投影运算,第 l 层的输出$\hat{\boldsymbol{\Psi}}^{(l)}$可以计算为

$$\begin{aligned} \hat{\boldsymbol{\Psi}}^{(l)} &= P_{\text{PSD}}(\boldsymbol{\Theta}^{(l)}) \\ &= \sum_{\tau=1}^{M+N} \max(0,\zeta_{\tau}^{(l)})\boldsymbol{\eta}_{\tau}^{(l)}(\boldsymbol{\eta}_{\tau}^{(l)})^{\mathrm{H}} \end{aligned} \tag{4.31}$$

其中,$P_{\text{PSD}}(\cdot)$表示半正定运算,$\zeta_{\tau}^{(l-1)}$ 和$\boldsymbol{\eta}_{\tau}^{(l-1)}$ 分别表示$\boldsymbol{\Theta}^{(l)}$的第 τ 个特征值及其对应的特征向量,$\tau=1,2,\cdots,M+N$。在深度展开 ADMM 网络的初始化参数中,第 1 层的输入$\boldsymbol{\Gamma}^{(0)}$为 $\boldsymbol{0}_{(M+N)\times(M+N)}$,$\hat{\boldsymbol{\Psi}}^{(0)}$为

$$\hat{\boldsymbol{\Psi}}^{(0)} = \begin{bmatrix} \boldsymbol{R} & \boldsymbol{X} \\ \boldsymbol{X}^{\mathrm{H}} & \boldsymbol{I}_N \end{bmatrix} \tag{4.32}$$

在深度展开 ADMM 网络的训练过程中,损失函数定义为

$$\frac{1}{T}\sum_{t=1}^{T}\left(\frac{1}{2}\|\boldsymbol{Z}_t^{(L)}-\boldsymbol{X}\|_{\mathrm{F}}^2+\frac{\alpha}{2}\mathrm{tr}(\hat{\boldsymbol{\Psi}}_t^{(L)})\right) \tag{4.33}$$

其中，$t=1,2,\cdots,T$，T 表示训练样本的数量，$\boldsymbol{Z}_t^{(L)}$ 和 $\hat{\boldsymbol{\Psi}}_t^{(L)}$ 表示第 t 个训练样本输入至深度展开 ADMM 网络后的第 L 层的输出。可以看出，损失函数只与深度展开 ADMM 网络的输出有关，在训练过程中没有使用标签(即无噪声情况下的协方差矩阵)，因此深度展开 ADMM 网络的训练可以视为无监督学习的过程。利用第 L 层的输出 $\boldsymbol{\Omega}^{(L)}$，通过广义 Root-MUSIC 方法计算单位圆上的最小值：

$$\begin{aligned}&\min\quad \sum_{m_1=1}^{M}\sum_{m_2=1}^{M}\hat{\boldsymbol{V}}_{m_1,m_2}\gamma^{\xi_{m_1}-\xi_{m_2}}\\&\text{s.t.}\quad |\gamma|=1\end{aligned} \tag{4.34}$$

其中，$\hat{\boldsymbol{V}}_{m_1,m_2}$ 表示 $\hat{\boldsymbol{U}}_{\mathrm{W}}\hat{\boldsymbol{U}}_{\mathrm{W}}^{\mathrm{H}}$ 中的第 m_1 行第 m_2 列的元素，$\hat{\boldsymbol{U}}_{\mathrm{W}}$ 表示 $\boldsymbol{\Omega}^{(L)}$ 的噪声子空间。因此，第 k 个信号的角度可以计算为

$$\hat{\theta}_k=-\arcsin((\lambda/2\pi)\angle\hat{\gamma}_k) \tag{4.35}$$

其中，$k=1,2,\cdots,K$。

4.3 基于深度展开 AP 网络的无网格角度估计方法

为了降低半正定矩阵的维度和计算复杂度，本节提出了通过深度展开 AP 网络实现无网格角度估计的方法，该方法首先通过特征值分解将协方差矩阵进行降维，构建原子范数形式的测量向量，接着将模型驱动 AP 算法的迭代步骤展开为神经网络的级联形式，得到嵌套阵列下具有广义 Toeplitz 矩阵形式的协方差矩阵，最后通过广义 Root-MUSIC 方法得到无网格角度估计。

4.3.1 协方差矩阵降维方法

将嵌套阵列的协方差矩阵 $\boldsymbol{R}$ 进行特征值分解，可以得到

$$\boldsymbol{R}=\boldsymbol{U}_{\mathrm{S}}\boldsymbol{\Delta}_{\mathrm{S}}\boldsymbol{U}_{\mathrm{S}}^{\mathrm{H}}+\boldsymbol{U}_{\mathrm{W}}\boldsymbol{\Delta}_{\mathrm{W}}\boldsymbol{U}_{\mathrm{W}}^{\mathrm{H}} \tag{4.36}$$

其中，$\boldsymbol{\Delta}_{\mathrm{S}}\in\mathbb{C}^{K\times K}$ 表示由 K 个较大特征值组成的对角矩阵，$\boldsymbol{\Delta}_{\mathrm{W}}\in\mathbb{C}^{(M-K)\times(M-K)}$ 表示由其余 $M-K$ 个较小特征值组成的对角矩阵，$\boldsymbol{U}_{\mathrm{S}}\in\mathbb{C}^{M\times K}$ 表示信号子空间，由 K 个较大特征值对应的特征向量组成，$\boldsymbol{U}_{\mathrm{W}}\in\mathbb{C}^{M\times(M-K)}$ 表示噪声子空间，由 $M-K$ 个较小特征值对应的特征向量组成。利用协方差矩阵经过特征值分解得到的信号子空间 $\boldsymbol{U}_{\mathrm{S}}$ 和噪声子空间 $\boldsymbol{U}_{\mathrm{W}}$ 的正交性，即 $\boldsymbol{U}_{\mathrm{W}}^{\mathrm{H}}\boldsymbol{U}_{\mathrm{S}}=\boldsymbol{0}_{(M-K)\times K}$，将式(4.36)中等号的左右两边分别乘以信号子空间 $\boldsymbol{U}_{\mathrm{S}}$，可以得到

$$\begin{aligned}\boldsymbol{R}\boldsymbol{U}_{\mathrm{S}}&=\boldsymbol{U}_{\mathrm{S}}\boldsymbol{\Delta}_{\mathrm{S}}\boldsymbol{U}_{\mathrm{S}}^{\mathrm{H}}\boldsymbol{U}_{\mathrm{S}}+\boldsymbol{U}_{\mathrm{W}}\boldsymbol{\Delta}_{\mathrm{W}}\boldsymbol{U}_{\mathrm{W}}^{\mathrm{H}}\boldsymbol{U}_{\mathrm{S}}\\&=\boldsymbol{U}_{\mathrm{S}}\boldsymbol{\Delta}_{\mathrm{S}}\end{aligned} \tag{4.37}$$

此外，考虑到协方差矩阵可以表示为 $\boldsymbol{R}=\boldsymbol{A}\boldsymbol{\Delta}_{\mathrm{S}}\boldsymbol{A}^{\mathrm{H}}+\sigma_{\mathrm{w}}^2\boldsymbol{I}_M$，将其等号的左右两边分别乘以信号子空间，可以得到

$$\boldsymbol{R}\boldsymbol{U}_{\mathrm{S}}=\boldsymbol{A}\boldsymbol{\Delta}_{\mathrm{S}}\boldsymbol{A}^{\mathrm{H}}\boldsymbol{U}_{\mathrm{S}}+\sigma_{\mathrm{w}}^2\boldsymbol{I}_M\boldsymbol{U}_{\mathrm{S}} \tag{4.38}$$

因此,结合式(4.37)和式(4.38)的等号右边部分,可以得到

$$\boldsymbol{A}\boldsymbol{\Delta}_{\mathrm{S}}\boldsymbol{A}^{\mathrm{H}}\boldsymbol{U}_{\mathrm{S}}=\boldsymbol{U}_{\mathrm{S}}\boldsymbol{\Delta}_{\mathrm{S}}-\sigma_{\mathrm{w}}^{2}\boldsymbol{I}_{M}\boldsymbol{U}_{\mathrm{S}}=\boldsymbol{U}_{\mathrm{S}}(\boldsymbol{\Delta}_{\mathrm{S}}-\sigma_{\mathrm{w}}^{2}\boldsymbol{I}_{M}) \tag{4.39}$$

将$\boldsymbol{\Delta}_{\mathrm{S}}\boldsymbol{A}^{\mathrm{H}}\boldsymbol{U}_{\mathrm{S}}$ 表示为 $\boldsymbol{B}$,式(4.39)中等号左边可以表示为

$$\begin{aligned}\boldsymbol{A}\boldsymbol{\Delta}_{\mathrm{S}}\boldsymbol{A}^{\mathrm{H}}\boldsymbol{U}_{\mathrm{S}}&=\boldsymbol{A}\boldsymbol{B}\\&=\begin{bmatrix}\sum_{k=1}^{K}a_{1,k}b_{k,1} & \cdots & \sum_{k=1}^{K}a_{1,k}b_{k,p} & \cdots & \sum_{k=1}^{K}a_{1,k}b_{k,K}\\ \vdots & \ddots & \vdots & \ddots & \vdots\\ \sum_{k=1}^{K}a_{m,k}b_{k,1} & \cdots & \sum_{k=1}^{K}a_{m,k}b_{k,p} & \cdots & \sum_{k=1}^{K}a_{m,k}b_{k,K}\\ \vdots & \ddots & \vdots & \ddots & \vdots\\ \sum_{k=1}^{K}a_{M,k}b_{k,1} & \cdots & \sum_{k=1}^{K}a_{M,k}b_{k,p} & \cdots & \sum_{k=1}^{K}a_{M,k}b_{k,K}\end{bmatrix}\end{aligned} \tag{4.40}$$

其中,$p=1,2,\cdots,K$,$b_{k,p}$ 表示矩阵 $\boldsymbol{B}$ 的第 k 行的第 q 列元素。

此外,式(4.39)的等号右边可以表示为

$$\begin{aligned}&\boldsymbol{U}_{\mathrm{S}}(\boldsymbol{\Delta}_{\mathrm{S}}-\sigma_{\mathrm{w}}^{2}\boldsymbol{I}_{M})\\&=\begin{bmatrix}\mu_{1,1}(\sigma_1^2-\sigma_{\mathrm{w}}^2) & \cdots & \mu_{1,p}(\sigma_p^2-\sigma_{\mathrm{w}}^2) & \cdots & \mu_{1,K}(\sigma_K^2-\sigma_{\mathrm{w}}^2)\\ \vdots & \ddots & \vdots & \ddots & \vdots\\ \mu_{m,1}(\sigma_1^2-\sigma_{\mathrm{w}}^2) & \cdots & \mu_{m,p}(\sigma_p^2-\sigma_{\mathrm{w}}^2) & \cdots & \mu_{m,K}(\sigma_K^2-\sigma_{\mathrm{w}}^2)\\ \vdots & \ddots & \vdots & \ddots & \vdots\\ \mu_{M,1}(\sigma_1^2-\sigma_{\mathrm{w}}^2) & \cdots & \mu_{M,p}(\sigma_p^2-\sigma_{\mathrm{w}}^2) & \cdots & \mu_{M,K}(\sigma_K^2-\sigma_{\mathrm{w}}^2)\end{bmatrix}\end{aligned} \tag{4.41}$$

其中,$\mu_{m,p}$ 表示矩阵 $\boldsymbol{U}_{\mathrm{S}}$ 的第 m 行的第 p 列元素。

因此,结合式(4.40)和式(4.41),$\mu_{m,p}$ 可以计算为

$$\mu_{m,p}=\frac{1}{\sigma_p^2-\sigma_{\mathrm{w}}^2}\sum_{k=1}^{K}a_{m,k}b_{k,p} \tag{4.42}$$

将 $\mu_{m,p}$ 及其对应的特征值σ_p^2 相乘,可以得到

$$\begin{aligned}\sum_{p=1}^{K}\sigma_p^2\mu_{m,p}&=\sum_{p=1}^{K}\frac{\sigma_p^2}{\sigma_p-\sigma_{\mathrm{w}}^2}\sum_{k=1}^{K}a_{m,k}b_{k,p}\\&=\sum_{k=1}^{K}a_{m,k}\sum_{p=1}^{K}\frac{\sigma_p^2}{\sigma_p^2-\sigma_{\mathrm{w}}^2}b_{k,p}\end{aligned} \tag{4.43}$$

将$\sum_{p=1}^{K}(\sigma_p^2b_{k,p})/(\sigma_p^2-\sigma_{\mathrm{w}}^2)$ 表示为 f_k,测量向量 $\boldsymbol{y}$ 可以表示为

$$\boldsymbol{y}=\sum_{p=1}^{K}\sigma_p^2\boldsymbol{\mu}_p=\sum_{k=1}^{K}f_k\boldsymbol{a}(\theta_k) \tag{4.44}$$

其中,$\boldsymbol{\mu}_p=[\mu_{1,p},\mu_{2,p},\cdots,\mu_{M,p}]^{\mathrm{T}}$ 表示第 p 个特征值σ_p^2 对应的特征向量。

将 f_k 表示为 $|f_k|\exp(\mathrm{j}\varphi_k)$，测量向量 $\boldsymbol{y}$ 可以重构为

$$\boldsymbol{y}=\left[\sum_{k=1}^{K}|f_k|g_1(\theta_k,\varphi_k)\quad \sum_{k=1}^{K}|f_k|g_2(\theta_k,\varphi_k)\quad \cdots\quad \sum_{k=1}^{K}|f_k|g_M(\theta_k,\varphi_k)\right]^{\mathrm{T}} \tag{4.45}$$

其中，

$$g_m(\theta_k,\varphi_k)=\exp(-\mathrm{j}(2\pi\xi_m\sin\theta_k/\lambda-\varphi_k)) \tag{4.46}$$

$|f_k|$ 和 φ_k 分别表示 f_k 的幅值和相位。

记原子集定义为

$$\mathcal{A}=\left\{\boldsymbol{g}(\theta,\varphi)\,\middle|\,\theta\in\left[-\frac{\pi}{2},\frac{\pi}{2}\right],\varphi\in[0,2\pi)\right\} \tag{4.47}$$

其中，$\boldsymbol{g}(\theta,\varphi)=[g_1(\theta,\varphi)\quad g_2(\theta,\varphi)\quad\cdots\quad g_M(\theta,\varphi)]^{\mathrm{T}}$。

因此，测量向量 $\boldsymbol{y}$ 为原子集的线性组合，对应的 ℓ_0 原子范数可以表示为

$$\|\boldsymbol{y}\|_{\mathcal{A},0}=\inf_{\substack{|f_k|\geqslant 0\\ \boldsymbol{g}(\theta_k,\varphi_k)\in\mathcal{A}}}\left\{K:y=\sum_{k=1}^{K}|f_k|\boldsymbol{g}(\theta_k,\varphi_k)\right\} \tag{4.48}$$

4.3.2 无网格角度估计

测量向量 $\boldsymbol{y}$ 的 ℓ_0 原子范数最优解可以等价为低秩恢复求解问题[214]：

$$\begin{aligned}&\min\quad \mathrm{rank}(\boldsymbol{\Omega})\\&\mathrm{s.t.}\quad \boldsymbol{Z}=\begin{bmatrix}\boldsymbol{\Omega} & \boldsymbol{y}\\ \boldsymbol{y}^{\mathrm{H}} & \delta\end{bmatrix}\geqslant 0\end{aligned} \tag{4.49}$$

其中，$\boldsymbol{\Omega}\in\mathbb{C}^{M\times M}$，$\delta\in\mathbb{C}^{1\times 1}$。由于秩约束为非凸的，$\boldsymbol{\Omega}$ 为广义 Toeplitz 矩阵，利用 $\boldsymbol{\Omega}$ 的 Frobenius 范数代替 rank 函数[100]，式(4.49)可以转化为

$$\begin{aligned}&\min\quad \|\boldsymbol{Z}\|_{\mathrm{F}}\\&\mathrm{s.t.}\quad \boldsymbol{Z}=\begin{bmatrix}\boldsymbol{\Omega} & \boldsymbol{y}\\ \boldsymbol{y}^{\mathrm{H}} & \delta\end{bmatrix}\geqslant 0\end{aligned} \tag{4.50}$$

交替投影方法用于找到两个或多个凸集之间的交点[91]，深度展开 AP 网络如图 4.5 所示，通过半正定矩阵和广义 Toeplitz 矩阵的交替投影，得到嵌套阵列下具有广义 Toeplitz 矩阵形式的协方差矩阵，进而利用广义 Root-MUSIC 方法实现无网格角度估计。

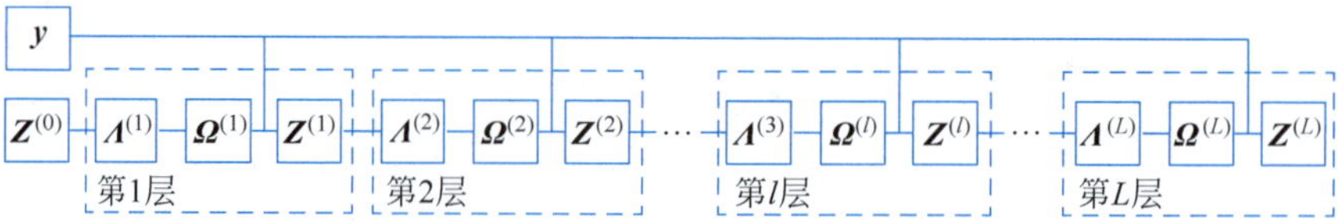

图 4.5 基于深度展开 AP 网络的无网格角度估计结构图

对于网络的第 l 层，半正定矩阵投影的输出为

$$\begin{aligned}\boldsymbol{\Lambda}^{(l)}&=P_{\mathrm{PSD}}(\boldsymbol{Z}^{(l-1)})\\&=\sum_{m=1}^{M}\max(0,\eta_m^{(l-1)})\boldsymbol{\Psi}_m^{(l-1)}(\boldsymbol{\Psi}_m^{(l-1)})^{\mathrm{H}}\end{aligned} \tag{4.51}$$

其中，$l=1,2,\cdots,L$，L 表示网络的层数，$\eta_m^{(l-1)}$ 和 $\boldsymbol{\Psi}_m^{(l-1)}$ 分别表示 $\boldsymbol{Z}^{(l-1)}$ 的第 m 个特征值和对应的特征向量。第 1 层的输入 $\boldsymbol{Z}^{(0)}$ 为

$$\boldsymbol{Z}^{(0)}=\begin{bmatrix}\boldsymbol{R} & \boldsymbol{y}\\ \boldsymbol{y}^{\mathrm{H}} & \boldsymbol{y}^{\mathrm{H}}\boldsymbol{y}\end{bmatrix} \tag{4.52}$$

对于网络的第 l 层，广义 Toeplitz 矩阵投影的输出为

$$\boldsymbol{\Omega}^{(l)}=P_{\mathrm{Toeplitz}}(\boldsymbol{\Lambda}^{(l)}) \tag{4.53}$$

$\boldsymbol{\Omega}^{(l)}$ 的第 τ_1 行第 τ_2 列的元素可以计算为

$$\boldsymbol{\Omega}_{m_1,m_2}^{(l)}=\begin{cases}\mathrm{mean}(\boldsymbol{\Lambda}_{m_3,m_4}^{(l)}+(\boldsymbol{\Lambda}_{m_4,m_3}^{(l)})^*), & m_1\leqslant m_2, \quad \xi_{m_3}-\xi_{m_4}=\xi_{m_1}-\xi_{m_2}\\ \mathrm{mean}((\boldsymbol{\Lambda}_{m_3,m_4}^{(l)})^*+\boldsymbol{\Lambda}_{m_4,m_3}^{(l)}), & m_1>m_2, \quad \xi_{m_3}-\xi_{m_4}=\xi_{m_1}-\xi_{m_2}\end{cases} \tag{4.54}$$

其中，mean(•)表示取平均运算，$m_1,m_2=1,2,\cdots,M$。

此外，网络的第 l 层的输出 $\boldsymbol{Z}^{(l)}$ 为

$$\boldsymbol{Z}^{(l)}=\begin{bmatrix}\boldsymbol{\Omega}^{(l)} & \boldsymbol{y}\\ \boldsymbol{y}^{\mathrm{H}} & \boldsymbol{\Lambda}_{M+1,M+1}^{(l)}\end{bmatrix} \tag{4.55}$$

根据式(4.50)，在深度展开 AP 网络训练中，损失函数定义为

$$\frac{1}{T}\sum_{t=1}^{T}\|\boldsymbol{Z}_t^{(L)}\|_{\mathrm{F}} \tag{4.56}$$

其中，$t=1,2,\cdots,T$，T 表示训练样本的数量，$\boldsymbol{Z}_t^{(L)}$ 表示第 t 个训练样本输入深度展开 AP 网络后的第 L 层输出。

利用第 L 层的输出 $\boldsymbol{\Omega}^{(L)}$，通过广义 Root-MUSIC 方法求解单位圆上的最小值

$$\min\left(\sum_{m_1=1}^{M}\sum_{m_2=1}^{M}\hat{\boldsymbol{V}}_{m_1,m_2}\gamma^{\xi_{m_1}-\xi_{m_2}}\right)\quad \text{s.t. } |\gamma|=1 \tag{4.57}$$

其中，$\hat{\boldsymbol{V}}_{m_1,m_2}$ 表示 $\hat{\boldsymbol{U}}_{\mathrm{W}}\hat{\boldsymbol{U}}_{\mathrm{W}}^{\mathrm{H}}$ 中的第 m_1 行第 m_2 列的元素，$\hat{\boldsymbol{U}}_{\mathrm{W}}$ 表示 $\boldsymbol{\Omega}^{(L)}$ 的噪声子空间。因此，第 k 个信号的角度可以计算为

$$\hat{\theta}_k=-\arcsin((\lambda/2\pi)\angle\hat{\gamma}_k) \tag{4.58}$$

其中，$k=1,2,\cdots,K$。

4.4 仿真实验与分析

本节利用仿真实验对所提无网格角度估计方法的收敛性能、泛化能力、计算复杂度和估计精度进行分析和验证，其中两级嵌套阵列的阵元位置设置为[1,2,3,4,8,12]d。在深度展开 ADMM 网络和深度展开 AP 网络的训练过程中，都使用相同的数据集进行训练和验证，数据集中 80%的样本用于网络的训练，20%的样本用于网络的验证，每个样本由两个信号生成，其中信号角度为$-60°\sim60°$，信噪比为 0～20dB，快拍数为 50～300。在深度展开 ADMM 网络训练过程中，Batch Size、Epoch 和 Learning Rate 分别设置为 16、20 和 0.01；在深度展开 AP 网络训练过程中，Batch Size、Epoch 和 Learning Rate 分别设置为 16、30 和 0.01。

4.4.1 收敛性能分析

本节首先通过比较在训练过程中式(4.33)和式(4.56)的损失函数值确定深度展开网络中的最优层数。在深度展开 ADMM 网络的训练和验证过程中，损失函数值随着 Epoch 的变化情况如图 4.6 所示，由图 4.6(a)可知，在训练过程中，10 层、15 层、20 层和 25 层的损失函数值随着 Epoch 的增加逐渐减小，在第 15 个 Epoch 后趋于平稳，并且 25 层网络的损失函数值小于其他层数网络的损失函数值，这表明 25 层网络的估计精度优于其他层数网络的估计精度。考虑到网络的计算复杂度与网络的层数呈正比关系，由于 25 层网络的损失函数值略小于 20 层网络的损失函数值，为了平衡估计精度和计算复杂度，将深度展开 ADMM 网络设置为 20 层。由图 4.6(b)可知，在验证过程中，10 层、15 层、20 层和 25 层网络的损失函数值随着 Epoch 的增加逐渐减小，这表明在深度展开 ADMM 网络的训练过程中没有出现过拟合情况。

在深度展开 AP 网络的训练和验证过程中，损失函数值随着 Epoch 的变化情况如图 4.7 所示，由图 4.7(a)可知，在训练过程中，4 层、5 层、6 层和 7 层的损失函数值随着 Epoch 的增加逐渐减小，在第 25 个 Epoch 后趋于平稳，并且 7 层网络的损失函数值小于其他层数网络的损失函数值，这表明 7 层网络的估计精度优于其他层数网络的估计精度。考虑到网络的计算复杂度与网络的层数呈正比关系，由于 7 层网络的损失函数值略小于 6 层网络的损失函数值，为了平衡估计精度和计算复杂度，将深度展开 AP 网络设置为 6 层。由图 4.7(b)可知，在验证过程中，4 层、5 层、6 层和 7 层网络的损失函数值随着 Epoch 的增加逐渐减小，这表明在深度展开 AP 网络的训练过程中没有出现过拟合情况。

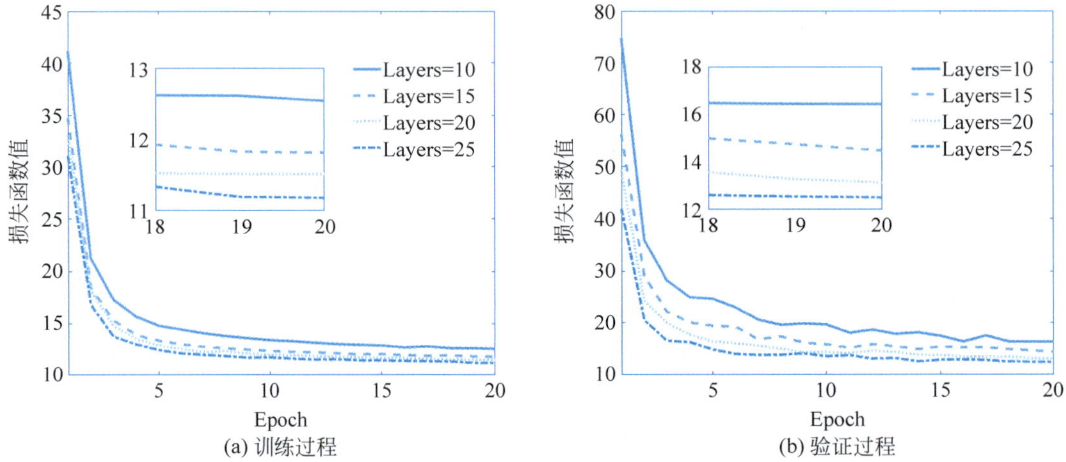

图 4.6 深度展开 ADMM 网络在不同层数下的损失函数值

在确定深度展开网络层数的基础上，对深度展开网络和原始模型驱动算法的收敛性能进行分析和比较，深度展开网络中的第 l 层或模型驱动算法中的第 l 次迭代的相对误差定义为

$$\frac{\| \boldsymbol{\Omega}^{(l)} - \boldsymbol{\Omega}^{(l-1)} \|_{\mathrm{F}}}{\| \boldsymbol{\Omega}^{(l)} \|_{\mathrm{F}}} \tag{4.59}$$

其中，$l=1,2,\cdots,L$，L 表示深度展开网络的层数或模型驱动算法的迭代次数。

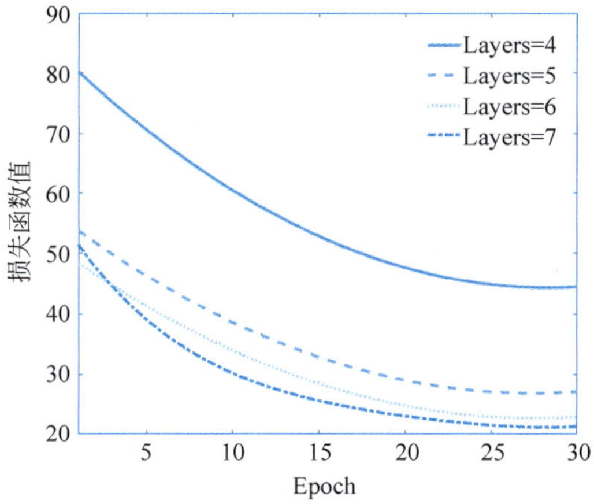

(a) 训练过程

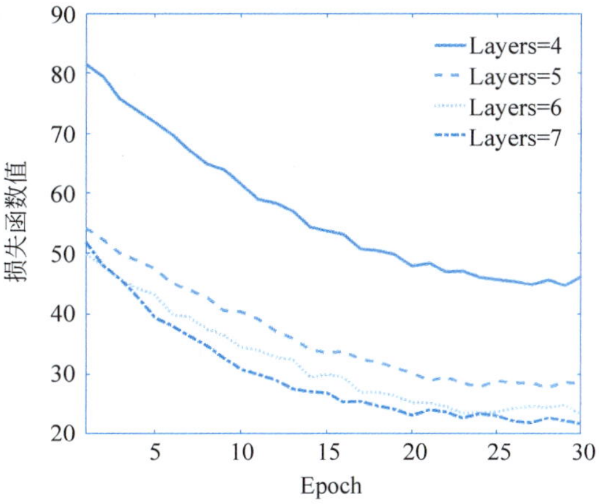

(b) 验证过程

图 4.7 深度展开 AP 网络在不同层数下的损失函数值

当测试样本的无网格角度设置为－10.95°和 2.98°时，图 4.8 给出了无网格角度估计的相对误差，其中实线表示深度展开网络的相对误差，虚线表示模型驱动算法的相对误差。由图 4.8(a)可知，相较于 20 层深度展开 ADMM 网络，模型驱动 ADMM 算法经过 28 次迭代达到收敛，由于深度展开 ADMM 网络中每一层的计算复杂度与模型驱动 ADMM 算法中每一次迭代的计算复杂度相同，因此深度展开 ADMM 网络可以在更短的时间内收敛，收敛速度提高了 1.4 倍。此外，由图 4.8(b)可知，相较于 6 层深度展开 AP 网络，模型驱动 AP 算法经过 12 次迭代达到收敛，因此深度展开 AP 网络可以在更短的时间内收敛，收敛速度提高了 2 倍。

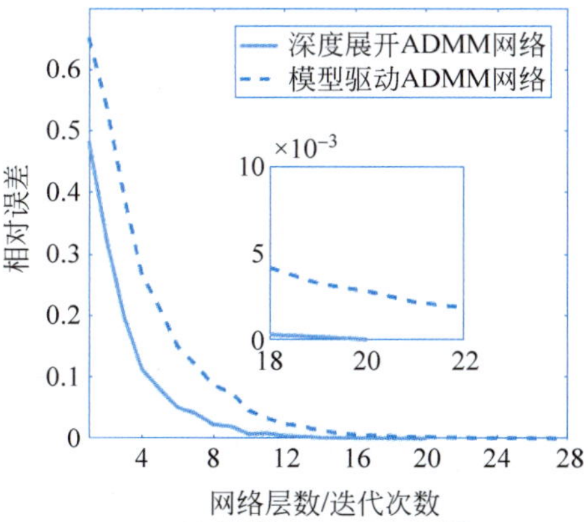

(a) 深度展开ADMM网络

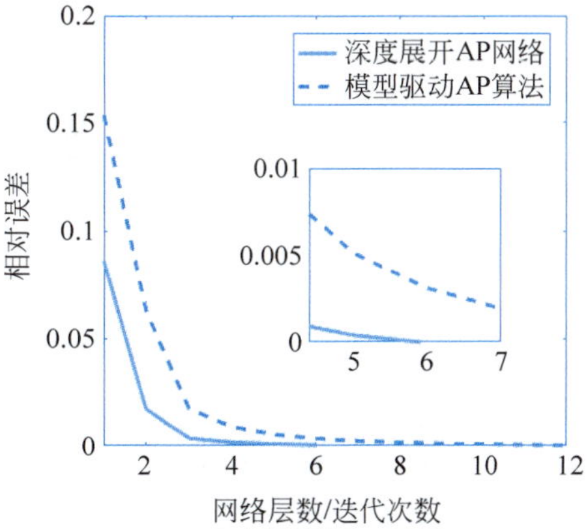

(b) 深度展开AP网络

图 4.8 无网格角度估计的相对误差

4.4.2 泛化能力分析

本节对深度展开 ADMM 网络和深度展开 AP 网络的信号个数和信号参数的泛化能力进行分析。由于训练样本是由两个信号生成的，为了验证 20 层深度展开 ADMM 网络和 6 层深度展开 AP 网络的有效性，测试样本也由两个信号生成，角度分别设置为－10.1°和 0.3°。为了证明深度展开网络的泛化能力，将测试样本中信号与训练样本中信号设置为不同数量，其中在一个信号情况下，角度设置为$-10.1°$，在3个信号情况下，角度分别设置为$-10.1°$、$0.3°$和$2.5°$，通过深度展开ADMM网络和深度展开AP网络得到的无网格角度估计值如表4.1所示，由表可知，深度展开ADMM网络和深度展开AP网络可以实现不同个数信号情况下的无网格角度估计，这证明了通过深度展开网络进行无网格角度估计的有效性以及泛化能力。

表 4.1 基于深度展开网络的无网格角度估计值对比

信号个数	角度设定值	基于深度展开 ADMM 网络的无网格角度估计值	基于深度展开 AP 网络的无网格角度估计值
1	−10.1	−10.1055	−10.0996
2	−10.1,0.3	−10.1072,0.2953	−10.1012,0.2976
3	−10.1,0.3,2.5	−10.0956,0.3091,2.4914	−10.1000,0.3025,2.4983

无网格角度估计的有效性和泛化能力也可以通过式(4.10)得到的空谱及其单位圆上的空间谱进行验证。在一个信号情况下，角度设置为$-10.1°$时，无网格角度估计结果如图4.9所示，图4.9(a)和图4.9(c)分别表示通过深度展开ADMM网络和深度展开AP网络得到的空谱，其中，x轴和y轴分别表示γ的实部和虚部，图4.9(b)和图4.9(d)分别表示通过深

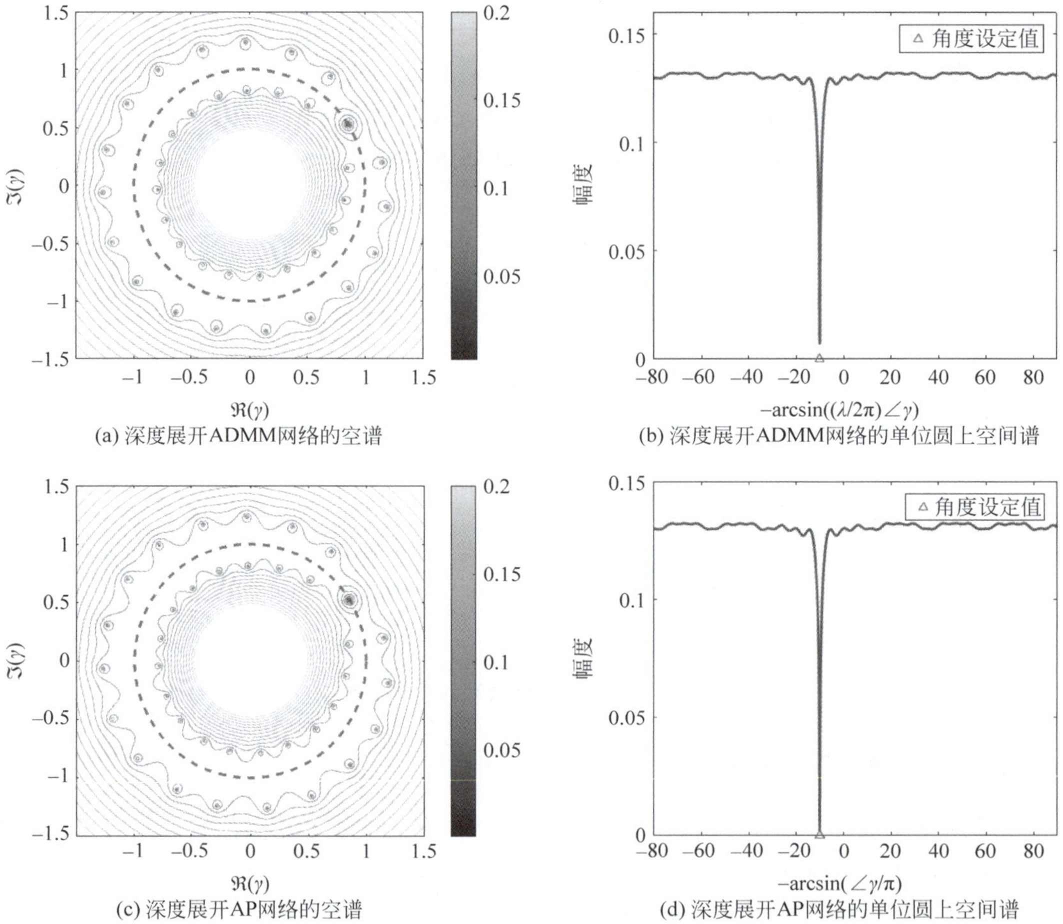

图 4.9 一个信号的无网格角度估计结果

度展开 ADMM 网络和深度展开 AP 网络得到的单位圆上空间谱，其中曲线表示空谱中单位圆对应的角度和幅度，三角形表示角度设定值，利用单位圆上空间谱的谷值可以对角度进行估计。

在两个信号情况下，角度分别设置为$-10.1°$和$0.3°$时，无网格角度估计结果如图 4.10 所示，图 4.10(a)和图 4.10(c)分别表示通过深度展开 ADMM 网络和深度展开 AP 网络得到的空谱，图 4.10(b)和图 4.10(d)分别表示通过深度展开 ADMM 网络和深度展开 AP 网络得到的单位圆上空间谱，由图 4.10 可知，单位圆上空间谱出现两个谷值，可以利用谷值对信号的角度进行估计。

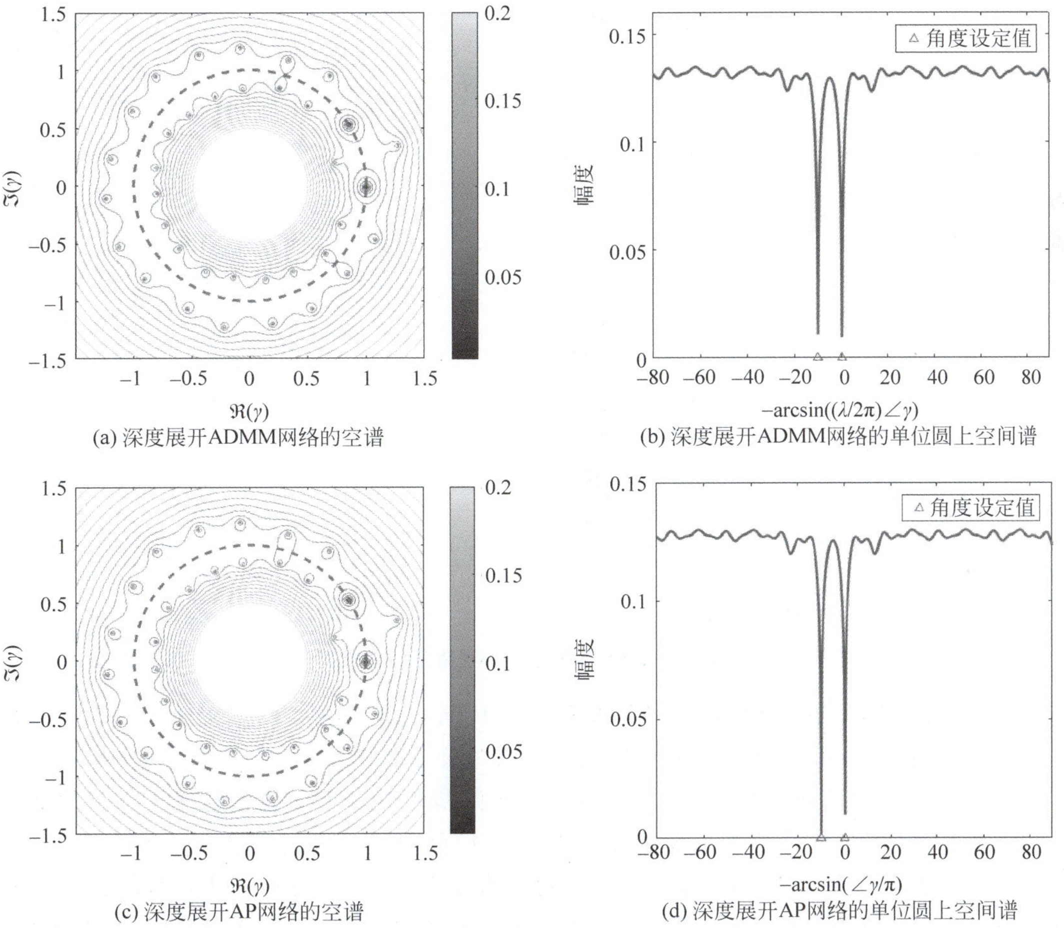

(a) 深度展开ADMM网络的空谱
(b) 深度展开ADMM网络的单位圆上空间谱
(c) 深度展开AP网络的空谱
(d) 深度展开AP网络的单位圆上空间谱

图 4.10 两个信号的无网格角度估计结果

此外，在 3 个信号情况下，角度分别设置为$-10.1°$、$0.3°$和$2.5°$时，无网格角度估计结果如图 4.11 所示，图 4.11(a)和图 4.11(c)分别表示通过深度展开 ADMM 网络和深度展开 AP 网络得到的空谱，图 4.11(b)和图 4.11(d)分别表示通过深度展开 ADMM 网络和深度展开 AP 网络得到的单位圆上空间谱，由图 4.11 可知，通过深度展开 AP 网络得到的谷值更加尖锐，表明深度展开 AP 网络的分辨率更高。

此外，为了验证深度展开网络对无网格角度在不同数值情况下的泛化能力，共生成了 120 个测试样本，其中每个测试样本包含一个信号，信号角度设置为与 3.5.2 节相同的数

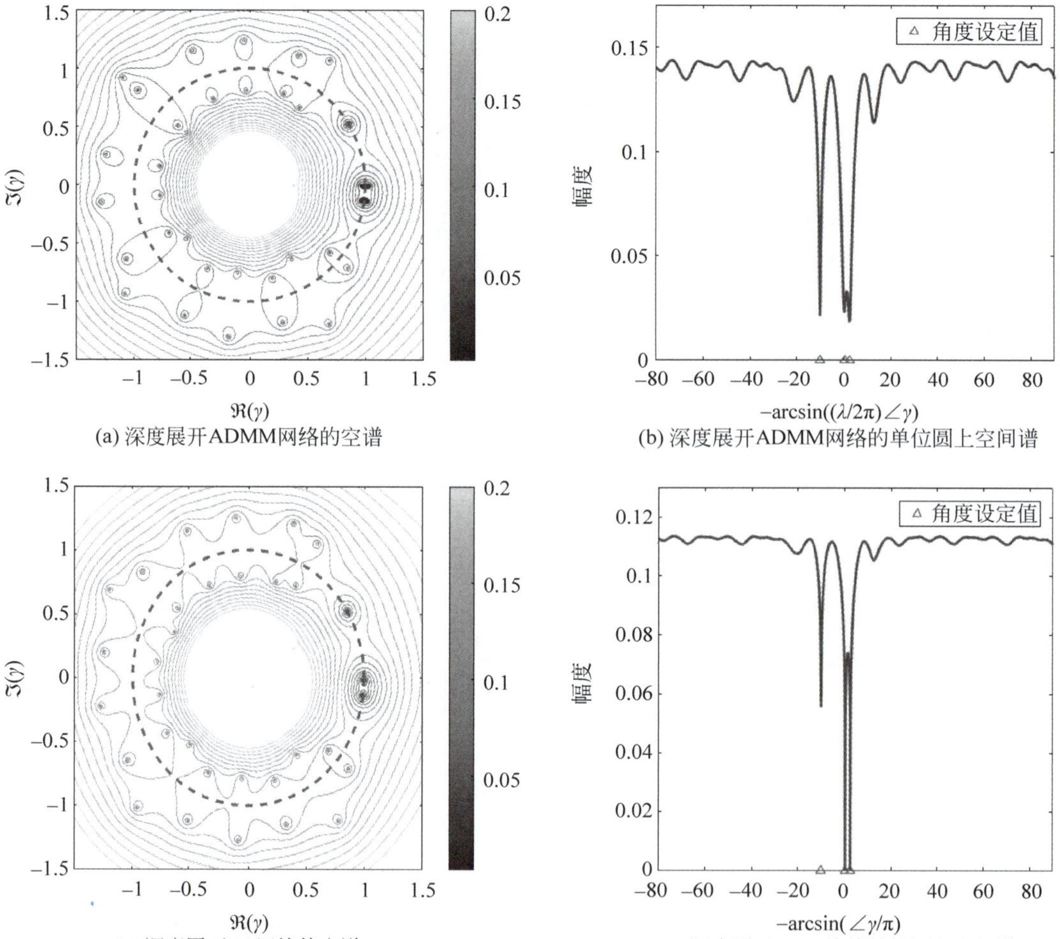

(a) 深度展开ADMM网络的空谱 (b) 深度展开ADMM网络的单位圆上空间谱

(c) 深度展开AP网络的空谱 (d) 深度展开AP网络的单位圆上空间谱

图 4.11 3 个信号的无网格角度估计结果

值。通过深度展开 ADMM 网络和深度展开 AP 网络得到的无网格角度估计值分别如图 4.12(a)和图 4.13(a)所示，无网格角度估计误差分别如图 4.12(b)和图 4.13(b)所示，由图 4.12 和图 4.13 可知，深度展开网络具有对无网格角度在不同数值情况下的泛化能力。由于深度展开 ADMM 网络和深度展开 AP 网络分别将相应的稀疏重构算法的迭代步骤建模为神经网络的隐藏层，网络的参数具有一定的数学含义，在训练过程中，深度展开网络能够学到隐含在数据背后的规律，因此对于未经训练的数据，深度展开 ADMM 网络和深度展开 AP 网络也能对无网格角度进行估计。

4.4.3 计算复杂度分析

本节对无网格角度估计的计算复杂度进行分析。深度展开网络的计算复杂度与层数成正比，对于深度展开 ADMM 网络第 l 层的计算复杂度，式(4.24)中$\boldsymbol{\Gamma}^{(l)}$需要$(M+N)^2$次加法、$(M+N)^2$次减法运算和$(M+N)^2$次乘法运算，式(4.26)中$\boldsymbol{\Phi}^{(l)}$需要$2M^2$次加法、$M^2$次减法运算和$3M^2$次乘法运算，式(4.27)中$\boldsymbol{Z}^{(l)}$需要$3MN$次加法和$4MN$次乘法运算，式(4.28)中$\boldsymbol{\Omega}^{(l)}$需要$2M^2$次加法、$M^2$次减法运算和$3M^2$次乘法运算，式(4.30)中$\boldsymbol{\Theta}^{(l)}$

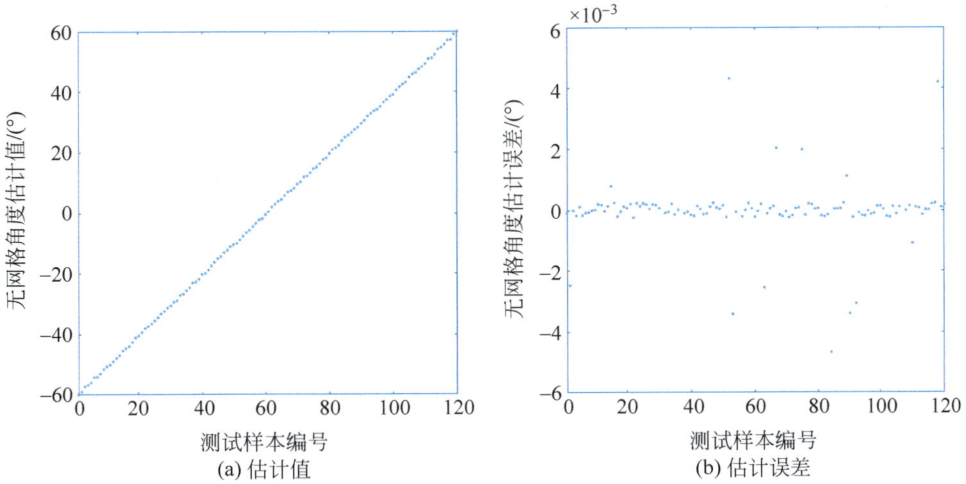

图 4.12 深度展开 ADMM 网络的无网格角度估计结果

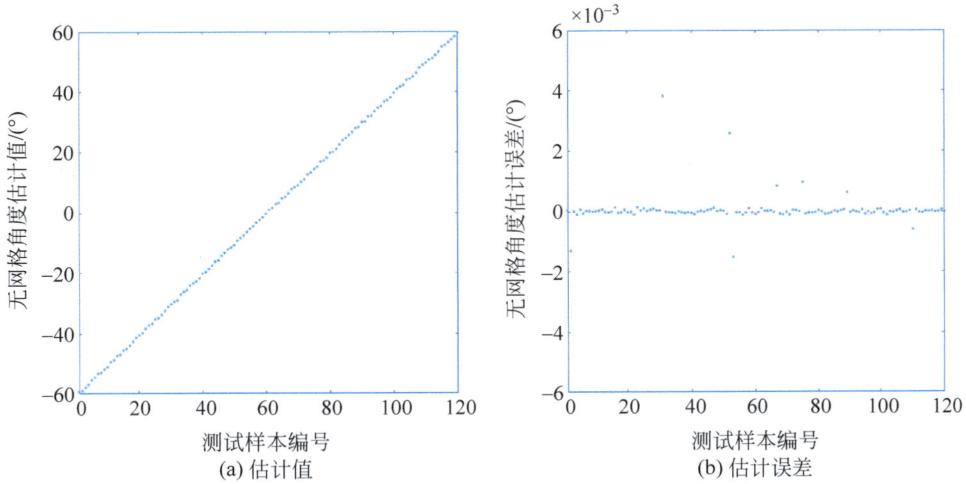

图 4.13 深度展开 AP 网络的无网格角度估计结果

需要$(M+N)^2$次加法、$(M+N)^2$次减法运算和$(M+N)^2$次乘法运算，式(4.31)中$\hat{\boldsymbol{\Psi}}^{(l)}$需要对$M+N$维矩阵进行特征值分解和$(M+N)^2$次乘法运算。对于深度展开 AP 网络第$l$层的计算复杂度，式(4.44)中$\boldsymbol{y}$需要对$M$维矩阵进行特征值分解和$KM$次乘法运算，式(4.51)中$\boldsymbol{\Lambda}^{(l)}$需要对$M+1$维矩阵进行特征值分解和$(M+1)^2$次乘法运算，式(4.53)中$\boldsymbol{\Omega}^{(l)}$需要$M^2$次加法和$M^2$次乘法运算。

表 4.2 给出了深度展开网络在 CPU 为 Intel i5-337U 的环境下，通过 100 次 Monte-Carlo 实验得到的无网格角度估计的平均计算时间。测试样本由两个信号生成，角度分别设置为$-10.1°$和$0.3°$。由于深度展开网络每一层的计算复杂度和模型驱动算法的每一次迭代的计算复杂度相同，深度神经网络能够利用较少的层数实现收敛，因此所需时间较短。此外，相较于深度展开 ADMM 网络，深度展开 AP 网络通过协方差矩阵降维能够降低计算复杂度，从而可以减少无网格角度估计的计算时间。

表 4.2 无网格角度估计的计算时间对比

无网格角度估计方法	计算时间/s	无网格角度估计方法	计算时间/s
深度展开 ADMM 网络	0.592	深度展开 AP 网络	0.152
模型驱动 ADMM 算法	1.029	模型驱动 AP 算法	0.305

4.4.4 估计精度分析

本节通过 500 次 Monte-Carlo 实验得到的 RMSE 对深度展开网络的估计精度进行分析，并与第 3 章提出的基于深度展开 FOCUSS 网络的离网格角度估计方法进行了对比。不同方法的角度估计的 RMSE 如图 4.14 所示，测试样本包含两个信号，无网格角度分别设置为 $-10.1°$ 和 $0.3°$。当快拍数设置为 200 时，图 4.14(a)给出了在不同信噪比下的 RMSE；当信噪比设置为 10dB 时，图 4.14(b)给出了在不同快拍数下的 RMSE，其中红线、绿线、洋红线、蓝线和黑线分别代表基于深度展开 ADMM 网络的无网格角度估计方法、基于模型驱动 ADMM 算法的无网格角度估计方法、基于深度展开 AP 网络的无网格角度估计方法、基于模型驱动 AP 算法的无网格角度估计方法以及第 3 章提出的基于深度展开 FOCUSS 网络的离网格角度估计方法。由图 4.14 可知，随着信噪比和快拍数的增加，RMSE 逐渐减小，深度展开 ADMM 网络的估计精度高于模型驱动 ADMM 算法的估计精度，深度展开 AP 网络的估计精度高于模型驱动 AP 算法的估计精度，并且深度展开 AP 网络的估计精度高于深度展开 ADMM 网络的估计精度。此外，由于通过一阶泰勒级数展开建立的离网格角度估计的数学模型存在系统误差，当离网格量化误差较大时，基于深度展开 FOCUSS 网络的离网格方法低于无网格方法的估计精度。

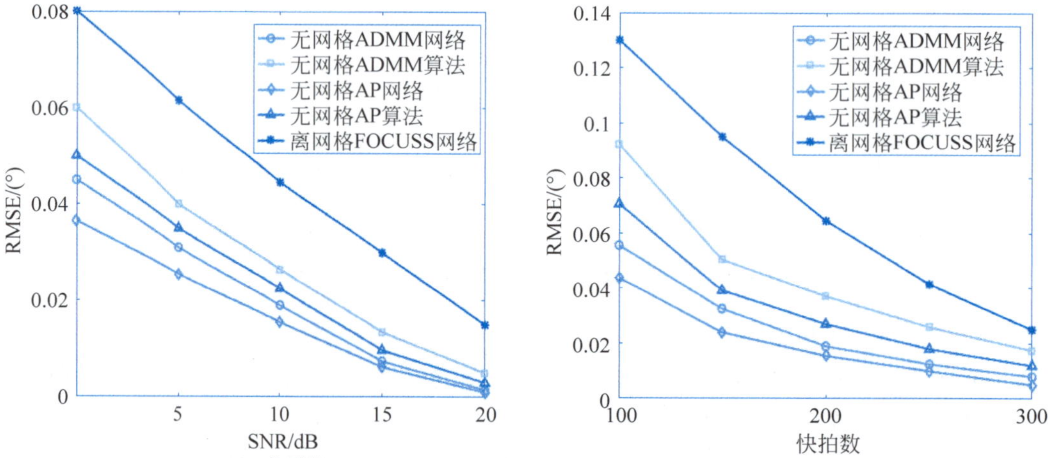

(a) 信噪比 (b) 快拍数

图 4.14 不同方法的角度估计的 RMSE

4.5 实测数据验证

本节通过 MIMO 雷达和超表面获取实测数据，对本章所提基于深度展开网络的无网格角度估计方法进行验证。

4.5.1 MIMO 雷达接收数据的无网格角度估计结果

本节利用 3.6.1 节中相同实验场景下的匹配滤波数据的协方差矩阵，通过深度展开

ADMM 网络和深度展开 AP 网络得到实测数据处理结果分别如图 4.15 和图 4.16 所示。由图 4.15 和图 4.16 可知，利用单位圆上空间谱的谷值可以估计出信号的角度，通过深度展开 ADMM 网络得到 3 个角反射器的无网格角度分别为−16.1942°、1.2991°和 21.3913°，通过深度展开 AP 网络得到 3 个角反射器的无网格角度分别为−16.1954°、1.2996°和 21.3911°。

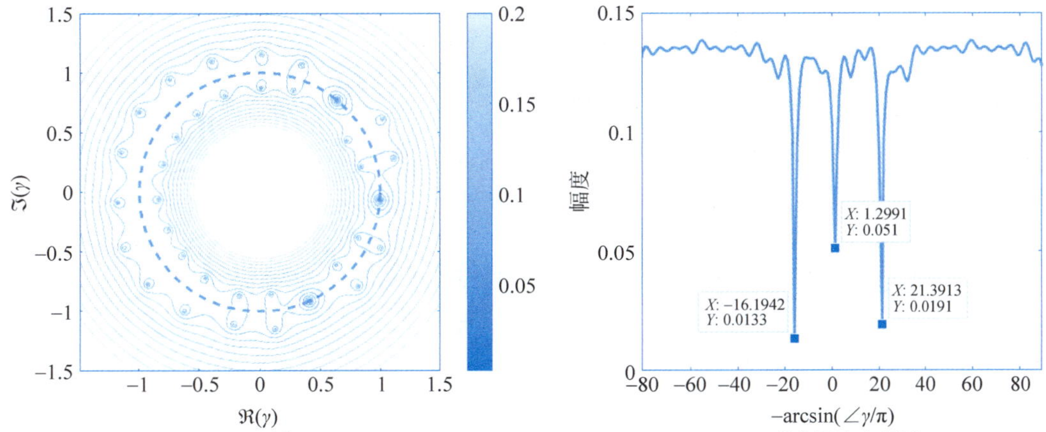

(a) 空谱　(b) 单位圆上空间谱

图 4.15　基于深度展开 ADMM 网络的 MIMO 雷达实测数据处理结果

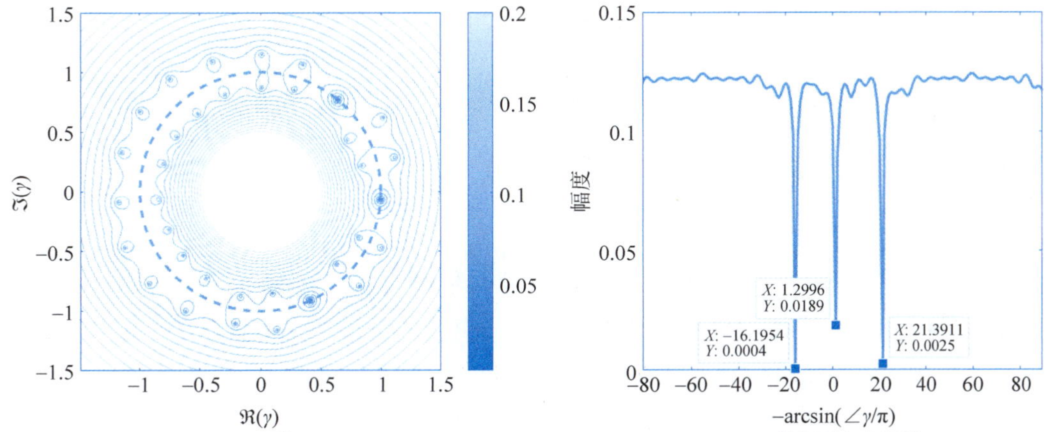

(a) 空谱　(b) 单位圆上空间谱

图 4.16　基于深度展开 AP 网络的 MIMO 雷达实测数据处理结果

4.5.2　超表面接收数据的无网格角度估计结果

本节利用 3.6.2 节中相同实验场景下的超表面接收数据的协方差矩阵，对于一个信号，通过深度展开 ADMM 网络和深度展开 AP 网络得到实测数据处理结果分别如图 4.17 和图 4.18 所示。由图 4.17 和图 4.18 可知，利用单位圆上空间谱的谷值可以估计出信号的角度，通过深度展开 ADMM 网络得到无网格角度为−0.0426°，通过深度展开 AP 网络得到无网格角度为−0.0431°。

对于两个信号，通过深度展开 ADMM 网络和深度展开 AP 网络得到实测数据处理结果分别如图 4.19 和图 4.20 所示。由图可知，利用单位圆上空间谱的谷值可以估计出信号

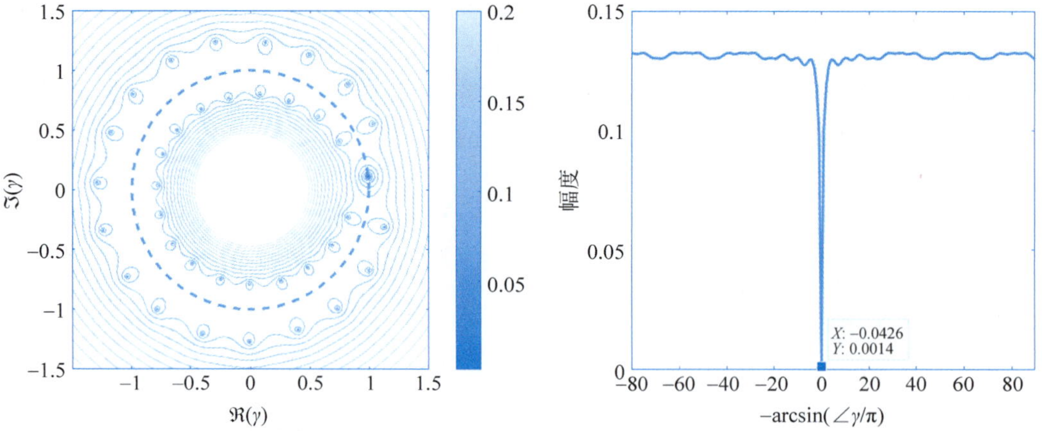

(a) 空谱 (b) 单位圆上空间谱

图 4.17 基于深度展开 ADMM 网络的超表面实测数据处理结果(一个信号)

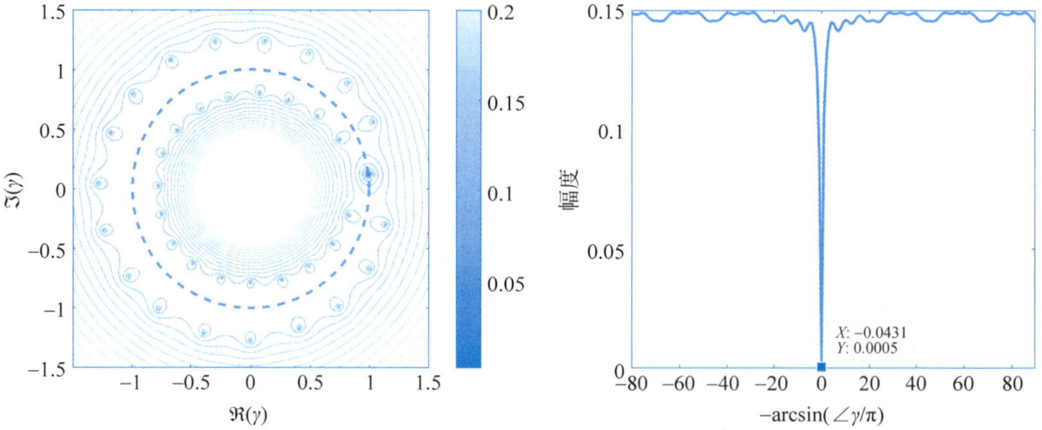

(a) 空谱 (b) 单位圆上空间谱

图 4.18 基于深度展开 AP 网络的超表面实测数据处理结果(一个信号)

的角度,通过深度展开 ADMM 网络得到无网格角度分别为−0.0051°和 15.0265°,通过深度展开 AP 网络得到无网格角度分别为−0.0051°和 15.0273°。

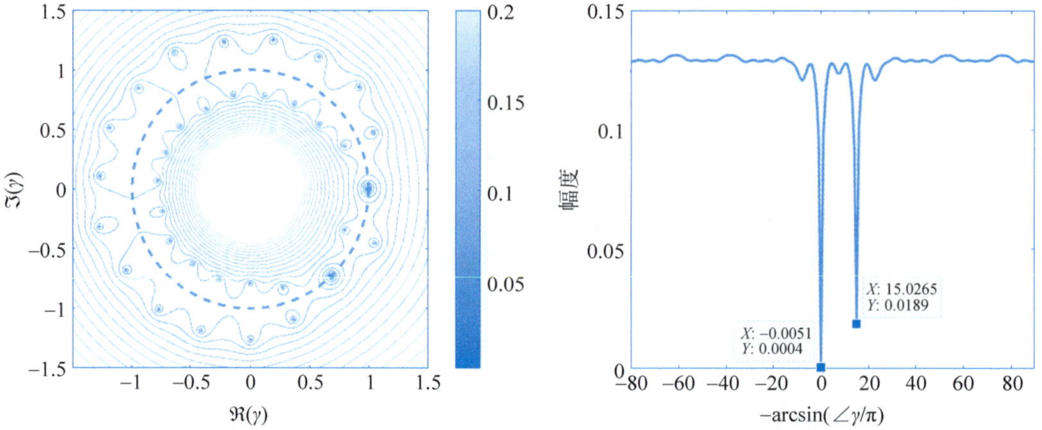

(a) 空谱 (b) 单位圆上空间谱

图 4.19 基于深度展开 ADMM 网络的超表面实测数据处理结果(两个信号)

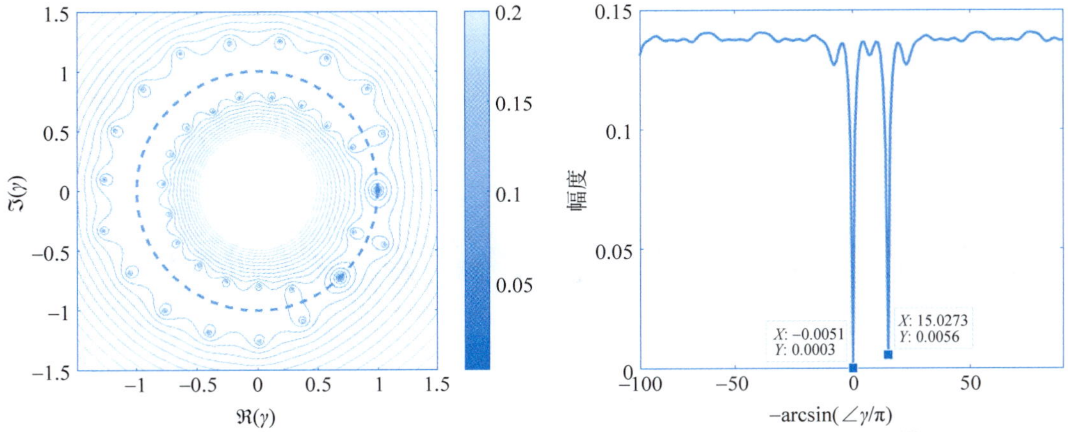

(a) 空谱　　(b) 单位圆上空间谱

图 4.20　基于深度展开 AP 网络的超表面实测数据处理结果(两个信号)

4.6 本章小结

本章针对远场信号无网格角度估计问题,通过将稀疏重构算法的迭代步骤展开为神经网络的级联形式,提出了通过深度展开 ADMM 网络和深度展开 AP 网络得到广义 Toeplitz 矩阵,利用广义 Root-MUSIC 方法实现无网格角度估计。所取得的研究成果主要包括:

(1) 提出了基于深度展开 ADMM 网络的无网格角度估计方法,该方法将原始模型驱动 ADMM 算法的迭代过程转化为深度展开网络的隐藏层,通过将低秩恢复问题转化为凸松弛的半正定规划问题,利用深度展开 ADMM 网络输出的广义 Toeplitz 矩阵,通过广义 Root-MUSIC 方法实现无网格角度估计。实验结果表明,相较于模型驱动 ADMM 算法,深度展开 ADMM 网络可以在更短的时间内收敛,收敛速度提高了 1.4 倍。此外,所提深度展开 ADMM 网络具有对不同个数信号进行角度估计的泛化能力。

(2) 提出了基于深度展开 AP 网络的无网格角度估计方法,该方法首先通过特征值分解将协方差矩阵降维,构建具有原子范数形式的测量向量,接着将模型驱动 AP 算法的迭代步骤展开为神经网络的级联形式,得到嵌套阵列下具有广义 Toeplitz 矩阵形式的协方差矩阵,最后通过广义 Root-MUSIC 方法实现无网格角度估计。实验结果表明,相较于基于深度展开 ADMM 网络的无网格角度估计方法,深度展开 AP 网络能够降低无网格角度估计的计算复杂度;相较于模型驱动 AP 算法,深度展开 AP 网络的收敛速度提高了 2 倍,并且可以提高无网格角度的估计精度。

第5章

非理想情况下的远场信号参数估计方法

5.1 引言

第 2 章和第 3 章提出的方法是在理想情况下对远场信号角度进行估计,但是当受到阵列互耦和多径传播等实际环境的影响时,这些方法在非理想情况下的性能严重下降甚至完全失效。阵列互耦效应是由阵元之间的相互作用产生的,并且与阵元间距有关,阵元间距越小,阵列互耦效应会越强。此外,受到多径传播的影响,阵列接收信号中可能会包含直达波和多径波,由于直达波和多径波有很强的相干性,因此在非相干信号数学模型假设下的参数估计方法无法对相干信号进行参数估计。

本章考虑了非理想情况下的远场信号参数估计场景,针对阵列互耦情况下的远场信号参数估计问题,提出了深度展开稀疏贝叶斯学习(Sparse Bayesian Learning,SBL)网络的参数估计方法。该方法通过建立嵌套阵列下的阵列互耦数学模型,将稀疏重构方法的迭代过程展开为神经网络级联形式,利用网络的输出对嵌套阵列下的互耦系数和远场信号角度进行估计。此外,针对多径传播情况下的远场信号参数估计问题,通过建立嵌套阵列下相干信号数学模型,利用实数域的相干信号协方差向量,提出了基于深度展开 FOCUSS 网络的参数估计方法,实现相干信号的角度和功率估计。为了减少计算复杂度,利用复数域的相干信号协方差矩阵,提出了基于深度展开迭代自适应算法(Iterative Adaptive Approach,IAA)网络的参数估计方法,实现相干信号的角度和功率估计。

本章各节内容安排如下:5.2 节介绍了阵列互耦情况下的信号参数估计方法。其中,5.2.1 节首先介绍了阵列互耦的数学模型,将嵌套阵列的协方差向量转化到实数域;5.2.2 节提出了基于深度展开 SBL 网络的参数估计方法,实现互耦系数和远场信号角度估计;5.2.3 节中通过仿真实验对所提出深度展开 SBL 网络的性能进行分析。5.3 节介绍了多径传播情况下的信号参数估计方法。其中,5.3.1 节首先介绍了相干信号的数学模型;5.3.2 节在实数域相干信号协方差向量的基础上,提出了基于深度展开 FOCUSS 网络的参数估计方法,实现相干信号的角度和功率估计;5.3.3 节在复数域相干信号协方差矩阵的基础上,提出了基于深度展开 IAA 网络的参数估计方法,实现相干信号的角度和功率估计;5.3.4

节中通过仿真实验对所提出深度展开 FOCUSS 网络和深度展开 IAA 网络的性能进行分析；5.3.5 节通过实测数据对所提方法的有效性进行验证。5.4 节对本章的研究内容和主要成果进行了归纳和总结。

5.2 阵列互耦情况下的参数估计方法

本节针对阵列互耦情况下的信号参数估计问题，提出了深度展开 SBL 网络，实现嵌套阵列下的互耦系数和远场信号角度估计。在阵列互耦数学模型的基础上，该方法首先对包含互耦系数的嵌套阵列协方差矩阵进行向量化处理，形成由连续虚拟阵元构成的实数域协方差向量；接着将期望最大化方法的迭代步骤转化为网络的级联形式，构建出深度展开 SBL 网络，通过网络的输出对嵌套阵列的互耦系数和远场信号角度进行估计。

5.2.1 阵列互耦数学模型

相较于均匀线阵的互耦矩阵(Mutual Coupling Matrix，MCM)具有 Toeplitz 矩阵形式，嵌套阵列的互耦矩阵需要以分块矩阵的形式进行表示：

$$\boldsymbol{C}=\begin{bmatrix}1 & c_1 & \cdots & c_P & \cdots & 0 & 0 & 0 & \cdots & 0\\ c_1 & 1 & c_1 & \cdots & \ddots & \vdots & 0 & 0 & \cdots & 0\\ \vdots & c_1 & 1 & \ddots & \cdots & c_P & \vdots & \vdots & \cdots & \vdots\\ c_P & \cdots & \ddots & \ddots & c_1 & \vdots & \vdots & \vdots & \cdots & \vdots\\ \vdots & \ddots & \cdots & c_1 & 1 & c_1 & \vdots & \vdots & \cdots & \vdots\\ 0 & \cdots & c_P & \cdots & c_1 & 1 & 0 & 0 & \cdots & 0\\ 0 & 0 & \cdots & \cdots & \cdots & 0 & 1 & 0 & \cdots & 0\\ 0 & 0 & \cdots & \cdots & \cdots & 0 & 0 & 1 & \ddots & \vdots\\ \vdots & \vdots & \vdots & \vdots & \vdots & \vdots & \vdots & \ddots & \ddots & 0\\ 0 & 0 & \cdots & \cdots & \cdots & 0 & 0 & \cdots & 0 & 1\end{bmatrix}_{M\times M}$$
$$=\begin{bmatrix}[\text{toeplitz}(\boldsymbol{c})]_{(M/2+1)\times(M/2+1)} & \boldsymbol{0}_{(M/2+1)\times(M/2-1)}\\ \boldsymbol{0}_{(M/2-1)\times(M/2+1)} & \boldsymbol{I}_{(M/2-1)\times(M/2-1)}\end{bmatrix}_{M\times M} \tag{5.1}$$

其中，互耦矩阵第 m_1 行第 m_2 列的元素表示第 m_1 个阵元与第 m_2 个阵元之间的互耦系数(Mutual Coupling Coefficient，MCC)，互耦系数与阵元的间距有关，阵元的间距越大，互耦系数越小。$\boldsymbol{c}=[1\ c_1\ c_2\cdots c_{P-1}]^{\mathrm{T}}$ 表示 P 维互耦向量，$\boldsymbol{0}_{(M/2+1)\times(M/2-1)}$、$\boldsymbol{0}_{(M/2-1)\times(M/2+1)}$ 和 $\boldsymbol{I}_{(M/2-1)\times(M/2-1)}$ 分别表示$(M/2+1)\times(M/2-1)$维零矩阵、$(M/2-1)\times(M/2+1)$维零矩阵和$(M/2-1)\times(M/2-1)$维单位矩阵。可以看出，嵌套阵列的第一个阵元到第$(M/2+1)$个阵元之间的互耦矩阵具有 Toeplitz 矩阵形式，从第 $M/2+2$ 个阵元到第 M 个阵元与其余阵元之间的互耦系数为 0。

因此，根据式(2.11)，嵌套阵列在互耦情况下的第 n 个快拍的接收数据可以表示为

$$\begin{aligned}\boldsymbol{x}(n)&=[x_1(n)\quad x_2(n)\quad\cdots\quad x_M(n)]^{\mathrm{T}}\\&=\sum_{k=1}^{K}\boldsymbol{Ca}(\theta_k)s_k(n)+\boldsymbol{w}(n)\end{aligned}$$

$$=\boldsymbol{CAs}(n)+\boldsymbol{w}(n) \tag{5.2}$$

相应地，互耦情况下的协方差矩阵可以计算为

$$\boldsymbol{R}=\boldsymbol{B}\begin{bmatrix}\sigma_1^2 & & & \\ & \sigma_2^2 & & \\ & & \ddots & \\ & & & \sigma_K^2\end{bmatrix}\boldsymbol{B}^{\mathrm{H}}+\sigma_{\mathrm{w}}^2\boldsymbol{I}_M$$

$$\approx\frac{1}{N}\sum_{n=1}^{N}\boldsymbol{x}(n)\boldsymbol{x}^{\mathrm{H}}(n) \tag{5.3}$$

其中，$\boldsymbol{B}=\boldsymbol{CA}$ 表示阵列互耦情况下的导向矩阵。

将互耦情况下的嵌套阵列协方差矩阵进行向量化，可以得到

$$\begin{aligned}\boldsymbol{y}&=\mathrm{vec}(\boldsymbol{R})\\&=(\boldsymbol{B}^*\odot\boldsymbol{B})[\sigma_1^2\quad\sigma_2^2\quad\cdots\quad\sigma_K^2]^{\mathrm{T}}+\sigma_{\mathrm{w}}^2[\boldsymbol{\eta}_1^{\mathrm{T}}\quad\boldsymbol{\eta}_2^{\mathrm{T}}\quad\cdots\quad\boldsymbol{\eta}_M^{\mathrm{T}}]^{\mathrm{T}}\end{aligned} \tag{5.4}$$

其中，$\boldsymbol{B}^*\odot\boldsymbol{B}$ 可以表示为

$$\boldsymbol{B}^*\odot\boldsymbol{B}=[\boldsymbol{b}^*(\theta_1)\otimes\boldsymbol{b}(\theta_1)\quad\boldsymbol{b}^*(\theta_2)\otimes\boldsymbol{b}(\theta_2)\quad\cdots\quad\boldsymbol{b}^*(\theta_K)\otimes\boldsymbol{b}(\theta_K)] \tag{5.5}$$

$\boldsymbol{b}(\theta_k)=\boldsymbol{Ca}(\theta_k)$表示阵列互耦情况下导向矩阵的第 k 列，$k=1,2,\cdots,K$。

在角度集合$\{\theta_1,\theta_2,\cdots,\theta_Q\}$下，协方差向量 $\boldsymbol{y}$ 的稀疏表示为

$$\boldsymbol{y}=\boldsymbol{\Phi z}+\sigma_{\mathrm{w}}^2[\boldsymbol{\eta}_1^{\mathrm{T}}\quad\boldsymbol{\eta}_2^{\mathrm{T}}\quad\cdots\quad\boldsymbol{\eta}_M^{\mathrm{T}}]^{\mathrm{T}} \tag{5.6}$$

其中，互耦情况下的超完备词典$\boldsymbol{\Phi}$ 可以表示为

$$\begin{aligned}\boldsymbol{\Phi}&=[\boldsymbol{\varphi}(\theta_1)\quad\boldsymbol{\varphi}(\theta_2)\quad\cdots\quad\boldsymbol{\varphi}(\theta_Q)]\\&=[\boldsymbol{b}^*(\theta_1)\otimes\boldsymbol{b}(\theta_1)\quad\boldsymbol{b}^*(\theta_2)\otimes\boldsymbol{b}(\theta_2)\quad\cdots\quad\boldsymbol{b}^*(\theta_Q)\otimes\boldsymbol{b}(\theta_Q)]\end{aligned} \tag{5.7}$$

$\boldsymbol{z}$ 中θ_k 对应位置上的元素为σ_k^2，$k=1,2,\cdots,K$，其余位置上的元素为 0。

将 $\boldsymbol{y}$ 转换到实数域，可以表示为

$$\begin{bmatrix}\Re(\boldsymbol{y})\\\Im(\boldsymbol{y})\end{bmatrix}=\begin{bmatrix}\Re(\boldsymbol{\Phi}) & -\Im(\boldsymbol{\Phi})\\\Im(\boldsymbol{\Phi}) & \Re(\boldsymbol{\Phi})\end{bmatrix}\begin{bmatrix}\Re(\boldsymbol{z})\\\Im(\boldsymbol{z})\end{bmatrix}+\begin{bmatrix}\Re(\sigma_{\mathrm{w}}^2[\boldsymbol{\eta}_1^{\mathrm{T}}\quad\boldsymbol{\eta}_2^{\mathrm{T}}\quad\cdots\quad\boldsymbol{\eta}_M^{\mathrm{T}}]^{\mathrm{T}})\\\Im(\sigma_{\mathrm{w}}^2[\boldsymbol{\eta}_1^{\mathrm{T}}\quad\boldsymbol{\eta}_2^{\mathrm{T}}\quad\cdots\quad\boldsymbol{\eta}_M^{\mathrm{T}}]^{\mathrm{T}})\end{bmatrix} \tag{5.8}$$

由于 $\boldsymbol{z}$ 的元素表示信号的功率，因此 $\Im(\boldsymbol{z})$为零向量，式(5.8)可以改写为

$$\tilde{\boldsymbol{y}}=\tilde{\boldsymbol{\Phi}}\boldsymbol{z}+\begin{bmatrix}\sigma_{\mathrm{w}}^2[\boldsymbol{\eta}_1^{\mathrm{T}}\quad\boldsymbol{\eta}_2^{\mathrm{T}}\quad\cdots\quad\boldsymbol{\eta}_M^{\mathrm{T}}]^{\mathrm{T}}\\\boldsymbol{0}_{M^2\times1}\end{bmatrix} \tag{5.9}$$

其中，$\tilde{\boldsymbol{y}}=[\Re(\boldsymbol{y}^{\mathrm{T}})\quad\Im(\boldsymbol{y}^{\mathrm{T}})]^{\mathrm{T}}$，$\tilde{\boldsymbol{\Phi}}=[\Re(\boldsymbol{\Phi}^{\mathrm{T}})\quad\Im(\boldsymbol{\Phi}^{\mathrm{T}})]^{\mathrm{T}}$，互耦情况下的超完备词典第 q 列的实部可以表示为

$$\begin{aligned}\Re(\boldsymbol{\varphi}(\theta_q))&=\Re(\boldsymbol{b}^*(\theta_q)\otimes\boldsymbol{b}(\theta_q))\\&=\Re(\boldsymbol{b}^*(\theta_q))\otimes\Re(\boldsymbol{b}(\theta_q))-\Im(\boldsymbol{b}^*(\theta_q))\otimes\Im(\boldsymbol{b}(\theta_q))\end{aligned} \tag{5.10}$$

第 q 列的虚部可以表示为

$$\begin{aligned}\Im(\boldsymbol{\varphi}(\theta_q))&=\Im(\boldsymbol{b}^*(\theta_q)\otimes\boldsymbol{b}(\theta_q))\\&=\Re(\boldsymbol{b}^*(\theta_q))\otimes\Im(\boldsymbol{b}(\theta_q))+\Im(\boldsymbol{b}^*(\theta_q))\otimes\Re(\boldsymbol{b}(\theta_q))\end{aligned} \tag{5.11}$$

由于 $\Re(\boldsymbol{b}^*(\theta_q))=\Re(\boldsymbol{b}(\theta_q))$和 $\Im(\boldsymbol{b}^*(\theta_q))=-\Im(\boldsymbol{b}(\theta_q))$，$\Re(\boldsymbol{\varphi}(\theta_q))$和 $\Im(\boldsymbol{\varphi}(\theta_q))$可以表示为

$$\Re(\boldsymbol{\varphi}(\theta_q))=\Re(\boldsymbol{b}(\theta_q))\otimes\Re(\boldsymbol{b}(\theta_q))+\Im(\boldsymbol{b}(\theta_q))\otimes\Im(\boldsymbol{b}(\theta_q)) \tag{5.12}$$

$$\Im(\boldsymbol{\varphi}(\theta_q))=\Re(\boldsymbol{b}(\theta_q))\otimes\Im(\boldsymbol{b}(\theta_q))-\Im(\boldsymbol{b}(\theta_q))\otimes\Re(\boldsymbol{b}(\theta_q)) \tag{5.13}$$

其中，

$$\Re(\boldsymbol{b}(\theta_q))=\Re(\boldsymbol{C})\Re(\boldsymbol{a}(\theta_q))-\Im(\boldsymbol{C})\Im(\boldsymbol{a}(\theta_q)) \tag{5.14}$$

$$\Im(\boldsymbol{b}(\theta_q))=\Re(\boldsymbol{C})\Im(\boldsymbol{a}(\theta_q))+\Im(\boldsymbol{C})\Re(\boldsymbol{a}(\theta_q)) \tag{5.15}$$

……BL 网络的参数估计方法

……使优化问题变得模糊[215]，因此凸松弛的目标函数可以表

$$\ldots n(\|\tilde{\boldsymbol{y}}-\tilde{\boldsymbol{\Phi}}\boldsymbol{z}\|_2^2+\zeta\|\boldsymbol{z}\|_1) \tag{5.16}$$

……衡重构误差和稀疏性。

……幅度进行积分[69]，$\tilde{\boldsymbol{y}}$ 相对于超参数 $\boldsymbol{\gamma}$ 和 σ_{w}^2 的概率可以表

$$\ldots,\sigma_{\mathrm{w}}^2)=\int p(\tilde{\boldsymbol{y}}\mid\boldsymbol{z},\sigma_{\mathrm{w}}^2)p(\boldsymbol{z}\mid\boldsymbol{\gamma})\mathrm{d}\boldsymbol{z}$$

$$=\frac{\exp(-\operatorname{tr}(\tilde{\boldsymbol{y}}^{\mathrm{H}}\boldsymbol{\Sigma}_{\tilde{y}}^{-1}\tilde{\boldsymbol{y}}))}{\det(\pi\boldsymbol{\Sigma}_{\tilde{y}})} \tag{5.17}$$

……表示空间谱，$\boldsymbol{\Sigma}_{\tilde{y}}=\tilde{\boldsymbol{\Phi}}\boldsymbol{\Gamma}\tilde{\boldsymbol{\Phi}}^{\mathrm{H}}+\sigma_{\mathrm{w}}^2\boldsymbol{I}_{2M^2}$ 表示嵌套阵列的协方差……σ_{w}^2 可以通过最大化 $p(\tilde{\boldsymbol{y}}\mid\boldsymbol{\gamma},\sigma_{\mathrm{w}}^2)$ 来估计，即Ⅱ型最大似然……，利用期望最大化(Expectation Maximization，EM)方法中……$\boldsymbol{\gamma}$ 和 σ_{w}^2 进行更新[69]。

……为网络级联的形式，阵列互耦情况下深度展开 SBL 网络……层，$\tilde{\boldsymbol{y}}$ 和 $\tilde{\boldsymbol{\Phi}}$ 作为每一层的输入，超参数的初始值 $\boldsymbol{\Gamma}^{(0)}$ 和

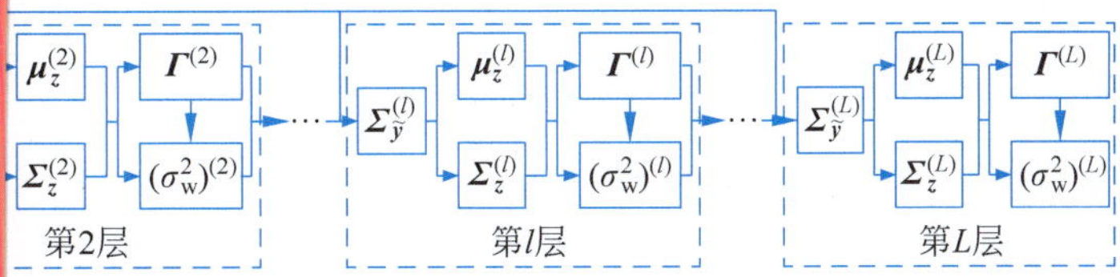

……列互耦情况下的深度展开 SBL 网络结构图

……知的互耦系数，互耦情况下的超完备词典中第 q 列上半部分构建网络和下半部分构建网络分别如图 5.2(a)和图 5.2(b)所示，其中，实线对应式(5.14)的计算过程，虚线对应式(5.15)的计算过程，图 5.2(a)中的点画线对应式(5.12)的计算过程，图 5.2(b)中的点画线对应式(5.13)的计算过程。

在深度展开 SBL 网络的前向传播过程中，EM 方法的 E 步通过将式(5.17)最大化，可以计算得到第 l 层的后验均值和后验协方差：

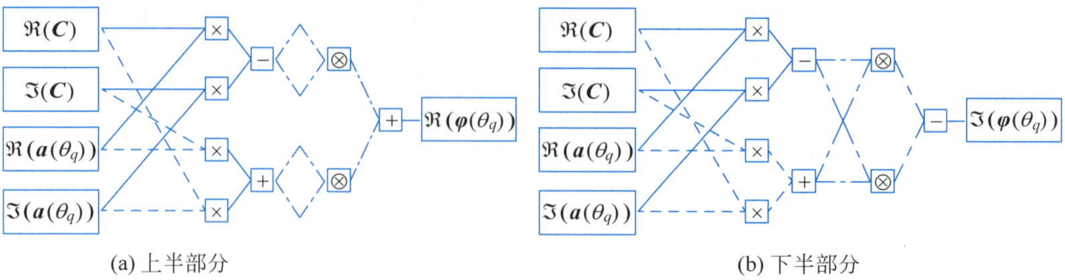

图 5.2 互耦情况下的超完备词典中第 q 列构建网络

$$\boldsymbol{\mu}_z^{(l)} = \boldsymbol{\Gamma}^{(l-1)} \widetilde{\boldsymbol{\Phi}}^{\mathrm{H}} (\boldsymbol{\Sigma}_{\widetilde{\boldsymbol{y}}}^{(l-1)})^{-1} \widetilde{\boldsymbol{y}} \tag{5.18}$$

$$\boldsymbol{\Sigma}_z^{(l)} = \boldsymbol{\Gamma}^{(l-1)} - \boldsymbol{\Gamma}^{(l-1)} \widetilde{\boldsymbol{\Phi}}^{\mathrm{H}} (\boldsymbol{\Sigma}_{\widetilde{\boldsymbol{y}}}^{(l-1)})^{-1} \widetilde{\boldsymbol{\Phi}} \boldsymbol{\Gamma}^{(l-1)} \tag{5.19}$$

其中，$\boldsymbol{\Sigma}_{\widetilde{\boldsymbol{y}}}^{(l-1)} = \widetilde{\boldsymbol{\Phi}} \boldsymbol{\Gamma}^{(l-1)} \widetilde{\boldsymbol{\Phi}}^{\mathrm{H}} + (\sigma_{\mathrm{w}}^2)^{(l-1)} \boldsymbol{I}_{2M^2}$ 表示第 $l-1$ 层的嵌套阵列协方差矩阵。

此外，EM 方法的 M 步利用 $\partial p(\widetilde{\boldsymbol{y}} | \boldsymbol{\gamma}, \sigma_{\mathrm{w}}^2)/\partial \boldsymbol{\gamma} = 0$，可以计算得到第 l 层输出的超参数：

$$\boldsymbol{\Gamma}^{(l)} = \boldsymbol{\mu}_z^{(l)} (\boldsymbol{\mu}_z^{(l)})^{\mathrm{T}} + \boldsymbol{\Sigma}_z^{(l)} \tag{5.20}$$

第 l 层的噪声功率可以计算为

$$(\sigma_{\mathrm{w}}^2)^{(l)} = \frac{1}{2M^2} \| \widetilde{\boldsymbol{y}} - \widetilde{\boldsymbol{\Phi}} \boldsymbol{\mu}_z^{(l)} \|_2^2 + \frac{(\sigma_w^2)^{(l-1)}}{2M^2} \left(Q - \sum_{q=1}^{Q} \frac{(\boldsymbol{\Sigma}_z^{(l)})_{q,q}}{(\boldsymbol{\Gamma}^{(l)})_{q,q}} \right) \tag{5.21}$$

在深度展开 SBL 网络的训练过程中，初始化的互耦矩阵设置为 diag([1, 0+j0, 0+j0, …, 0+j0]^{T})，利用随机梯度下降方法更新互耦系数，根据式(5.16)，损失函数定义为

$$\sum_{t=1}^{T} (\| \widetilde{\boldsymbol{y}}_t - \widetilde{\boldsymbol{\Phi}} \mathrm{diag}(\boldsymbol{\Gamma}_t^{(L)}) \|_2^2 + \zeta \| \mathrm{diag}(\boldsymbol{\Gamma}_t^{(L)}) \|_1) \tag{5.22}$$

其中，$t=1,2,\cdots,T$，T 表示训练样本的数量，$\widetilde{\boldsymbol{y}}_t$ 表示网络输入的第 t 个训练数据，$\boldsymbol{\Gamma}_t^{(L)}$ 表示第 t 个训练样本输入网络后的第 L 层的输出。由于损失函数的第一项和第二项分别与重构误差和网络输出的稀疏性有关，因此在深度展开 SBL 网络的训练过程中没有使用标签(即训练数据对应的真实空间谱)，可以看作无监督学习过程。通过对深度展开 SBL 网络进行训练，可以估计出互耦系数，利用 $\boldsymbol{\Gamma}^{(L)}$ 的对角线元素得到的空间谱，可以实现互耦情况下的角度估计。

5.2.3 仿真实验与分析

本节利用仿真实验对所提深度展开 SBL 网络的收敛性能、泛化能力、计算复杂度和估计精度进行分析和验证，其中嵌套阵列的阵元位置设置为[1,2,3,4,8,12]d，互耦向量设置为[1, 0.35+j0.46, 0.09−j0.12]^{T}，互耦情况下超完备词典的角度间隔设置为 1°。在深度展开 SBL 网络的训练过程中，数据集中 80%的样本用于网络的训练，20%的样本用于网络的验证，每个样本由两个信号生成。第一个信号的角度从[−60°, −55°, …, 55°]中进行选取，第二个信号的角度从[−55°, −50°, …, 60°]中进行选取，可以组合成 300 个训练数据。训练数据的信噪比为 0～20dB，快拍数为 100～500。在深度展开 SBL 网络的训练过程中，损失函数的正则化参数、随机梯度下降优化器的学习率、Batch Size 和 Epoch 分别设置为 0.1、0.001、32 和 30。

1. 网络层数和互耦系数分析

本节首先比较在训练过程中的 RMSE 来确定深度展开 SBL 网络的最优层数。在深度展开 SBL 网络的训练过程中，每个 Epoch 下的 RMSE 定义为

$$\sqrt{\frac{1}{T}\sum_{t=1}^{T}\|\operatorname{diag}(\boldsymbol{\Gamma}_t^{(L)})-\operatorname{diag}(\boldsymbol{\Gamma}_t^{\text{label}})\|_2^2} \tag{5.23}$$

其中，$t=1,2,\cdots,T$，T 表示训练数据的数量，$\operatorname{diag}(\boldsymbol{\Gamma}_t^{(L)})$ 表示由深度展开 SBL 网络输出 $\boldsymbol{\Gamma}_t^{(L)}$ 的对角线元素构成的空间谱，$\operatorname{diag}(\boldsymbol{\Gamma}_t^{\text{label}})$ 表示第 t 个训练数据对应空间谱的标签。

在深度展开 SBL 网络的训练和验证过程中，不同层数的 RMSE 随着 Epoch 的变化情况如图 5.3 所示，由图 5.3(a)可知，在训练过程中，10 层、20 层、30 层和 40 层网络的 RMSE 随着 Epoch 的增加逐渐减小，在初始阶段训练不充分，导致层数越多的网络累积的误差越大。由图 5.3 可知，当 Epoch 小于 5 时，40 层深度展开 SBL 网络的 RMSE 大于其他层数深度展开 SBL 网络的 RMSE。随着 Epoch 的增加，深度展开 SBL 网络的参数逐步更新和优化，在第 15 个 Epoch 后趋于平稳，并且 40 层深度展开 SBL 网络的 RMSE 小于其他层数深度展开 SBL 网络的 RMSE。此外，由于 40 层深度展开 SBL 网络的 RMSE 略小于 30 层深度展开 SBL 网络的 RMSE，但是计算时间增加了 1.33 倍，为了平衡参数估计的准确性和计算复杂度，深度展开 SBL 网络的层数设置为 30。由图 5.3(b)可知，在验证过程中，10 层、20 层、30 层和 40 层网络的 RMSE 随着 Epoch 的增加逐渐减小，这表明在深度展开 SBL 网络的训练过程中没有出现过拟合情况。

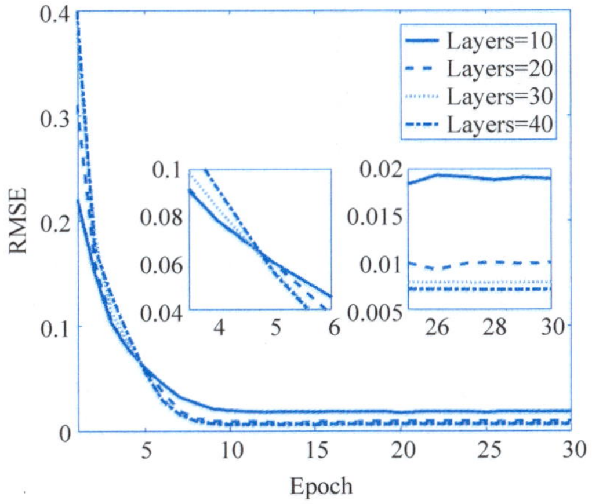

(a) 训练过程

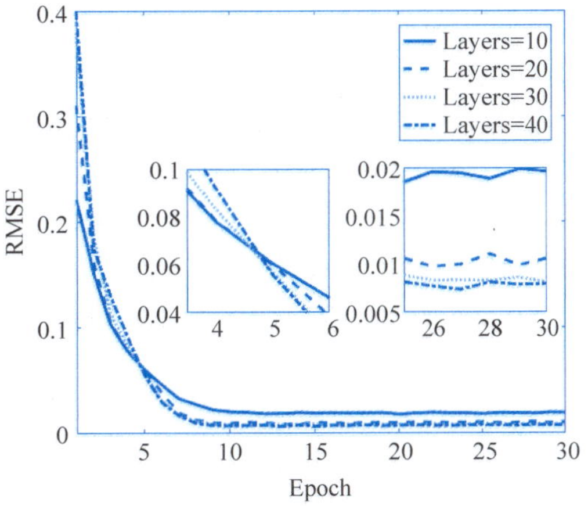

(b) 验证过程

图 5.3 深度展开 SBL 网络在不同层数下的 RMSE

在 30 层深度展开 SBL 网络的训练过程中，不同 Epoch 下的互耦系数如图 5.4 所示，其中红色实线和红色虚线分别表示实部第一个互耦系数的实部和虚部，蓝色实线和蓝色虚线分别表示第二个互耦系数的实部和虚部。由图 5.4(a)可知，在训练过程中，第一个和第二个互耦系数的实部和虚部从初始值[0,0,0,0]逐渐更新到设置值[0.35,0.46,0.09,−0.12]，表明通过深度展开 SBL 网络的训练能够对互耦系数进行估计。由图 5.4(b)可知，在验证过程中，第一个和第二个互耦系数的实部和虚部也逐渐更新到设置值[0.35,0.46,0.09,−0.12]，这表明在深度展开 SBL 网络的训练过程中没有出现过拟合情况。

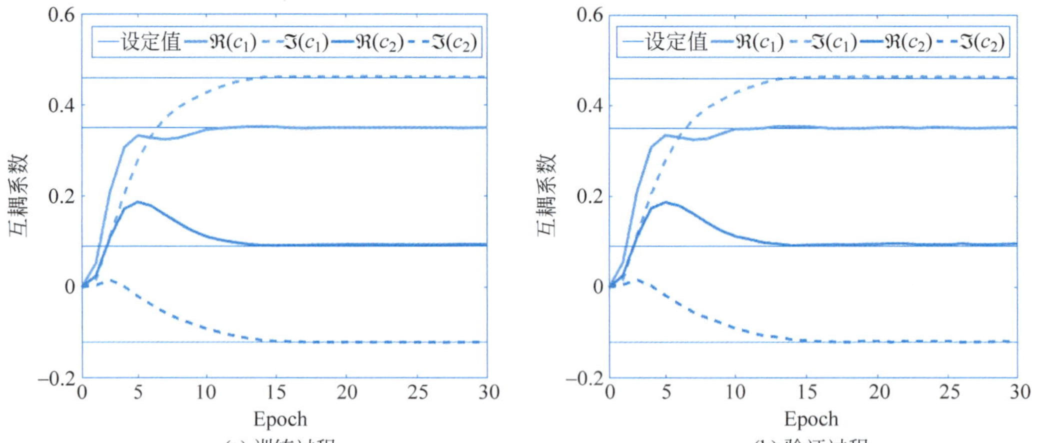

(a) 训练过程　　(b) 验证过程

图 5.4　不同 Epoch 下的互耦系数

2. 泛化能力分析

本节对深度展开 SBL 网络在不同个数信号情况下的泛化能力进行分析。利用互耦系数估计结果，在深度展开 SBL 网络的测试过程中，第一个测试样本包含一个信号，角度设置为 50.0°，第二个测试样本包含两个信号，角度分别设置为 −2°和 2°，第三个测试样本包含 3 个信号，角度分别设置为 −30°、−25°和 20°。图 5.5 给出了通过深度展开 SBL 网络得到不同个数信号的空间谱，其中红色曲线、蓝色曲线和绿色曲线分别表示一个信号、两个信号和 3 个信号的空间谱。由图 5.5 可知，利用空间谱的谱峰可以对信号的角度进行估计，这表明所提深度展开 SBL 网络具有在信号个数不同情况下的泛化能力。

此外，利用互耦系数估计结果，对欠定情况下的角度估计进行分析。在深度展开 SBL 网络的测试过程中，测试数据共包含 11 个信号，角度分别设置为[−50°，−40°，…−10°，0°，10°，…，40°，50°]，可以看出，信号数目大于阵元数目。由于式(5.4)通过将嵌套阵列协方差矩阵进行向量化，可以形成由连续虚拟阵元构成的实数域协方差向量，因此增加了阵列自由度，由 M 个传感器构成两级嵌套阵列的 DOF 为 $(M^2-2)/2+M$。图 5.6 给出了欠定情况

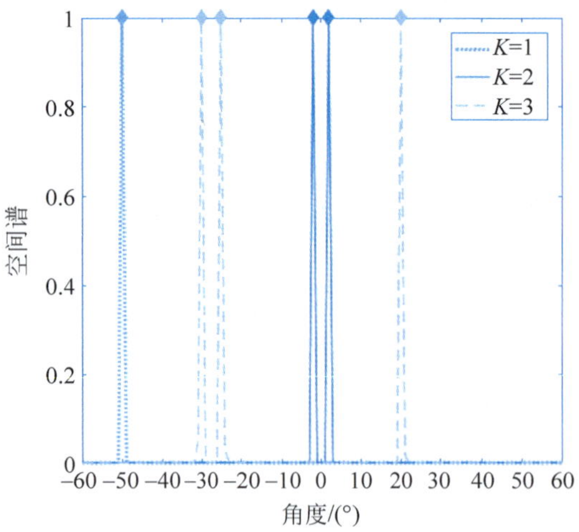

图 5.5　不同个数信号的空间谱

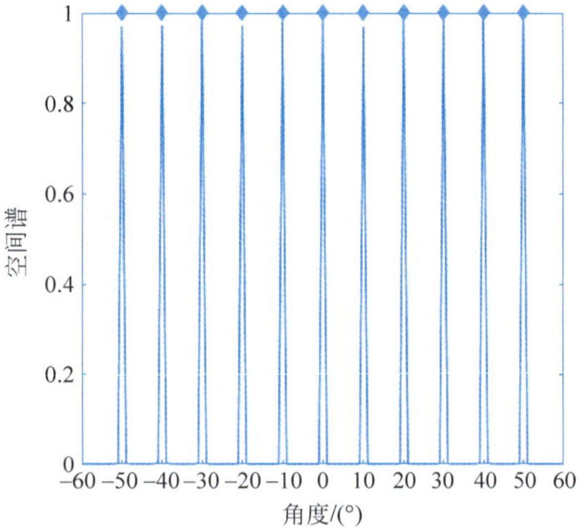

图 5.6　欠定情况下的空间谱

下的空间谱，其中蓝色曲线和洋红色点分别表示空间谱和 11 个信号的角度设定值。由图 5.6 可知，信号角度可以利用空间谱的谱峰进行估计，这表明深度展开 SBL 网络可以实现欠定情况下的信号角度估计。

3. 计算复杂度分析

本节对互耦情况下的深度展开 SBL 网络的计算复杂度进行分析。对于深度展开 SBL 网络的输入，式(5.3)中嵌套阵列协方差矩阵的计算需要 M^2N 次乘法运算和 $M^2(N-1)$次加法运算，式(5.4)中协方差矩阵的向量化和式(5.8)中实部和虚部的组合不需要额外的计算。在通过深度展开 SBL 网络进行角度估计时，式(5.18)和式(5.19)中 $\boldsymbol{\Sigma}_{\tilde{y}}^{(l-1)}$ 的计算需要 $4M^4Q+2M^2Q$ 次乘法运算和 $4M^4(Q-1)$次加法运算，式(5.18)中 $\boldsymbol{\mu}_z^{(l)}$ 的计算需要 $4QM^2(M^2+1)$次乘法运算、$Q(4M^4-1)$次加法运算和 $O(2M^2)$求逆运算，式(5.19)中 $\boldsymbol{\Sigma}_z^{(l)}$ 的计算需要 $Q(4M^4+2M^2+2M^2Q+Q^2)$次乘法运算、$Q(4M^4-2M^2+2M^2Q+Q^2-2Q)$次加法运算、$2M^2$ 次减法运算和 $O(2M^2)$求逆运算，式(5.20)中 $\boldsymbol{\Gamma}^{(l)}$ 的计算需要 Q^2 次乘法运算和 $2Q^2$ 次加法运算，式(5.21)中 $(\sigma_{\mathrm{w}}^2)^{(l)}$ 的计算需要 $2M^2(Q+1)$次乘法运算、$2QM^2+Q-2$ 次加法运算、$2M^2$ 次减法运算和 $Q+2$ 次除法运算。

在仿真实验中，通过 100 次 Monte-Carlo 实验得到的角度估计的平均计算时间，将所提出深度展开 SBL 网络与基于模型驱动的 SBL 方法[132]、联合稀疏恢复方法[131]和秩损迭代校正方法[130]进行比较，其中联合稀疏恢复方法利用联合阵列信号模型将互耦系数与超完备词典进行解耦，并通过 LASSO 方法实现互耦情况下的角度估计，基于模型驱动 SBL 方法和秩损迭代校正方法均利用变换矩阵将互耦系数与原始超完备词典解耦，接着分别通过 SBL 方法和子空间类方法实现角度估计。测试样本包含两个信号，角度分别设置为$-2°$和 $2°$，表 5.1 给出了阵列互耦情况下的不同方法角度估计的计算时间，由于模型驱动 SBL 方法和秩损迭代校正方法在分离互耦系数时将超完备词典的维度由 $M^2\times Q$ 增加到 $M^2\times P^2Q$，因此需要更多的计算时间。

表 5.1 阵列互耦情况下的角度估计的计算时间对比

阵列互耦情况下角度估计方法	计算时间/s
深度展开 SBL 网络	0.164
模型驱动 SBL 算法	0.393
联合稀疏恢复算法	0.082
秩损迭代校正算法	0.236

4. 估计精度分析

本节通过 500 次 Monte-Carlo 仿真实验得到的 RMSE 对基于深度展开 SBL 网络的角度估计精度进行分析，并与基于模型驱动的 SBL 方法[132]、联合稀疏恢复方法[131]和秩损迭代校正方法[130]和克拉美罗下界(Cramer-Rao Lower Bound，CRLB)进行了对比。角度估计的 RMSE 定义为

$$\sqrt{\frac{1}{VK}\sum_{v=1}^{V}\sum_{k=1}^{K}(\hat{\theta}_k^{(v)}-\theta_k)^2} \tag{5.24}$$

其中，K 和 V 分别表示信号和 Monte-Carlo 仿真实验的数量，θ_k 表示第 k 个信号的真实角度，$\hat{\theta}_k^{(v)}$ 表示第 v 次 Monte-Carlo 仿真实验中第 k 个信号的角度估计。

图 5.7 给出了互耦情况下两个信号角度估计的 RMSE，其中信号的角度分别设置为 $-10.1°$和 $20.0°$。当快拍数设置为 200 时，RMSE 随着信噪比的变化如图 5.7(a)所示。当信噪比设置为 10dB 时，RMSE 随着快拍数的变化如图 5.7(b)所示，其中红线、蓝线、绿线、洋红线和黑线分别代表所提出的深度展开 SBL 网络的 RMSE，模型驱动 SBL 方法的 RMSE，联合稀疏恢复方法的 RMSE，秩损迭代校正方法的 RMSE 和 CRLB。由图 5.7 可知，随着信噪比和快拍数的增加，RMSE 逐渐减小。由于所提深度展开 SBL 网络的每一层都对噪声功率进行更新，而其他方法受噪声的影响较大。由图 5.7 可知，所提深度展开 SBL 网络的 RMSE 低于其他方法的 RMSE，这表明深度展开 SBL 网络的角度估计精度优于其他方法的角度估计精度。

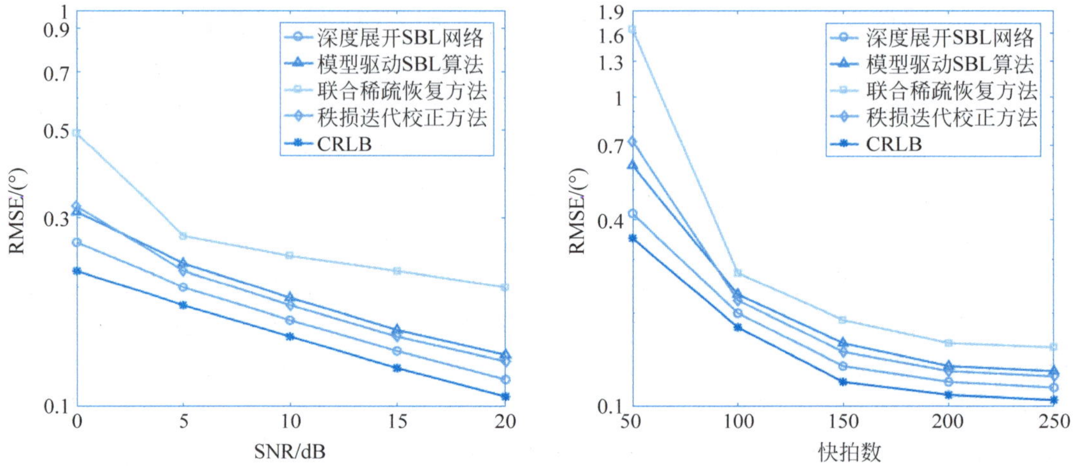

(a) 信噪比　　(b) 快拍数

图 5.7 阵列互耦情况下不同方法的 RMSE

5.3 多径传播情况下的参数估计方法

多径传播场景如图 5.8 所示，嵌套阵列接收信号中包含直达波和多径波，由于直达波和多径波有很强的相干性，需要建立相干信号数学模型对角度和功率的参数进行估计。本节提出的深度展开 FOCUSS 网络和深度展开 IAA 网络分别将协方差向量和协方差矩阵作为网络的输入，通过网络输出的空间谱对相干信号的角度和功率进行估计。

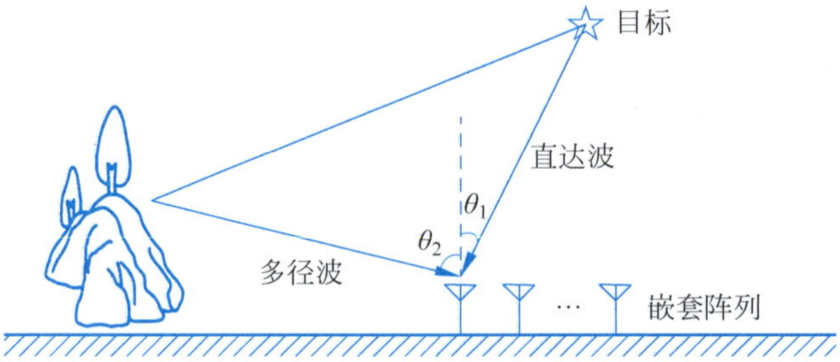

图 5.8 多径传播场景示意图

5.3.1 相干信号数学模型

根据式(2.11)中接收数据的信号模型,嵌套阵列在第 n 个快拍的相干信号接收数据可以表示为

$$\begin{aligned}\boldsymbol{x}(n)&=[x_1(n)\quad x_2(n)\quad\cdots\quad x_M(n)]^{\mathrm{T}}\\&=\sum_{k=1}^{K}\boldsymbol{a}(\theta_k)s_k(n)+\boldsymbol{w}(n)\\&=\boldsymbol{A}\boldsymbol{s}(n)+\boldsymbol{w}(n)\end{aligned}\tag{5.25}$$

其中,$\boldsymbol{a}(\theta_k)$表示第 k 个相干信号的导向向量,$\boldsymbol{A}=[\boldsymbol{a}(\theta_1)\quad\boldsymbol{a}(\theta_2)\quad\cdots\quad\boldsymbol{a}(\theta_K)]$表示由 K 个相干信号组成的导向矩阵,$\boldsymbol{s}(n)=[s_1(n)\quad s_2(n)\quad\cdots\quad s_K(n)]^{\mathrm{T}}$ 表示 K 个相干信号在第 n 个快拍的发射数据,$\boldsymbol{w}(n)=[w_1(n)\quad w_2(n)\quad\cdots\quad w_M(n)]^{\mathrm{T}}$ 表示在第 n 个快拍接收的噪声。不同于式(2.12)中非相干信号的协方差矩阵,相干信号协方差矩阵可以表示为

$$\begin{aligned}\boldsymbol{R}&=\frac{1}{N}\sum_{n=1}^{N}\boldsymbol{x}(n)\boldsymbol{x}^{\mathrm{H}}(n)\\&=\boldsymbol{A}\begin{bmatrix}\sigma_{1,1}^2&\sigma_{1,2}^2&\cdots&\sigma_{1,K}^2\\\sigma_{2,1}^2&\sigma_{2,2}^2&\cdots&\sigma_{2,K}^2\\\vdots&\vdots&\ddots&\vdots\\\sigma_{K,1}^2&\sigma_{K,2}^2&\cdots&\sigma_{K,K}^2\end{bmatrix}\boldsymbol{A}^{\mathrm{H}}+\sigma_{\mathrm{w}}^2\boldsymbol{I}_M\end{aligned}\tag{5.26}$$

其中,$\sigma_{k_1,k_2}^2=E\{s_{k_1}(n)s_{k_2}^*(n)\}=(1/N)\sum_{n=1}^{N}s_{k_1}(n)s_{k_2}^*(n)$表示第 k_1 个相干信号和第 k_2 个相干信号的相关函数,$k_1,k_2=1,2,\cdots,K$。当 $k_1=k_2$ 时,σ_{k_1,k_2}^2 表示第 k_1 个相干信号的功率;当 $k_1\neq k_2$ 时,非相干信号的相关函数 σ_{k_1,k_2}^2 等于0,相干信号的相关函数 σ_{k_1,k_2}^2 不等于0。

将相干信号的协方差矩阵进行向量化,可以得到协方差向量:

$$\begin{aligned}\boldsymbol{y}&=\mathrm{vec}(\boldsymbol{R})\\&=[\boldsymbol{B}_1\quad\boldsymbol{B}_2\quad\cdots\quad\boldsymbol{B}_K][\boldsymbol{\sigma}_1^2\quad\boldsymbol{\sigma}_2^2\quad\boldsymbol{\sigma}_K^2]^{\mathrm{T}}+\sigma_{\mathrm{w}}^2[\boldsymbol{\eta}_1^{\mathrm{T}}\quad\boldsymbol{\eta}_2^{\mathrm{T}}\quad\cdots\quad\boldsymbol{\eta}_M^{\mathrm{T}}]^{\mathrm{T}}\end{aligned}\tag{5.27}$$

其中,$\boldsymbol{\eta}_m^{\mathrm{T}}$ 表示单位矩阵 $\boldsymbol{I}_M$ 的第 m 列,即第 m 个元素为1,其余元素为0,第 k 个分块矩阵 $\boldsymbol{B}_k$ 可以表示为

$$\boldsymbol{B}_k=[\boldsymbol{a}^*(\theta_k)\otimes\boldsymbol{a}(\theta_1)\quad\boldsymbol{a}^*(\theta_k)\otimes\boldsymbol{a}(\theta_2)\quad\cdots\quad\boldsymbol{a}^*(\theta_k)\otimes\boldsymbol{a}(\theta_K)]\tag{5.28}$$

第 k 个分块功率 $\boldsymbol{\sigma}_k^2$ 可以表示为

$$\boldsymbol{\sigma}_k^2=[\sigma_{k,1}^2\quad\sigma_{k,2}^2\quad\cdots\quad\sigma_{k,K}^2]\tag{5.29}$$

将角度区域划分为 Q 个离散角度$\{\theta_1,\theta_2,\cdots,\theta_Q\}$,协方差向量 $\boldsymbol{y}$ 的稀疏表示为

$$\boldsymbol{y}=\breve{\boldsymbol{\Phi}}\boldsymbol{z}+\sigma_{\mathrm{w}}^2[\boldsymbol{\eta}_1^{\mathrm{T}}\quad\boldsymbol{\eta}_2^{\mathrm{T}}\quad\cdots\quad\boldsymbol{\eta}_M^{\mathrm{T}}]^{\mathrm{T}}\tag{5.30}$$

其中,$\breve{\boldsymbol{\Phi}}$ 表示超完备词典:

$$\breve{\boldsymbol{\Phi}}=[\breve{\boldsymbol{\Phi}}_1\quad\breve{\boldsymbol{\Phi}}_2\quad\cdots\quad\breve{\boldsymbol{\Phi}}_Q]\tag{5.31}$$

第 q 个分块超完备词典$\breve{\boldsymbol{\Phi}}_q$ 可以表示为

$$\breve{\boldsymbol{\Phi}}_q=[\boldsymbol{a}^*(\theta_q)\otimes\boldsymbol{a}(\theta_1)\quad \boldsymbol{a}^*(\theta_q)\otimes\boldsymbol{a}(\theta_2)\quad\cdots\quad \boldsymbol{a}^*(\theta_q)\otimes\boldsymbol{a}(\theta_Q)] \tag{5.32}$$

$\boldsymbol{a}(\theta_q)$表示角度集合$\{\theta_1,\theta_2,\cdots,\theta_Q\}$中第 q 个角度对应的导向向量，$\boldsymbol{z}$ 表示 Q^2 维向量，当第 q_1 个角度 θ_{q_1} 和第 q_2 个角度 θ_{q_2} 分别对应第 k_1 个相干信号角度 θ_{k_1} 和第 k_2 个相干信号角度 θ_{k_2} 时，$\boldsymbol{z}$ 的第$(q_1-1)\times Q+q_2$ 个元素为 $\sigma^2_{k_1,k_2}$，其余的元素为 0，其中 $\theta_{q_1},\theta_{q_2}\in\{\theta_1,\theta_2,\cdots,\theta_Q\}$，$\theta_{k_1},\theta_{k_2}\in\{\theta_1,\theta_2,\cdots,\theta_K\}$。

5.3.2 基于深度展开 FOCUSS 网络的参数估计方法

将相干信号协方差向量的稀疏表示 $\boldsymbol{y}$ 转换到实数域，可以得到：

$$\begin{bmatrix}\Re(\boldsymbol{y})\\ \Im(\boldsymbol{y})\end{bmatrix}=\begin{bmatrix}\Re(\breve{\boldsymbol{\Phi}}) & -\Im(\breve{\boldsymbol{\Phi}})\\ \Im(\breve{\boldsymbol{\Phi}}) & \Re(\breve{\boldsymbol{\Phi}})\end{bmatrix}\begin{bmatrix}\Re(\boldsymbol{z})\\ \Im(\boldsymbol{z})\end{bmatrix}+\begin{bmatrix}\Re(\sigma_{\mathrm{w}}^2[\boldsymbol{\eta}_1^{\mathrm{T}}\quad \boldsymbol{\eta}_2^{\mathrm{T}}\quad\cdots\quad \boldsymbol{\eta}_M^{\mathrm{T}}]^{\mathrm{T}})\\ \Im(\sigma_{\mathrm{w}}^2[\boldsymbol{\eta}_1^{\mathrm{T}}\quad \boldsymbol{\eta}_2^{\mathrm{T}}\quad\cdots\quad \boldsymbol{\eta}_M^{\mathrm{T}}]^{\mathrm{T}})\end{bmatrix} \tag{5.33}$$

由于 σ_{w}^2 和 $\boldsymbol{z}$ 的元素表示噪声功率和相干信号功率，其虚部 $\Im(\sigma_{\mathrm{w}}^2)$和 $\Im(\boldsymbol{z})$均为 0。将 $[\Re(\boldsymbol{y}^{\mathrm{T}})\quad \Im(\boldsymbol{y}^{\mathrm{T}})]^{\mathrm{T}}$ 表示为 $\tilde{\boldsymbol{y}}$，$[\Re(\breve{\boldsymbol{\Phi}}^{\mathrm{T}})\quad \Im(\breve{\boldsymbol{\Phi}}^{\mathrm{T}})]^{\mathrm{T}}$ 表示为$\breve{\boldsymbol{\Psi}}$，实数域的相干信号协方差向量可以表示为

$$\tilde{\boldsymbol{y}}=\breve{\boldsymbol{\Psi}}\boldsymbol{z}+\begin{bmatrix}\sigma_{\mathrm{w}}^2[\boldsymbol{\eta}_1^{\mathrm{T}}\quad \boldsymbol{\eta}_2^{\mathrm{T}}\quad\cdots\quad \boldsymbol{\eta}_M^{\mathrm{T}}]^{\mathrm{T}}\\ \boldsymbol{0}_{M^2\times 1}\end{bmatrix} \tag{5.34}$$

基于权重最小化范数准则，相干信号角度和功率估计的优化问题可以转化为

$$\begin{aligned}&\min\quad \|\boldsymbol{\Omega}^{-1}\boldsymbol{z}\|_2^2\\ &\text{s.t.}\quad \tilde{\boldsymbol{y}}=\breve{\boldsymbol{\Psi}}\boldsymbol{z}\end{aligned} \tag{5.35}$$

其中，$\boldsymbol{\Omega}$ 表示权重矩阵。

多径传播情况下的深度展开 FOCUSS 网络结构如图 5.9 所示，将模型驱动 FOCUSS 方法的迭代步骤转化为深度展开网络的隐藏层，在前向传播过程中，第 l 层输出可以计算为

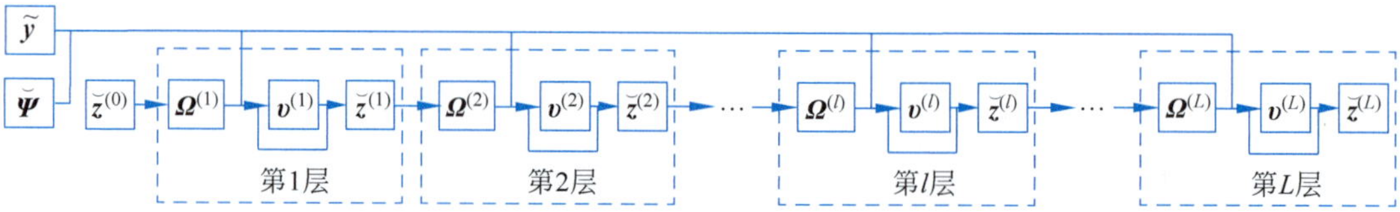

图 5.9 多径传播情况下的深度展开 FOCUSS 网络结构图

$$\boldsymbol{\Omega}^{(l)}=\mathrm{diag}([\boldsymbol{z}^{(l-1)}]^{\alpha}) \tag{5.36}$$

$$\boldsymbol{v}^{(l)}=(\breve{\boldsymbol{\Psi}}\boldsymbol{\Omega}^{(l)})^{\mathrm{T}}((\breve{\boldsymbol{\Psi}}\boldsymbol{\Omega}^{(l)})(\breve{\boldsymbol{\Psi}}\boldsymbol{\Omega}^{(l)})^{\mathrm{T}}+\beta\boldsymbol{I}_{2M^2})^{-1}\tilde{\boldsymbol{y}} \tag{5.37}$$

$$\boldsymbol{z}^{(l)}=\boldsymbol{\Omega}^{(l)}\boldsymbol{v}^{(l)} \tag{5.38}$$

其中，$l=1,2,\cdots,L$，L 表示深度展开网络的层数，α 和 β 分别表示稀疏因子和正则化因子。在深度展开 FOCUSS 网络的训练开始前，第 1 层的输入 $\boldsymbol{z}^{(0)}$ 为元素全为 1 的 Q 维向量。在训练过程中，利用随机梯度下降方法对网络参数进行更新，损失函数定义为

$$\frac{1}{T}\sum_{t=1}^{T}(\|(\boldsymbol{\Omega}_t^{(L)})^{-1}\boldsymbol{z}_t^{(L)}\|_2^2) \tag{5.39}$$

其中，$t=1,2,\cdots,T$，T 表示训练样本的数量，$\boldsymbol{\Omega}_t^{(L)}$ 和 $\boldsymbol{z}_t^{(L)}$ 表示第 t 个训练样本输入至深度展开 FOCUSS 网络后的第 L 层的输出。可以看出，损失函数只与网络的输出有关，在网络的训练过程中没有使用标签（即训练样本对应的真实空间谱），因此深度展开 FOCUSS 网络的训练可以视为无监督学习的过程。利用深度展开 FOCUSS 网络第 L 层的输出 $\boldsymbol{z}^{(L)}$，可以得到相干信号功率矩阵：

$$\boldsymbol{Z}=\begin{bmatrix} \breve{z}_1^{(L)} & \breve{z}_2^{(L)} & \cdots & \breve{z}_Q^{(L)} \\ \breve{z}_{Q+1}^{(L)} & \breve{z}_{Q+2}^{(L)} & \cdots & \breve{z}_{2Q}^{(L)} \\ \vdots & \vdots & \ddots & \vdots \\ \breve{z}_{(Q-1)\times Q+1}^{(L)} & \breve{z}_{(Q-1)\times Q+2}^{(L)} & \cdots & \breve{z}_{Q^2}^{(L)} \end{bmatrix} \tag{5.40}$$

通过功率矩阵对角线上的元素 $\breve{z}_{(q-1)Q+q}^{(L)}$ 构成的向量可以得到相干信号的空间谱 $z^{(L)}=[\breve{z}_1^{(L)}\quad \breve{z}_{Q+2}^{(L)}\quad \cdots\quad \breve{z}_{(q-1)Q+q}^{(L)}\quad \cdots\quad \breve{z}_{Q^2}^{(L)}]$，其中 $q=1,2,\cdots,Q$，通过谱峰的位置和数值可以对相干信号的角度和功率进行估计。

5.3.3 基于深度展开 IAA 网络的参数估计方法

从式(5.34)中可以看出，实数域超完备词典的维度为 $2M^2\times Q^2$，为了减小计算复杂度，本节利用复数域的超完备词典对相干信号的角度和功率参数进行估计。在角度集合$\{\theta_1,\theta_2,\cdots,\theta_Q\}$下，复数域超完备词典可以表示为

$$\begin{aligned}\boldsymbol{\Phi}&=[\boldsymbol{\varphi}(\theta_1)\quad \boldsymbol{\varphi}(\theta_2)\quad \cdots\quad \boldsymbol{\varphi}(\theta_Q)]\\&=[\boldsymbol{a}(\theta_1)\quad \boldsymbol{a}(\theta_2)\quad \cdots\quad \boldsymbol{a}(\theta_Q)]\end{aligned} \tag{5.41}$$

其中，$\boldsymbol{a}(\theta_q)=[a_1(\theta_q)\quad a_2(\theta_q)\quad \cdots\quad a_M(\theta_q)]^{\mathrm{T}}$ 表示 θ_q 对应的导向向量，其第 m 个元素为 $a_m(\theta_q)=\exp(-\mathrm{j}(2\pi\xi_m\sin\theta_q/\lambda))$。可以看出，复数域超完备词典的维度为 $M\times Q$，相较于 5.3.2 节通过 $M\times Q^2$ 维的实数域的超完备词典对相干信号参数进行估计，利用复数域的超完备词典能够大大减小计算复杂度。

根据 IAA 算法[216,217]，第 q 个角度对应的噪声协方差矩阵可以表示为

$$\boldsymbol{\Gamma}_q=\boldsymbol{\Omega}-z_q\boldsymbol{\varphi}(\theta_q)\boldsymbol{\varphi}^{\mathrm{H}}(\theta_q) \tag{5.42}$$

其中，$\boldsymbol{\Omega}=\boldsymbol{\Phi Z\Phi}^{\mathrm{H}}$，$\boldsymbol{Z}=\mathrm{diag}([z_1\quad z_2\quad \cdots\quad z_Q])$，$\boldsymbol{z}_q$ 表示角度集合$\{\theta_1,\theta_2,\cdots,\theta_Q\}$中第 q 个角度对应的功率。根据最小二乘法，目标函数可以表示为

$$\begin{aligned}\min\quad J&=\sum_{n=1}^{N}\|\boldsymbol{x}(n)-s_q(n)\boldsymbol{\varphi}(\theta_q)\|_{\boldsymbol{\Gamma}_q^{-1}}^2\\&=\sum_{n=1}^{N}(\boldsymbol{x}(n)-s_q(n)\boldsymbol{\varphi}(\theta_q))^{\mathrm{H}}\boldsymbol{\Gamma}_q^{-1}(\boldsymbol{x}(n)-s_q(n)\boldsymbol{\varphi}(\theta_q))\end{aligned} \tag{5.43}$$

其中，$s_q(n)$表示角度集合$\{\theta_1,\theta_2,\cdots,\theta_Q\}$中第 q 个角度在第 n 个快拍的数据。当$\partial J/\partial s_q(n)=0$ 时，目标函数可以取得最小值，$s_q(n)$可以表示为

$$s_q(n)=\frac{\boldsymbol{\varphi}^{\mathrm{H}}(\theta_q)\boldsymbol{\Gamma}_q^{-1}\boldsymbol{x}(n)}{\boldsymbol{\varphi}^{\mathrm{H}}(\theta_q)\boldsymbol{\Gamma}_q^{-1}\boldsymbol{\varphi}(\theta_q)} \tag{5.44}$$

利用矩阵求逆定理,式(5.44)可进一步表示为

$$s_q(n)=\frac{\boldsymbol{\varphi}^{\mathrm{H}}(\theta_q)\boldsymbol{\Omega}^{-1}\boldsymbol{x}(n)}{\boldsymbol{\varphi}^{\mathrm{H}}(\theta_q)\boldsymbol{\Omega}^{-1}\boldsymbol{\varphi}(\theta_q)} \tag{5.45}$$

因此,角度集合$\{\theta_1,\theta_2,\cdots,\theta_Q\}$中第 q 个角度对应相干信号的功率可以计算为

$$\begin{aligned} z_q&=\frac{1}{N}\sum_{n=1}^{N}s_q(n)s_q^*(n)\\ &=\frac{\boldsymbol{\varphi}^{\mathrm{H}}(\theta_q)\boldsymbol{\Omega}^{-1}}{\boldsymbol{\varphi}^{\mathrm{H}}(\theta_q)\boldsymbol{\Omega}^{-1}\boldsymbol{\varphi}(\theta_q)}\boldsymbol{R}\frac{(\boldsymbol{\Omega}^{-1})^{\mathrm{H}}\boldsymbol{\varphi}(\theta_q)}{\boldsymbol{\varphi}^{\mathrm{H}}(\theta_q)\boldsymbol{\Omega}^{-1}\boldsymbol{\varphi}(\theta_q)} \end{aligned} \tag{5.46}$$

其中,$\boldsymbol{R}=(1/N)\sum_{n=1}^{N}\boldsymbol{x}(n)\boldsymbol{x}^{\mathrm{H}}(n)$ 表示相干信号的协方差矩阵。通过式(5.42)和式(5.46)的循环迭代,利用空间谱 $\boldsymbol{z}=[z_1\quad z_2\quad\cdots\quad z_Q]$ 的谱峰可以对相干信号的角度和功率进行估计。

多径传播情况下深度展开 IAA 网络结构如图 5.10 所示,网络共包含 L 层,将 IAA 算法的迭代步骤展开为网络的级联形式,在前向传播的过程中,第 l 层输出的协方差矩阵 $\hat{\boldsymbol{R}}^{(l)}$ 可计算为

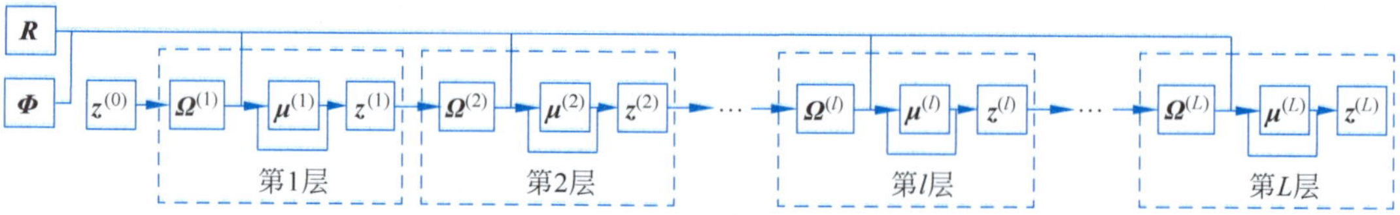

图 5.10 多径传播情况下深度展开 IAA 网络结构图

$$\boldsymbol{\Omega}^{(l)}=\boldsymbol{\Phi}\mathrm{diag}(\boldsymbol{z}^{(l-1)})\boldsymbol{\Phi}^{\mathrm{H}} \tag{5.47}$$

其中,$l=1,2,\cdots,L$,第 1 层的输入 $\boldsymbol{z}^{(0)}$ 为全 1 的 Q 维向量。此外,第 l 层输出的第 q 个角度对应的加权向量 $\boldsymbol{\mu}_q^{(l)}$ 可以计算为

$$\boldsymbol{\mu}_q^{(l)}=\frac{\boldsymbol{\varphi}^{\mathrm{H}}(\theta_q)(\boldsymbol{\Omega}^{(l)})^{-1}}{\boldsymbol{\varphi}^{\mathrm{H}}(\theta_q)(\boldsymbol{\Omega}^{(l)})^{-1}\boldsymbol{\varphi}(\theta_q)} \tag{5.48}$$

基于加权向量 $\boldsymbol{\mu}_q^{(l)}$,第 l 层输出 $\boldsymbol{z}^{(l)}$ 的第 q 个角度可以计算为

$$z_q^{(l)}=\boldsymbol{\mu}_q^{(l)}\boldsymbol{R}(\boldsymbol{\mu}_q^{(l)})^{\mathrm{H}} \tag{5.49}$$

其中,$\boldsymbol{R}$ 表示混合信号的协方差矩阵。

在深度展开 IAA 网络的训练过程中,利用随机梯度下降方法对网络参数进行更新,损失函数定义为

$$\frac{1}{T}\sum_{t=1}^{T}(\|\boldsymbol{z}_t^{(L)}-\boldsymbol{z}_t^{\mathrm{label}}\|_2^2) \tag{5.50}$$

其中,$t=1,2,\cdots,T$,T 表示训练样本的数量,$\boldsymbol{z}_t^{(L)}$ 表示第 t 个训练样本对应的输出,$\boldsymbol{z}_t^{\mathrm{label}}$ 表示第 t 个训练样本对应的标签。

5.3.4 仿真实验与分析

本节利用仿真实验来验证所提出的深度展开 FOCUSS 网络和深度展开 IAA 网络对相干信号角度和功率估计的有效性和性能，其中嵌套阵列的 8 个阵元的位置设置为[1,2,3,4,5,10,15,20]d。深度展开 FOCUSS 网络和深度展开 IAA 网络使用相同的数据进行训练和测试，在深度展开网络的训练过程中，数据集中 80%的样本用于网络的训练，20%的样本用于网络的验证，每个样本由两个信号生成，其中信号角度为−60°～60°，功率为 0～1dBm，信噪比为 0～20dB，快拍数为 50～300 选择。在深度展开 FOCUSS 网络的训练过程中，Batch Size、Epoch 和 Learning Rate 分别设置为 16、10 和 0.01；在深度展开 IAA 网络的训练过程中，Batch Size、Epoch 和 Learning Rate 分别设置为 16、20 和 0.01。

1. 收敛性能分析

本节通过比较在训练过程中的 RMSE 以确定深度展开 FOCUSS 网络和深度展开 IAA 网络中的最优层数，并对深度展开网络和相应的模型驱动算法的收敛性能进行了比较。

在深度展开网络的训练过程中，每个 Epoch 下的 RMSE 定义为

$$\sqrt{\frac{1}{T}\sum_{t=1}^{T}\| \boldsymbol{z}_t^{(L)} - \boldsymbol{z}_t^{\text{label}} \|_2^2} \tag{5.51}$$

其中，$t=1,2,\cdots,T$，T 表示训练样本的个数，$\boldsymbol{z}_t^{(L)}$ 表示深度展开网络输出的第 t 个训练样本的空间谱，$\boldsymbol{z}_t^{\text{label}}$ 表示第 t 个训练样本对应空间谱的标签。

在深度展开网络的训练过程中，RMSE 随着 Epoch 的变化情况如图 5.11 和图 5.12 所示。对于深度展开 FOCUSS 网络，由图 5.11(a)可知，在训练过程中，4 层、5 层、6 层和 7 层的 RMSE 随着 Epoch 的增加逐渐减小，并且 7 层网络的 RMSE 小于其他层数网络的 RMSE，这表明 7 层网络的精度优于其他层数网络的精度。考虑到网络的计算复杂度与网络的层数呈正比关系，由于 7 层网络的 RMSE 略小于 6 层网络的 RMSE，为了平衡参数估计精度和计算复杂度，将深度展开 FOCUSS 网络设置为 6 层。此外，由图 5.11(b)可知，在验证过程中，4 层、5 层、6 层和 7 层网络的 RMSE 随着 Epoch 的增加逐渐减小，这表明在深度展开 FOCUSS 网络的训练过程中没有出现过拟合情况。

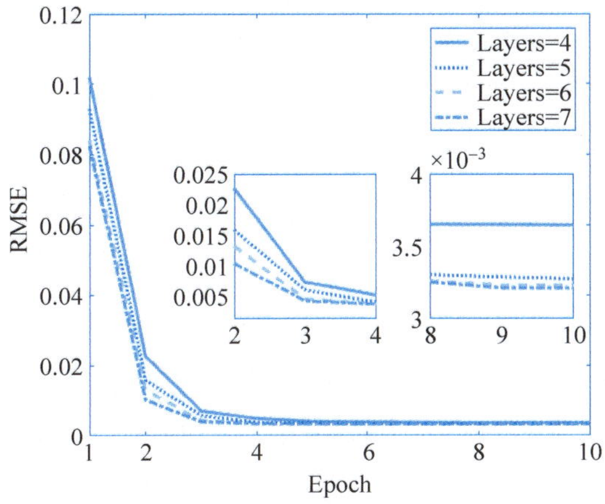

(a) 训练过程

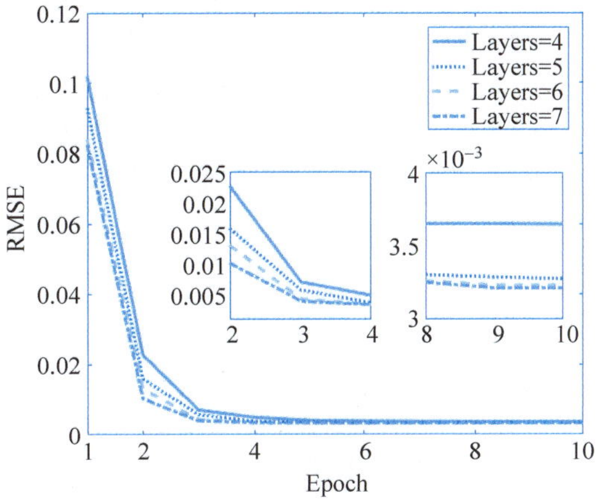

(b) 验证过程

图 5.11 深度展开 FOCUSS 网络在不同层数下的 RMSE

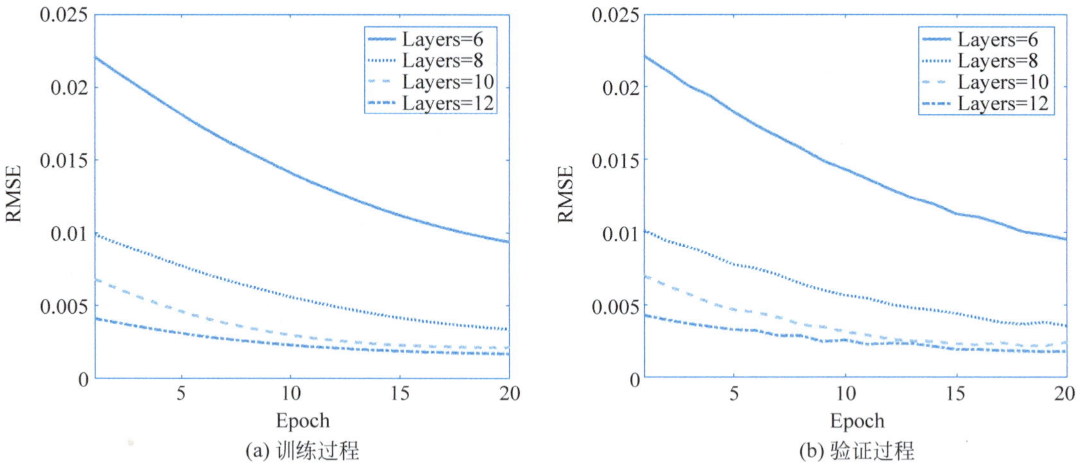

图 5.12 深度展开 IAA 网络在不同层数下的 RMSE

对于深度展开 IAA 网络，由图 5.12(a)可知，在训练过程中，6 层、8 层、10 层和 12 层的 RMSE 随着 Epoch 的增加逐渐减小，并且 12 层网络的 RMSE 小于其他层数网络的 RMSE，这表明 12 层网络的精度优于其他层数网络的精度。当深度展开 IAA 网络的训练过程完成后，10 层网络的 RMSE 略小于 12 层网络的 RMSE，为了平衡参数估计精度和计算复杂度，将深度展开 IAA 网络设置为 10 层。此外，由图 5.12(b)可知，在验证过程中，6 层、8 层、10 层和 12 层网络的 RMSE 随着 Epoch 的增加逐渐减小，这表明在深度展开 IAA 网络的训练过程中没有出现过拟合情况。

此外，在测试过程中，深度展开网络中的第 l 层或模型驱动算法中的第 l 次迭代的相对误差定义为

$$\frac{\| \boldsymbol{z}^{(l)} - \boldsymbol{z}^{(l-1)} \|_2}{\| \boldsymbol{z}^{(l)} \|_2} \tag{5.52}$$

其中，$l=1,2,\cdots,L$，L 表示网络中的层数或模型驱动算法中的迭代次数。

当测试样本的角度设置为 $-10°$ 和 $30°$，功率设置为 0.8dBm 和 1dBm 时，图 5.13 给出了相干信号参数估计的相对误差。由图 5.13(a)可知，相较于 6 层深度展开 FOCUSS 网络，模型驱动 FOCUSS 算法经过 12 次迭代达到收敛，由于深度展开 FOCUSS 网络中每一层的计算复杂度与模型驱动 FOCUSS 算法中每一次迭代的计算复杂度相同，因此深度展开 FOCUSS 网络可以在更短的时间内收敛，收敛速度提高了 2 倍。此外，由图 5.13(b)可知，相较于 10 层深度展开 IAA 网络，模型驱动 IAA 算法经过 16 次迭代达到收敛，因此深度展开 IAA 网络可以在更短的时间内收敛，收敛速度提高了 1.6 倍。

2. 泛化能力分析

本节对深度展开网络在不同相干信号个数情况下的泛化能力进行分析。由于训练样本是由两个相干信号生成的，为了验证 6 层深度展开 FOCUSS 网络和 10 层深度展开 IAA 网络的有效性，测试样本也由两个相干信号生成，相干信号的角度设置为 $-10°$ 和 $30°$，功率设置为 0.8dBm 和 1dBm。通过深度展开 FOCUSS 网络和深度展开 IAA 网络得到的空间谱分别如图 5.14(a)和图 5.14(b)所示，其中红点表示相干信号的角度和相应的功率设定值。由图 5.14 可知，通过谱峰所在位置可以估计出相干信号的角度，通过谱峰的数值可以估计

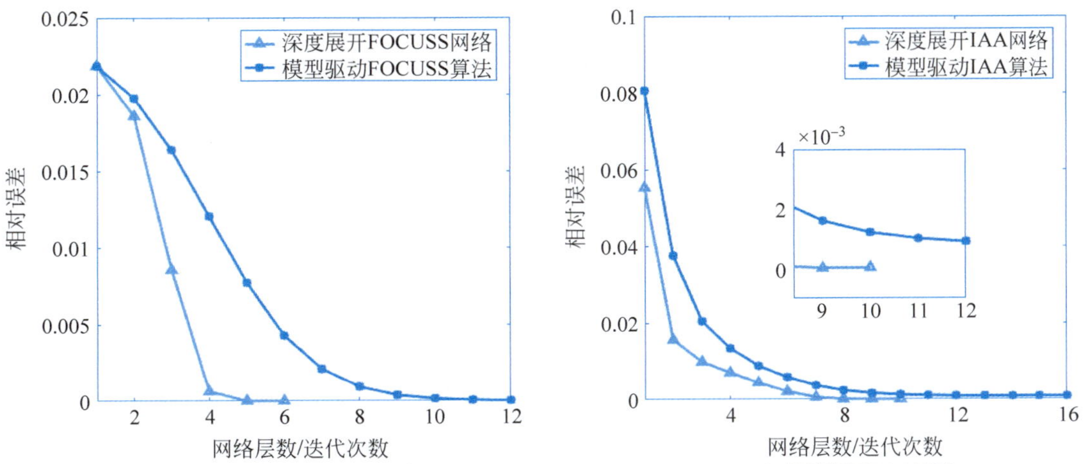

(a) 深度展开FOCUSS网络　　(b) 深度展开IAA网络

图 5.13　相干信号参数估计的相对误差

出相干信号的功率，从而验证了深度展开网络可以实现两个相干信号的角度和功率估计。此外，通过深度展开 IAA 网络得到的空间谱出现波动，这表明深度展开 IAA 网络的性能低于深度展开 FOCUSS 网络的性能。

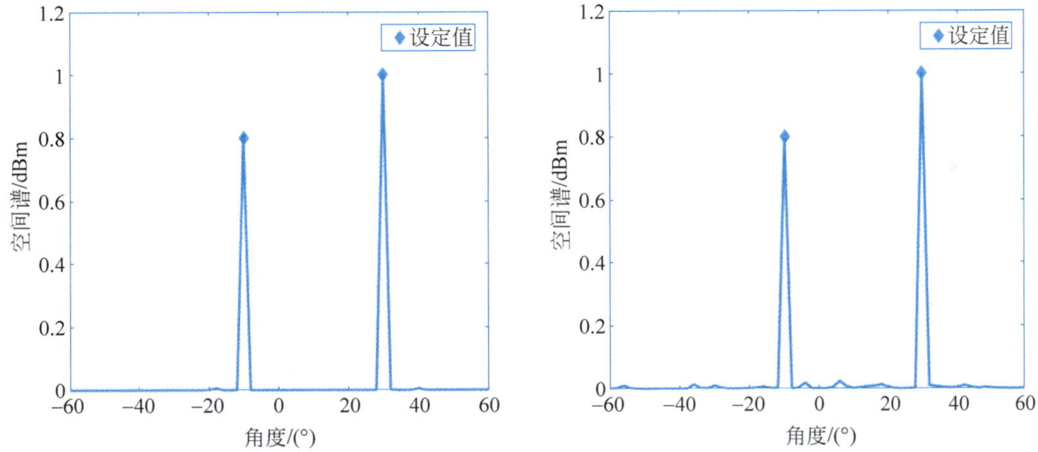

(a) 深度展开FOCUSS网络　　(b) 深度展开IAA网络

图 5.14　两个相干信号空间谱

为了证明深度展开网络的泛化能力，将测试样本中相干信号与训练样本中相干信号设置为不同数量。当一个信号的角度设置为$-30°$，功率设置为 1dBm 时，深度展开网络输出的空间谱如图 5.15 所示；当 3 个相干信号的角度设置为$-10°$、$0°$和 $30°$，功率设置为 0.8dBm、0.6dBm 和 1dBm 时，深度展开网络输出的空间谱如图 5.16 所示。由图 5.15 和图 5.16 可知，通过谱峰所在位置可以估计出相干信号的角度，通过谱峰的数值可以估计出相干信号的功率，从而验证了深度展开网络具有对不同个数相干信号进行参数估计的泛化能力。此外，通过深度展开 IAA 网络得到的空间谱出现波动，这表明深度展开 IAA 网络低于深度展开 FOCUSS 网络的性能。

3. 计算复杂度分析

本节对深度展开网络的计算复杂度进行分析。由于深度展开网络的每一层的计算过程

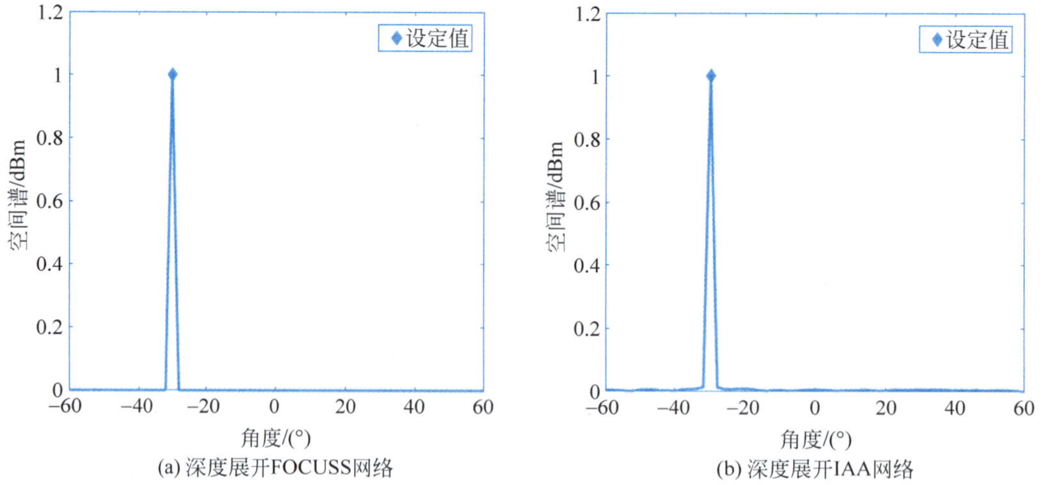

图 5.15 一个信号空间谱

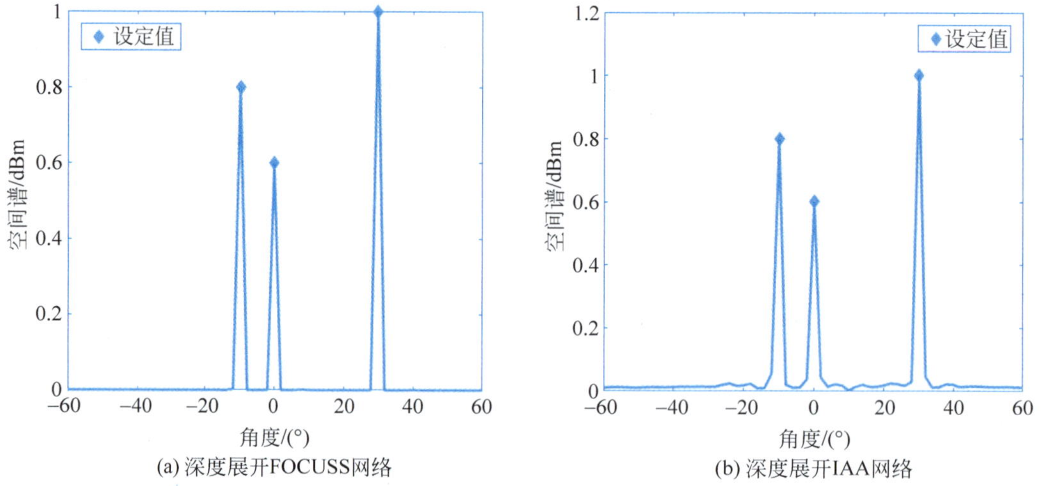

图 5.16 3 个相干信号空间谱

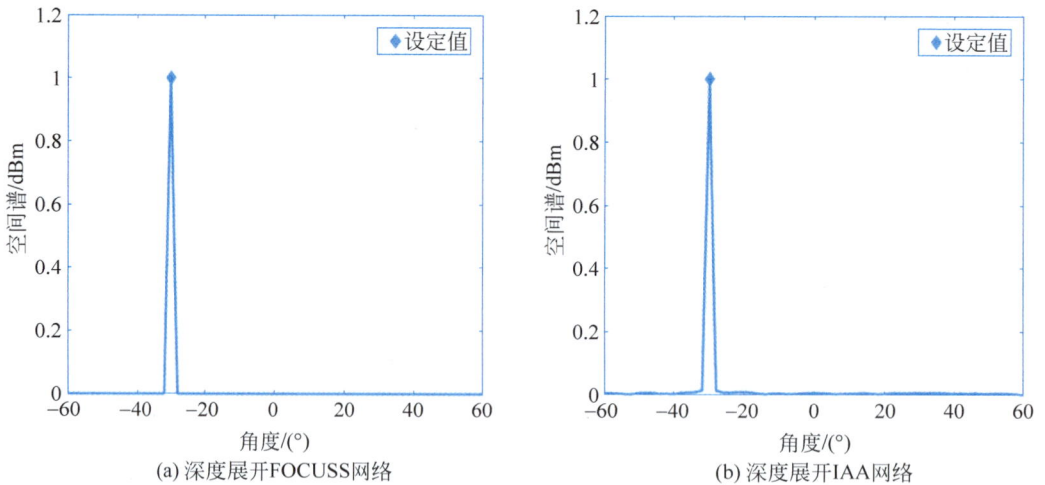

相同，因此计算复杂度与层数成正比关系。对于深度展开 FOCUSS 网络，网络的输入为实数域协方差向量，计算嵌套阵列下的协方差矩阵需要 M^2N 次乘法运算和 $M^2(N-1)$ 次加法运算，将嵌套阵列协方差矩阵进行向量化，并利用其实部与虚部转化为式(5.34)中实数域协方差向量的过程不需要额外的计算。对于深度展开 FOCUSS 网络的第 l 层，式(5.37)中 $\boldsymbol{\upsilon}^{(l)}$ 的计算复杂度为 $O(2M^2Q^4)$，并且需要对 $2M^2 \times 2M^2$ 维的实矩阵进行求逆运算，式(5.38)中 $z^{(l)}$ 的计算复杂度为 $O(Q^2)$，式(5.36)中$\boldsymbol{\Omega}^{(l)}$需要进行指数运算。对于深度展开 IAA 网络的输入，网络的输入为复数域协方差矩阵，计算嵌套阵列下的协方差矩阵需要 M^2N 次乘法运算和$M^2(N-1)$次加法运算，式(5.47)中$\boldsymbol{\Omega}^{(l)}$ 的计算复杂度为 $O(4M^2Q^2)$，式(5.48)中 $\boldsymbol{\mu}^{(l)}$ 的计算复杂度为 $O(4Q^2)$，并且需要对 $M \times M$ 维的复矩阵进行求逆运算，式(5.49)中 $\boldsymbol{z}^{(l)}$ 的计算复杂度为 $O(4Q^2)$。

在 CPU 为 Intel i5-337U 的环境下，表 5.2 给出了深度展开网络通过 100 次 Monte-Carlo 实验的平均计算时间，并与 ℓ_1 范数奇异值分解方法[56]的平均计算时间进行了对比。测试样本包含两个相干信号，角度设置为$-10°$和 30°，功率设置为 0.8dBm 和 1dBm。由于深度展开网络每一层的计算复杂度和模型驱动算法的每一次迭代的计算复杂度相同，深度神经网络能够利用较少的层数实现收敛，从而所需时间较短。此外，相较于深度展开FOCUSS网络中超完备词典的维度为 $2M^2 \times Q^2$，深度展开IAA网络中超完备词典的维度为 $M \times Q$，因此，深度展开IAA网络的计算复杂度相对更低，所需计算时间更少。

表5.2 相干信号参数估计的计算时间对比

相干信号参数估计方法	计算时间/s
深度展开FOCUSS网络	0.890
模型驱动FOCUSS网络	1.817
深度展开IAA网络	0.159
模型驱动IAA网络	0.326
ℓ_1 范数奇异值分解	2.241

4. 估计精度分析

本节通过500次Monte-Carlo实验得到的RMSE对深度展开网络的估计精度进行分析，并与 ℓ_1 范数奇异值分解方法[56]的参数估计精度进行了对比。参数估计的RMSE定义为

$$\sqrt{\frac{1}{V}\sum_{v=1}^{V}\|\hat{\boldsymbol{z}}_v-\boldsymbol{z}\|_2^2} \tag{5.53}$$

其中，V 表示Monte-Carlo实验次数，$\boldsymbol{z}$ 表示相干信号真实的空间谱，$\hat{\boldsymbol{z}}_v$ 表示第 v 次Monte-Carlo实验中得到的空间谱。

测试样本包含两个相干信号，角度设置为 $-10°$ 和 $30°$，功率设置为0.8dBm和1dBm。相干信号参数估计的RMSE如图5.17所示，当快拍数设置为200时，图5.17(a)给出了在不同信噪比下的RMSE；当信噪比设置为10dB时，图5.17(b)给出了在不同快拍数下的RMSE，其中红线、蓝线、绿线、洋红线和黑线分别代表基于深度展开FOCUSS网络的RMSE、基于模型驱动FOCUSS算法的RMSE、基于深度展开IAA网络的RMSE、基于模型驱动IAA算法的RMSE以及 ℓ_1 范数奇异值分解方法的RMSE。由图5.17可知，随着信噪比和快拍数的增加，RMSE逐渐减小，ℓ_1 范数奇异值分解方法的参数估计性能相对较差，

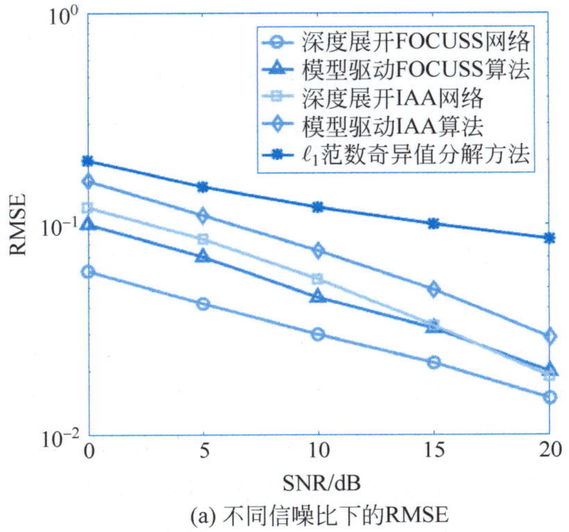

(a) 不同信噪比下的RMSE

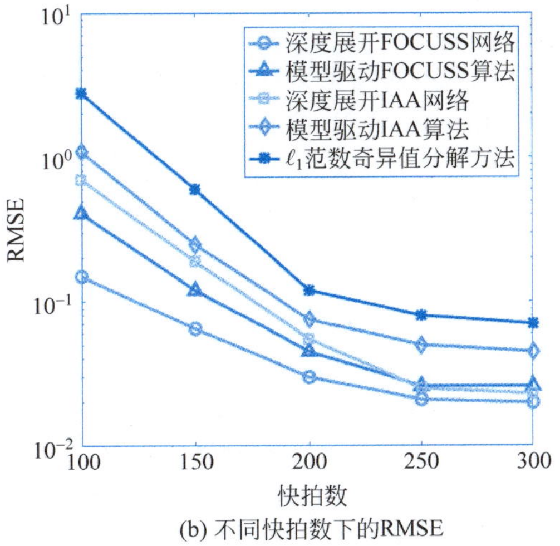

(b) 不同快拍数下的RMSE

图5.17 相干信号参数估计的RMSE

深度展开 FOCUSS 网络和深度展开 IAA 网络的参数估计精度分别高于模型驱动 FOCUSS 算法和模型驱动 IAA 算法的参数估计精度，并且深度展开 FOCUSS 网络的参数估计精度高于深度展开 IAA 网络的参数估计精度。

5.3.5 实测数据验证

本节通过 MIMO 雷达和超表面获取实测数据，对所提基于深度展开网络的相干信号参数估计方法进行验证。

1. MIMO 雷达接收数据的相干信号参数估计结果

通过 MIMO 雷达获取相干信号实测数据的实验场景如图 5.18 所示，将角反射器 1 和角反射器 3 放置在相同的距离单元，可以将其等效为相干窄带信号。

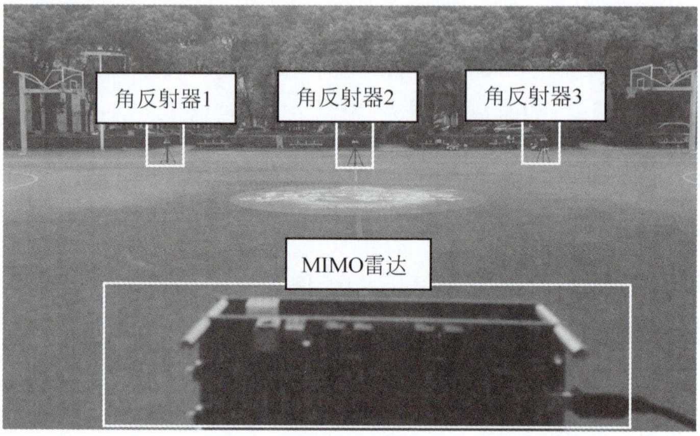

图 5.18 MIMO 雷达接收相干信号实验场景

在数据处理过程中，将第 1、2、3、4、8、12 个接收通道的信号分别与第 1 个发射通道的信号进行匹配滤波，并计算匹配滤波数据的协方差矩阵。利用实数域的相干信号协方差向量，通过深度展开 FOCUSS 网络得到的实测数据处理结果如图 5.19(a)所示；利用复数域的相干信号协方差矩阵，通过深度展开 IAA 网络得到的实测数据处理结果如图 5.19(b)所示。由图 5.19 可知，利用网络输出的空间谱可以实现相干信号的角度和功率估计，通过深度展开 FOCUSS 网络得到 3 个角反射器的角度分别为 −18°、0°和 18°，功率分别为 19.59dBm、21.75dBm 和 19.79dBm。通过深度展开 IAA 网络得到 3 个角反射器的角度分别为 −18°、0°和 18°，功率分别为 19.59dBm、21.76dBm 和 19.79dBm。

2. 超表面接收数据的相干信号参数估计结果

通过超表面获取相干信号实测数据的实验场景如图 5.20 所示，在实验中将两个信号设置为相同的频率和功率。

在数据处理过程中，利用实数域的相干信号协方差向量，通过深度展开 FOCUSS 网络得到的实测数据处理结果如图 5.21(a)所示；利用复数域的相干信号协方差矩阵，通过深度展开 IAA 网络得到的实测数据处理结果如图 5.21(b)所示。可以看出，利用网络输出的空间谱可以实现相干信号的角度和功率估计，通过深度展开 FOCUSS 网络得到的角度分别为 −20°和 22°，功率分别为 8.19dBm 和 8.22dBm。通过深度展开 IAA 网络得到的角度分别为 −20°和 22°，功率分别为 8.18dBm 和 8.23dBm。

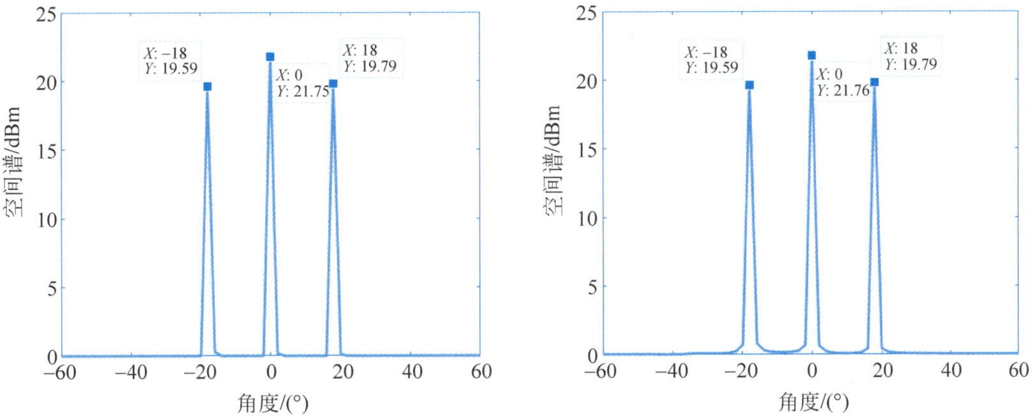

(a) 深度展开FOCUSS网络　　(b) 深度展开IAA网络

图 5.19　MIMO 雷达接收相干信号实测数据处理结果

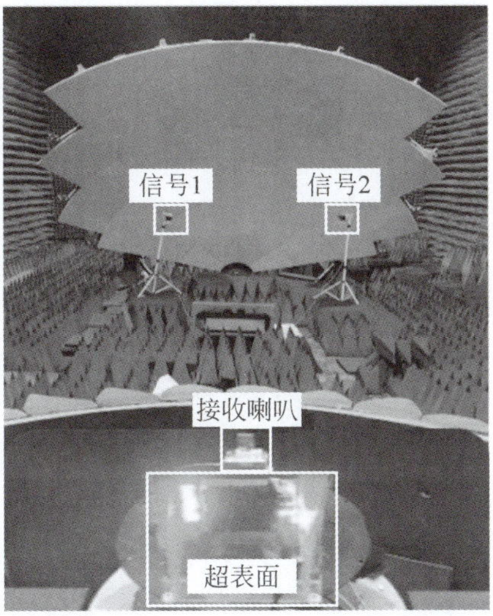

图 5.20　超表面接收相干信号实验场景

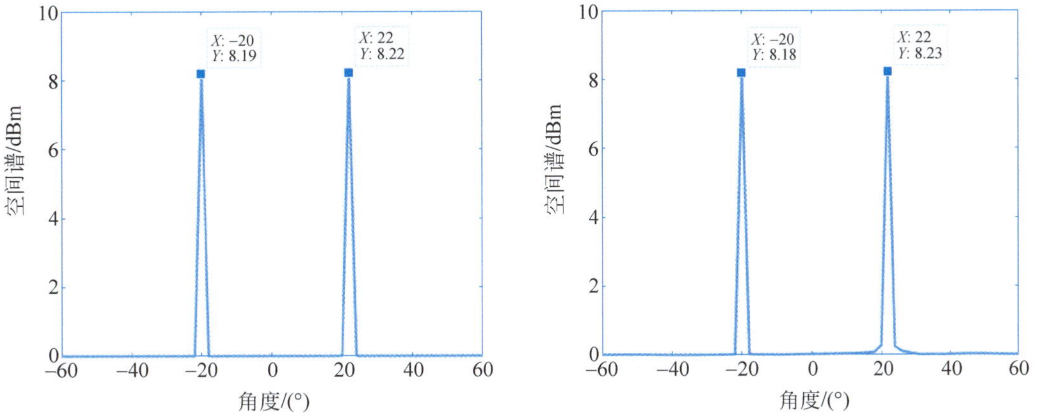

(a) 深度展开FOCUSS网络　　(b) 深度展开IAA网络

图 5.21　超表面接收相干信号实测数据处理结果

5.4 本章小结

本章针对非理想情况下的信号参数估计问题，通过将稀疏重构方法的迭代过程展开为神经网络的级联形式，实现嵌套阵列下的远场信号参数估计，所取得的研究成果主要包括：

(1) 提出了阵列互耦情况下的基于深度展开 SBL 网络的参数估计方法，该方法首先对包含互耦系数的嵌套阵列协方差矩阵进行向量化处理，形成由连续虚拟阵元构成的实数域协方差向量，接着将期望最大化方法的迭代步骤转化为神经网络的级联形式，通过对网络训练实现嵌套阵列的互耦系数估计，利用网络输出的空间谱实现信号的角度估计；实验结果表明，相较于模型驱动 SBL 算法，所提深度展开 SBL 网络能够提高信号的角度估计精度，并且具有在欠定情况下进行角度估计的泛化能力。

(2) 提出了基于深度展开 FOCUSS 网络的相干信号参数估计方法，该方法利用实数域的相干信号协方差向量，将原始模型驱动算法的迭代过程转化为深度展开网络的隐藏层，利用网络输出的空间谱实现相干信号的角度和功率估计。实验结果表明，相较于模型驱动 FOCUSS 算法，深度展开 FOCUSS 网络可以在更短的时间内收敛，收敛速度提高了 2 倍。此外，所提深度展开 FOCUSS 网络能够提高相干信号的参数估计精度，并且具有对不同个数信号进行参数估计的泛化能力。

(3) 提出了基于深度展开 IAA 网络的相干信号参数估计方法，该方法利用复数域的相干信号协方差矩阵，将原始模型驱动算法的迭代过程转化为深度展开网络的隐藏层，利用网络输出的空间谱实现相干信号的角度和功率估计。实验结果表明，相较于基于深度展开 FOCUSS 网络的参数估计方法，深度展开 IAA 网络能够降低相干信号参数估计的计算复杂度；相较于模型驱动 IAA 算法，深度展开 IAA 网络的收敛速度提高了 1.6 倍，并且能够提高相干信号角度和功率的估计精度。

第6章

远场和近场混合信号参数估计方法

6.1 引言

第 3 章、第 4 章和第 5 章是针对远场信号的参数进行估计，按照空间中信号与阵列之间的距离，远场信号与阵列的距离大于 $2D^2/\lambda$，可以由平面波进行描述；而近场信号与阵列的距离小于 $2D^2/\lambda$，需要由球面波进行描述，其中，D 表示阵列的孔径，λ 表示信号的波长。当空间中同时存在远场信号和近场信号时，不仅需要对远场信号的角度进行估计，并且需要对近场信号的角度和距离进行估计。如果通过远场信号参数估计方法对混合信号参数进行估计，则无法估计出近场信号的距离。近场信号参数估计方法一般将角度和距离进行分离，接着分别对角度和距离进行估计。虽然远场信号可以视为距离为无穷远的近场信号，但是当远场信号的角度和近场信号的角度相同时，如果通过近场信号参数估计方法对混合信号参数进行估计，则无法实现混合信号识别以及远场信号的角度估计。此外，远场信号参数估计和近场信号参数估计可以视为混合信号参数估计的特殊情况，混合信号参数估计方法适用于全部为远场信号的参数估计场景和全部为近场信号的参数估计场景。

区别于远场信号参数估计和近场信号参数估计，混合信号参数估计的核心思想是对远场信号和近场信号进行识别。一般来说，利用阵列的接收信号可以得到相位差矩阵或者协方差矩阵，对于相位差矩阵，由于非相干混合信号可以在频谱中分离，因此可以通过频谱中谱峰的数量估计出混合信号的数量，并且当近场信号和远场信号的角度相同时，可以分别利用每个信号的相位差对角度进行估计。对于协方差矩阵，由于近场信号协方差矩阵具有 Hermitian 矩阵的形式，远场信号协方差矩阵具有 Hermitian 和 Toeplitz 矩阵的形式，通过对混合信号协方差矩阵进行差分，可以提取出仅包含近场信号角度和距离的差分矩阵；在近场信号参数估计的基础上，通过子空间差分方法可以提取出远场信号协方差矩阵。

本章各节内容安排如下：6.2 节介绍了嵌套对称阵列下的混合信号数学模型。6.3 节介绍了基于卷积神经网络（Convolutional Neural Networks，CNN）的混合信号参数估计方法，其中 6.3.1 节首先介绍了混合信号相位差的计算方法；6.3.2 节提出了通过卷积神经网络对混合信号角度进行估计的方法；6.3.3 节提出了通过自编码器对混合信号进行识别的方法，6.3.4 节提出了通过卷积神经网络对近场信号距离进行估计的方法，6.3.5 节通过仿真实验对卷积神经网络的性能进行了分析。6.4 介绍了基于深度展开快速迭代收缩阈值算法(Fast Iterative Shrinkage/Thresholding Algorithm，FISTA)网络的混合信号参数估计方法，其中 6.4.1 节首先介绍了近场信号差分向量的计算方法；6.4.2 节提出了通过深度展开 FISTA 网络对近场信号参数进行估计的方法；6.4.3 节介绍了远场信号协方差向量的计算方法，6.4.4 节提出了通过深度展开 FISTA 网络对远场信号参数进行估计的方法，6.4.5 节中通过仿真实验对深度展开 FISTA 网络的性能进行了分析。6.5 节对本章的研究内容和主要成果进行了归纳和总结。

6.2 混合信号数学模型

嵌套对称阵列下的近场和远场混合信号定位场景如图 6.1 所示，空间中的近场(Near-Field，NF)信号需要对 θ_{NF} 和 r_{NF} 进行估计，远场(Far-Field，FF)信号需要对 θ_{FF} 进行估计。在 2.2.2 节给出了远场信号数学模型，不同于远场信号由平面波进行描述，近场信号在阵列的菲涅尔区，需要由球面波进行描述，以嵌套对称阵列的中心阵元为参考阵元，第 m 个阵元在第 n 个快拍的近场信号接收数据可以表示为

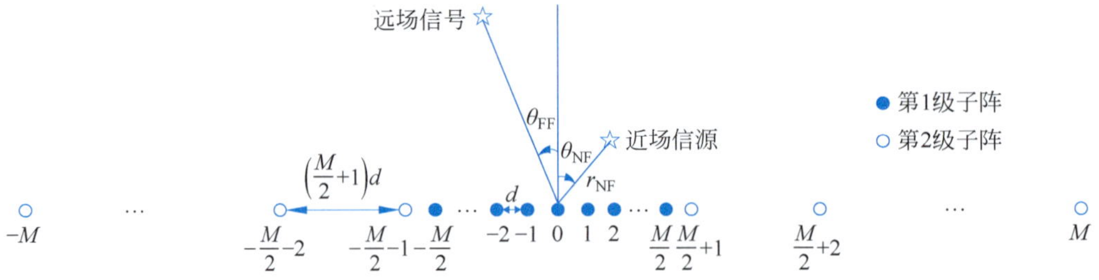

图 6.1 嵌套对称阵列下的近场和远场混合信号定位示意图

$$x_m(n)=\sum_{k=1}^{K}s_k(n)\mathrm{e}^{-\mathrm{j}2\pi f_k\tau_{m,k}}+w_m(n) \tag{6.1}$$

其中，$m=1,2,\cdots,M$，$n=1,2,\cdots,N$，$k=1,2,\cdots,K$，M 表示嵌套对称阵列的阵元数目，N 表示快拍数，K 表示非相干近场信号的个数，f_k 表示第 k 个近场信号的中心频率，$s_k(n)$表示第 k 个近场信号在第 n 个快拍的发射数据，$w_m(n)$表示第 m 个阵元在第 n 个快拍接收的噪声，$\tau_{m,k}$ 表示第 k 个近场信号到达第 m 个阵元与中心阵元之间的时延：

$$\tau_{m,k}=\frac{r_{m,k}-r_k}{c} \tag{6.2}$$

其中，$r_{m,k}$ 表示第 m 个阵元与第 k 个近场信号之间的距离，r_k 表示中心阵元与第 k 个近场信号之间的距离。根据余弦定理，$r_{m,k}$ 可由下式计算：

$$r_{m,k}=\sqrt{r_k^2+\xi_m^2-2r_k\xi_m\sin\theta_k} \tag{6.3}$$

其中，ξ_m 表示第 m 个阵元位置。在上式等号的左右两边分别乘以 ξ_1/r_k，可以得到

$$\frac{\xi_1 r_{m,k}}{r_k}=\left(1+\zeta_m^2\left(\frac{\xi_1}{r_k}\right)^2-2\zeta_m\sin\theta_k\frac{\xi_1}{r_k}\right)^{\frac{1}{2}} \tag{6.4}$$

其中，$\zeta_m=\xi_m^2/\xi_1$，由于 $\xi_1 \ll r_k$，上式等号的右边在 $\xi_1/r_k=0$ 处的二阶泰勒级数展开可以表示为

$$\frac{\xi_1 r_{m,k}}{r_k} \approx 1-\frac{\xi_1 \sin\theta_k}{r_k}+\frac{\xi_1 \zeta_m^2 \cos^2\theta_k}{r_k^2} \tag{6.5}$$

因此，第 k 个近场信号到第 m 个阵元的距离 $r_{m,k}$ 可以近似为

$$r_{m,k} \approx r_k-\sin\theta_k+\frac{\zeta_m^2 \cos^2\theta_k}{r_k} \tag{6.6}$$

将式(6.2)和式(6.6)代入式(6.1)，第 m 个阵元在第 n 个快拍的近场信号接收数据可以表示为

$$x_m(n)=\sum_{k=1}^{K} s_k(n) \mathrm{e}^{\mathrm{j}\xi_m \eta_k+\mathrm{j}\xi_m^2 \phi_k}+w_m(n) \tag{6.7}$$

其中，$\eta_k=-2\pi\sin\theta_k/\lambda$，$\phi_k=\pi\cos^2\theta_k/\lambda r_k$。

根据式(6.7)中的近场信号接收数据和式(2.10)中的远场信号接收数据，第 m 个阵元在第 n 个快拍的混合信号接收数据可以表示为

$$x_m(n)=\sum_{k=1}^{K_1} s_k(n) \mathrm{e}^{\mathrm{j}\xi_m \eta_k+\mathrm{j}\xi_m^2 \phi_k}+\sum_{k=K_1+1}^{K_1+K_2} s_k(n) \mathrm{e}^{\mathrm{j}\xi_m \eta_k}+w_m(n) \tag{6.8}$$

其中，K_1 表示近场信号个数，K_2 表示远场信号个数。

6.3 基于卷积神经网络的混合信号参数估计方法

本节提出了基于卷积神经网络的混合信号参数估计方法，该方法首先将嵌套对称阵列的接收数据转换为频域，构建仅包含混合信号角度的相位差向量，并将其作为卷积神经网络的输入，实现混合信号的角度估计。接着，构建仅包含近场信号距离的相位差向量，并将其作为自编码器的输入，实现混合信号的识别。最后，将自编码器的输出作为卷积神经网络的输入，实现近场信号的距离估计。

6.3.1 混合信号相位差计算

由于非相干混合信号可以在频谱上进行分解，混合信号的个数可以通过谱峰的数量进行估计，第 k 个混合信号在第 m 个阵元的相位可以表示为

$$\vartheta_{m,k}=\angle \boldsymbol{y}_m(k)=\begin{cases}\xi_m \eta_k+\xi_m^2 \phi_k & (\text{近场信源}) \\ \xi_m \eta_k & (\text{远场信源})\end{cases} \tag{6.9}$$

其中，$k=1,2,\cdots,K_1+K_2$，$m=-M,\cdots,-2,-1,0,1,2,\cdots,M$，$\boldsymbol{y}_m(k)$表示第 m 个阵元的频谱中第 k 个谱峰值。因此，第 k 个混合信号在第 m_1 个阵元和第 m_2 个阵元的相位差可以表示为

$$u_{m_1,m_2,k}=\vartheta_{m_1,k}-\vartheta_{m_2,k} \tag{6.10}$$

其中，$m_1,m_2=-M,\cdots,-2,-1,0,1,2,\cdots,M$。将相位差归一化到$[-\pi,\pi]$区间，可以得到：

$$u_{m_1,m_2,k}=\begin{cases}\vartheta_{m_1,k}-\vartheta_{m_2,k}+2\pi, & \vartheta_{m_1,k}-\vartheta_{m_2,k}<-\pi \\ \vartheta_{m_1,k}-\vartheta_{m_2,k}, & -\pi\leqslant\vartheta_{m_1,k}-\vartheta_{m_2,k}\leqslant\pi \\ \vartheta_{m_1,k}-\vartheta_{m_2,k}-2\pi, & \vartheta_{m_1,k}-\vartheta_{m_2,k}>\pi\end{cases} \tag{6.11}$$

因此，第 k 个混合信号的相位差矩阵可以表示为

$$\boldsymbol{U}_k=\begin{bmatrix}u_{-M,-M,k} & \cdots & u_{-M,0,k} & \cdots & u_{-M,M,k} \\ \vdots & \ddots & \vdots & \ddots & \vdots \\ u_{0,-M,k} & \cdots & u_{0,0,k} & \cdots & u_{0,M,k} \\ \vdots & \ddots & \vdots & \ddots & \vdots \\ u_{M,-M,k} & \cdots & u_{M,0,k} & \cdots & u_{M,M,k}\end{bmatrix} \tag{6.12}$$

一方面，如果第 k 个混合信号为近场信号，则相位差矩阵包含角度和距离参数，可以表示为

$$\boldsymbol{U}_k=\begin{bmatrix}0 & \cdots & \zeta_{-M,0}\eta_k+\Psi_{-M,0}\phi_k & \cdots & \zeta_{-M,M}\eta_k \\ \vdots & \ddots & \vdots & \ddots & \vdots \\ \zeta_{0,-M}\eta_k+\Psi_{0,-M}\phi_k & \cdots & 0 & \cdots & \zeta_{0,M}\eta_k+\Psi_{0,M}\phi_k \\ \vdots & \ddots & \vdots & \ddots & \vdots \\ \zeta_{M,-M}\eta_k & \cdots & \zeta_{M,0}\eta_k+\Psi_{M,0}\phi_k & \cdots & 0\end{bmatrix} \tag{6.13}$$

其中，$\zeta_{m_1,m_2}=\xi_{m_1}-\xi_{m_2}$，$\psi_{m_1,m_2}=\xi_{m_1}^2-\xi_{m_2}^2$。

根据嵌套对称阵列的阵元位置，可以得出

$$\zeta_{-m_2,-m_1}=\xi_{-m_2}-\xi_{-m_1}=\xi_{m_1}-\xi_{m_2}=\zeta_{m_1,m_2} \tag{6.14}$$

$$\Psi_{-m_2,-m_1}=\xi_{-m_2}^2-\xi_{-m_1}^2=-(\xi_{m_1}^2-\xi_{m_2}^2)=-\Psi_{m_1,m_2} \tag{6.15}$$

另一方面，如果第 k 个混合信号为远场信号，则相位差矩阵只包含角度，可以表示为

$$\boldsymbol{U}_k=\begin{bmatrix}0 & \cdots & \zeta_{-M,0}\eta_k & \cdots & \zeta_{-M,M}\eta_k \\ \vdots & \ddots & \vdots & \ddots & \vdots \\ \zeta_{0,-M}\eta_k & \cdots & 0 & \cdots & \zeta_{0,M}\eta_k \\ \vdots & \ddots & \vdots & \ddots & \vdots \\ \zeta_{M,-M}\eta_k & \cdots & \zeta_{M,0}\eta_k & \cdots & 0\end{bmatrix} \tag{6.16}$$

6.3.2 混合信号角度估计卷积神经网络

由于式(6.16)中远场信号的副对角线元素只包含角度，式(6.13)中近场信号的副对角线元素也只包含角度信息，不包含距离信息，因此通过相位差矩阵副对角线的上半部分元素可以对混合信号的角度进行估计。混合信号角度估计卷积神经网络如图 6.2 所示，其中包含 3 个卷积层(Convolutional Layers，CL)、1 个压平层(Flatten Layer，FL)和 3 个全连接层(Fully Connected Layers，FCL)。

卷积神经网络的结构可以有效地从大量样本中学习到相应的特征，其中局部感知可以在更高层次上融合局部信息得到所有的表征信息，而权重共享结构可以减少网络的复杂性。卷积神经网络中的卷积层采用局部感知方法从大量样本中学习相应的特征，压平层是从卷积层到全连接层的过渡，将多维输入转化为一维输出。全连接层起到回归的作用。由于更

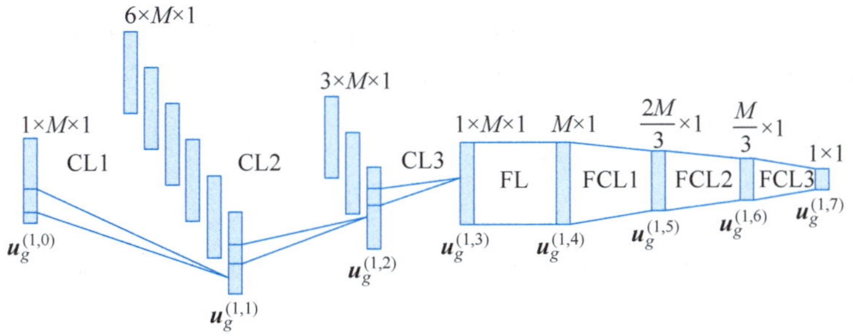

图 6.2 混合信号角度估计卷积神经网络

深的网络可以学习更多的特征，参数估计的准确性随着层数的增加而逐渐提高。然而，过多的层不仅会导致训练不足的风险和计算复杂度的增加，还会导致过拟合和网络退化。因此在卷积神经网络中设置 3 个卷积层和 3 个全连接层。第一个卷积层的输入是相位差矩阵副对角线的上半部分元素，第 g 个训练数据表示为

$$\boldsymbol{u}_g^{(1,0)}=[u_{-M,M,g},u_{-M+1,M-1,g},\cdots,u_{-m_3,m_3,g},\cdots,u_{-1,1,g}]^{\mathrm{T}} \tag{6.17}$$

其中，$m_3=M,M-1,\cdots,1$，卷积层的卷积核的长度设置为 $M-1$、$M-2$ 和 $M-3$，第 l 个卷积层的输出为

$$\boldsymbol{u}_g^{(1,l)}=\Omega(\mathrm{ReLU}(\boldsymbol{Q}_g^{(1,l)}*\boldsymbol{u}_g^{(1,l-1)}+\boldsymbol{b}_g^{(1,l)})),\quad l=1,2,3 \tag{6.18}$$

其中，$\boldsymbol{Q}_g^{(1,l)}$ 和 $\boldsymbol{b}_g^{(1,l)}$ 分别表示第 l 个卷积层的卷积核和偏置，$*$ 表示卷积运算，$\Omega(\cdot)$表示补零运算，使得输出向量的维度等于输入向量的维度，$\mathrm{ReLU}(\cdot)$表示线性整流函数(Rectified Linear Unit)：

$$\begin{cases}\mathrm{ReLU}(\boldsymbol{\alpha})=[\mathrm{ReLU}(\alpha_1),\mathrm{ReLU}(\alpha_2),\cdots,\mathrm{ReLU}(\alpha_{-1})]^{\mathrm{T}}\\ \mathrm{ReLU}(\alpha)=\begin{cases}\alpha, & \alpha>0\\ 0, & \alpha\leqslant 0\end{cases}\end{cases} \tag{6.19}$$

其中，α_{-1} 表示向量$\boldsymbol{\alpha}$ 最后一个元素。

此外，通过压平层将多通道输入数据转化为单通道接收数据，第 l 个全连接层的输出为

$$\boldsymbol{u}_g^{(1,l)}=\mathrm{Tanh}(\boldsymbol{Q}_g^{(1,l)}\boldsymbol{u}_g^{(1,l-1)}+\boldsymbol{b}_g^{(1,l)}),\quad l=5,6,7 \tag{6.20}$$

其中，$\boldsymbol{Q}_g^{(1,l)}$ 和 $\boldsymbol{b}_g^{(1,l)}$ 分别表示第 l 个全连接层的前馈权重矩阵和偏置向量，$\mathrm{Tanh}(\cdot)$表示正切双曲函数(Tangent Hyperbolic，Tanh)：

$$\begin{cases}\mathrm{Tanh}(\boldsymbol{\alpha})=[\mathrm{Tanh}(\alpha_1),\mathrm{Tanh}(\alpha_2),\cdots,\mathrm{Tanh}(\alpha_{-1})]^{\mathrm{T}}\\ \mathrm{Tanh}(\alpha)=\dfrac{\mathrm{e}^{\alpha}-\mathrm{e}^{-\alpha}}{\mathrm{e}^{\alpha}+\mathrm{e}^{-\alpha}}\end{cases} \tag{6.21}$$

在混合信号角度估计卷积神经网络训练过程中，训练数据集为$\boldsymbol{\Psi}_{\mathrm{train}}^{(1)}=\{(\boldsymbol{u}_1^{(1,0)},\boldsymbol{v}_1^{(1)}),(\boldsymbol{u}_2^{(1,0)},\boldsymbol{v}_2^{(1)}),\cdots,(\boldsymbol{u}_G^{(1,0)},\boldsymbol{v}_G^{(1)})\}$，其中，$G$ 表示训练过程中混合信号的训练样本个数，$\boldsymbol{v}_g^{(1)}$ 表示第 g 个训练样本的标签(即混合信号对应的角度)。此外，卷积神经网络使用 Adam 优化器进行参数更新，并使用均方误差(Mean Square Error，MSE)作为损失函数：

$$\{\hat{\boldsymbol{Q}}_g^{(1,l)},\hat{\boldsymbol{b}}_g^{(1,l)}\}_{l=1}^{7}=\underset{\{\boldsymbol{Q}_g^{(1,l)},\boldsymbol{b}_g^{(1,l)}\}_{l=1}^{7}}{\arg\min}\ \frac{1}{2}\sum_{g=1}^{G}(\boldsymbol{u}_g^{(1,7)}-\boldsymbol{v}_g^{(1)})^2 \tag{6.22}$$

6.3.3 混合信号识别自编码器

考虑到式(6.13)和式(6.16)中关于反对角线(例如，$u_{m_4,m_5,g}$ 和 $u_{-m_5,-m_4,g}$)对称元素

的第一部分相等，式(6.13)中关于反对角线对称元素的第二部分相反，并且包含了近场信号的距离参数，因此，构造一个只包含近场信号距离的向量：

$$\boldsymbol{\Delta}_g=[u_{-M,-M+1,g}-u_{M-1,M,g},u_{-M,-M+2,g}-u_{M-2,M,g},\cdots,u_{m_4,m_5,g}-u_{-m_5,-m_4,g},\cdots,u_{-1,0,g}-u_{0,1,g}]^{\mathrm{T}}/\cos^2\hat{\theta}_g \tag{6.23}$$

其中，$m_4=-M,-M+1,\cdots,-1,m_5=m_4+1,m_4+2,\cdots,0,\hat{\theta}_g$ 表示通过卷积神经网络得到的第 g 个训练样本的角度。

在无噪声的情况下，如果第 g 个训练样本属于远场信号，则$\boldsymbol{\Delta}_g$ 为零向量。如果第 g 个数据属于近场信号，则不是全零元素的向量。但是，由于噪声的影响，对于远场信号的$\boldsymbol{\Delta}_g$ 不再是零向量，因此不能通过式(6.23)区分近场信号和远场信号，进而实现混合信号的识别。因此，本节设计了自编码器对近场信号和远场信号进行识别。

如图 6.3 所示，混合信号识别的自编码器包含一个编码器和一个解码器，其中编码器的输入 $\boldsymbol{u}_g^{(2,0)}$ 是$M(M+1)/2$ 维向量：

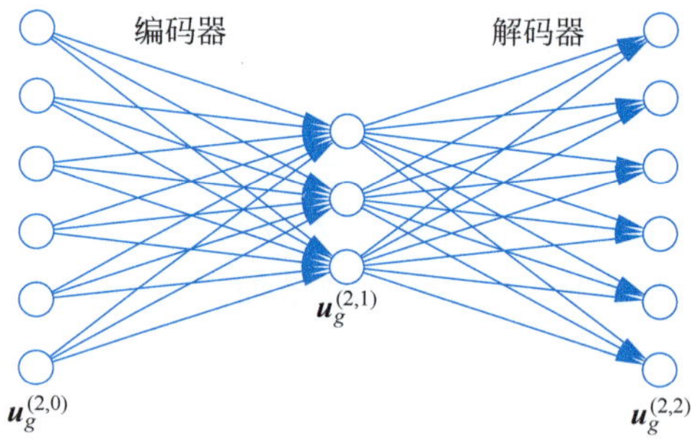

图 6.3 混合信号识别的自编码器

$$\boldsymbol{u}_g^{(2,0)}=\mathrm{e}^{\boldsymbol{\Delta}_g}+1 \tag{6.24}$$

编码器的输出 $\boldsymbol{u}_g^{(2,1)}$ 是 round$(M(M+1)/4)$维向量：

$$\boldsymbol{u}_g^{(2,1)}=\mathrm{ReLU}(\boldsymbol{Q}_g^{(2,1)}\boldsymbol{u}_g^{(2,0)}+\boldsymbol{b}_g^{(2,1)}) \tag{6.25}$$

round(•)表示四舍五入运算。将编码器的输出作为解码器的输入，解码器的输出 $\boldsymbol{u}_g^{(2,2)}$ 为$M(M+1)/2$ 维向量：

$$\boldsymbol{u}_g^{(2,2)}=\mathrm{ReLU}(\boldsymbol{Q}_g^{(2,2)}\boldsymbol{u}_g^{(2,1)}+\boldsymbol{b}_g^{(2,2)}) \tag{6.26}$$

其中，$\boldsymbol{Q}_g^{(2,1)}$ 和 $\boldsymbol{Q}_g^{(2,2)}$ 分别表示编码器和解码器的前馈权重矩阵，$\boldsymbol{b}_g^{(2,1)}$ 和 $\boldsymbol{b}_g^{(2,2)}$ 分别表示编码器和解码器的偏置向量。

在混合信号识别自编码器的训练过程中使用 Adam 优化器进行参数更新，并使用 MSE 作为损失函数，训练集为$\boldsymbol{\Psi}_{\mathrm{train}}^{(2)}=\{(\boldsymbol{u}_1^{(2,0)},\boldsymbol{v}_1^{(2)}),(\boldsymbol{u}_2^{(2,0)},\boldsymbol{v}_2^{(2)}),\cdots,(\boldsymbol{u}_G^{(2,0)},\boldsymbol{v}_G^{(2)})\}$，其中，$G$ 表示混合信号训练样本的数量，$\boldsymbol{v}_g^{(2)}$ 表示第 g 个训练样本的标签，如果第 g 个训练样本为近场信号，则标签$\boldsymbol{v}_g^{(2)}$ 等于 $\boldsymbol{u}_g^{(2,0)}$。从式(6.24)可以看出，$\boldsymbol{u}_g^{(2,0)}$ 中的所有元素的值都大于1。相反，如果第 g 个训练样本为远场信号，则将标签$\boldsymbol{v}_g^{(2)}$ 设置为$M(M+1)/2$ 维零向量。

6.3.4 近场信号距离估计卷积神经网络

由于远场信号通过自编码器的输出是一个零向量，而近场信号通过自编码器的输出是一个所有元素都大于1的向量,因此本节利用卷积神经网络的输出对混合信号进行识别并对近场信号的距离进行估计。近场信号距离估计的卷积神经网络如图6.4所示,其中包含3个卷积层、1个压平层和3个全连接层。

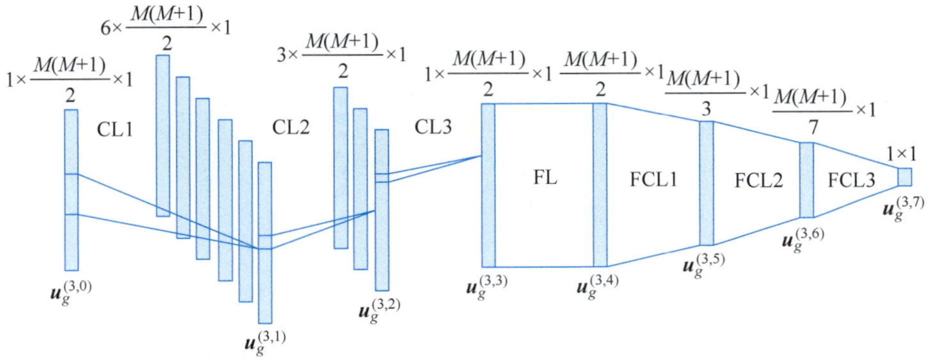

图6.4 近场信号距离估计的卷积神经网络

3个卷积层的卷积核长度分别设置为 $\text{round}(M(M+1)/3)$、$\text{round}(M(M+1)/8)$ 和 $\text{round}(M(M+1)/14)$,第 l 个卷积层的输出为

$$\boldsymbol{u}_g^{(3,l)}=\Omega(\text{ReLU}(\boldsymbol{Q}_g^{(3,l)}*\boldsymbol{u}_g^{(3,l-1)}),\quad l=1,2,3 \tag{6.27}$$

其中,第1个卷积层的输入 $\boldsymbol{u}_g^{(3,0)}$ 为自编码器的输出 $\hat{\boldsymbol{u}}_g^{(2,2)}$,$\boldsymbol{Q}_g^{(3,l)}$ 表示第 l 个卷积层的卷积核。

此外,第 l 个全连接层的输出为

$$\boldsymbol{u}_g^{(3,l)}=\text{ReLU}(\boldsymbol{Q}_g^{(3,l)}\boldsymbol{u}_g^{(3,l-1)}),\quad l=5,6,7 \tag{6.28}$$

其中,$\boldsymbol{Q}_g^{(3,l)}$ 表示第 l 个全连接层的前馈权重矩阵。可以看出,在近场信号距离估计卷积神经网络的卷积层和全连接层中没有使用偏置向量,如果近场信号距离估计卷积神经网络的输入(即自编码器的输出)是零向量,则相应的输出也为零向量。因此,在近场信号距离估计卷积神经网络训练过程中,训练数据集为 $\boldsymbol{\Psi}_{\text{train}}^{(3)}=\{(\hat{\boldsymbol{u}}_1^{(2,2)},\boldsymbol{v}_1^{(3)}),(\hat{\boldsymbol{u}}_2^{(2,2)},\boldsymbol{v}_2^{(3)}),\cdots,(\hat{\boldsymbol{u}}_{G_1}^{(2,2)},\boldsymbol{v}_{G_1}^{(3)})\}$,其中,$G_1$ 表示近场信号的数量,$\boldsymbol{v}_g^{(3)}$ 表示第 g 个训练样本的标签(即近场信号的距离),$g=1,2,\cdots,G_1$。同样,近场信号距离估计卷积神经网络使用Adam优化器进行参数更新,MSE作为损失函数。相较于在混合信号角度估计卷积神经网络的训练过程中,训练数据集包含近场信号和远场信号;在近场信号距离估计卷积神经网络的训练过程中,训练数据集只包含近场信号,不包含远场信号训练样本,因此可以显著减少卷积神经网络的训练时间。

基于卷积神经网络的混合信号定位流程如图6.5所示,首先,构建混合信号相位差矩阵;随后,将混合信号相位差矩阵的副对角线上的元素作为混合信号角度估计卷积神经网络的输入,通过网络的输出对混合信号的角度进行估计;其次,对混合信号相位差矩阵关于副对角线对称的元素进行预处理,将其作为混合信号自编码器的输入,获得自编码器的输出;最后,将自编码器的输出作为近场信号距离估计卷积神经网络的输入,通过网络的输出对混合信号进行识别并确定近场信号的距离,如果卷积神经网络的输出在 $0.62(D^3/\lambda)^{1/2}$ 和 $2D^2/\lambda$ 之间,则该信号判定为近场信号,卷积神经网络的输出即为近场信号的距离估计。如果卷积神经网络的输出小于参考阈值(例如0.01),则该信号判定为远场信号。由于非相干混合信号可以在频谱中分离，因此可以通过频谱中谱峰的数量估计出混合信号的数量。当近场信号和远场信号的角度相同时，可以利用每个信号的相位差来实现角度估计，利用自编码器和近场信号距离估计卷积神经网络对混合信号进行识别并对近场信号的距离进行估计。

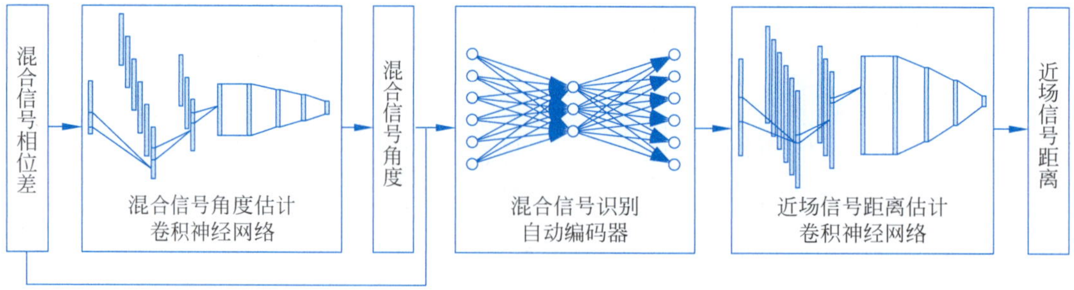

图 6.5　基于卷积神经网络的混合信号定位流程图

6.3.5　仿真实验与分析

本节利用仿真实验对所提卷积神经网络的参数估计性能进行分析，其中嵌套对称阵列由 13 个阵元组成($M=6$)，在训练数据集中，混合信号角度间隔和近场信号距离间隔分别设置为 1°和 1λ，角度从[$-60°,-59°,\cdots-1°,0°,1°,\cdots,60°$]进行选取，距离从[$3\lambda,4\lambda,\cdots,100\lambda$]进行选取，不同角度和距离有 11 858 种组合，每种组合包含 10 个不同信噪比的训练样本，总共有 118 580 个混合信号的训练样本，每个训练样本的快拍数设置为 50～300 的随机值，SNR 设置为 5～25dB 的随机值。根据阵列的近场区域，距离为 $3\lambda\sim12\lambda$ 的训练样本为近场信号，而距离大于 13λ 的训练样本为远场信号。

在网络的构建过程中，对于混合信号角度估计卷积神经网络，卷积层中的卷积核数量分别设置为 6、3 和 1，卷积核长度分别设置为 5、4 和 3，全连接层的输出长度分别设置为 4、2 和 1。对于混合信号识别自编码器，编码器和解码器的输出长度分别设置为 21 和 11。对于近场信号距离估计卷积神经网络，卷积层中的卷积核数量分别为 6、3 和 1，卷积核长度分别设置为 14、5 和 3，全连接层的输出长度分别设置为 14、6 和 1。在网络的训练过程中，混合信号角度估计卷积神经网络和混合信号识别自编码器的训练数据集包含 118 580 个混合信号训练样本，近场信号距离估计卷积神经网络的训练数据集包含 12 100 个近场信号训练样本，Batch Size、Epoch 和 Learning Rate 分别设置为 16、300 和 0.001。

1. 训练和验证过程分析

在训练过程中，激活函数可以在神经网络中引入非线性特征，以混合信号角度估计卷积神经网络为例，训练数据集的 80%的训练样本用于训练过程，20%的训练样本用于验证过程。当全连接层中的激活函数设置为 Tanh 时，图 6.6(a)给出了在训练过程中卷积层的激活函数分别为 Sigmoid、Tanh 和 ReLU 的 MSE，图 6.6(b)给出了在验证过程中卷积层的激活函数分别为 Sigmoid、Tanh 和 ReLU 的 MSE。当卷积层中的激活函数设置为 ReLU 时，图 6.7(a)给出了训练过程中全连接层的激活函数分别为 Sigmoid、Tanh 和 ReLU 的 MSE，图 6.7(b)给出了验证过程中全连接层的激活函数分别为 Sigmoid、Tanh 和 ReLU 的 MSE。由图 6.6 和图 6.7 可知，当卷积层的激活函数设置为 ReLU 时，全连接层的激活函数设置为

Tanh 时，混合信号角度估计的 MSE 最小。经过实验分析，在混合信号角度估计卷积神经网络中，将 ReLU 作为卷积层的激活函数，将 Tanh 作为全连接层的激活函数。在混合信号识别自编码器中，将 ReLU 作为编码器和解码器的激活函数。在近场信号距离估计卷积神经网络中，将 ReLU 作为卷积层和全连接层的激活函数。

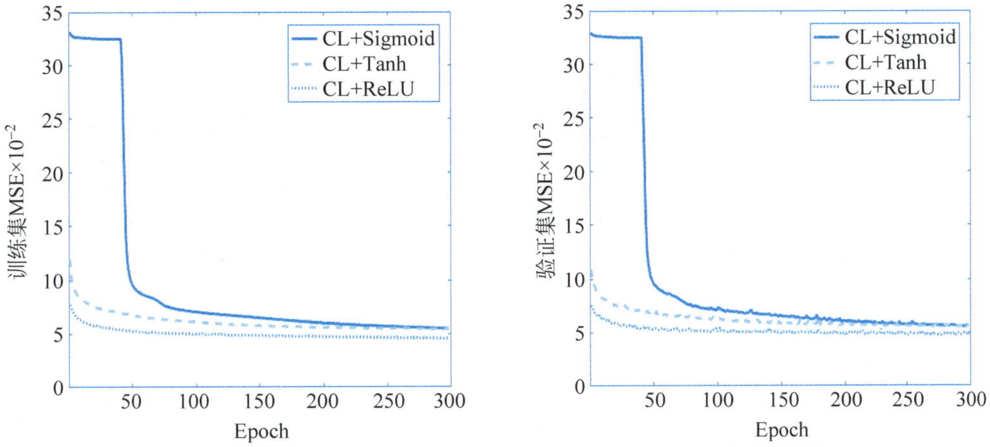

(a) 训练过程　(b) 验证过程

图 6.6　卷积层在不同激活函数下的 MSE

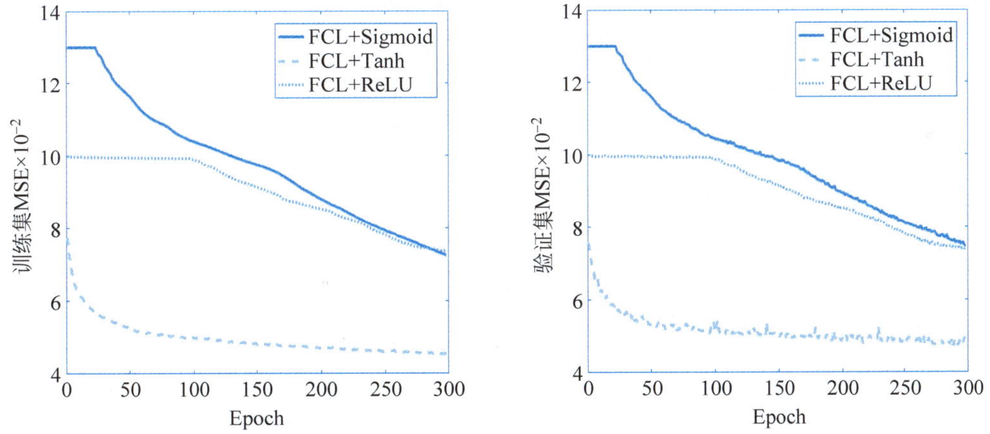

(a) 训练过程　(b) 验证过程

图 6.7　全连接层在不同激活函数下的 MSE

图 6.8(a)和图 6.8(b)分别给出了在训练过程和验证过程中混合信号参数估计的准确率，可以看出，随着 Epoch 的增加，参数估计的准确率逐渐提高，混合信号角度估计卷积神经网络的准确率略高于混合信号识别自编码器和近场信号距离估计卷积神经网络的准确率。

2. 泛化能力分析

本节对混合信号参数估计的泛化能力进行分析。为了验证所提方法具有对混合信号角度估计的泛化能力，共生成 3 组测试样本，所有测试样本的信噪比设置为 5～25dB 的随机值。第一组测试样本为 121 个近场信号，距离设置为 5λ，角度设置为[−60.0°，−59.0°，…，−1.0°，0.0°，1.0°，…，59.0°，60.0°]。第二组测试样本为 120 个近场信号，距离设置为

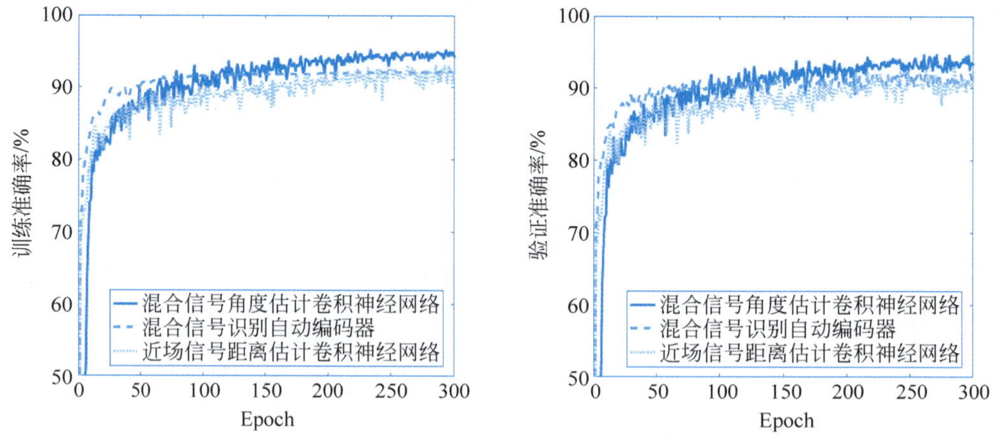

(a) 训练过程　　(b) 验证过程

图 6.8　混合信号参数估计的准确率

200λ，角度设置为[−59.9°，−58.9°，…−0.9°，0.1°，1.1°，…，59.1°]。第三组测试样本为120个近场信号，距离设置为5λ，角度设置为[−59.7°，−58.7°，…−0.7°，0.3°，1.3°，…，59.3°]。可以看出，第二组和第三组测试样本的角度与训练样本的角度分别相差0.1°和0.3°。图6.9(a)给出了测试样本的角度估计结果，图6.9(b)给出了相应的角度估计误差，其中横坐标表示测试样本的编号。可以看出，角度估计误差在0.1°以内，这表明所提方法具有对混合信号角度估计的泛化能力。

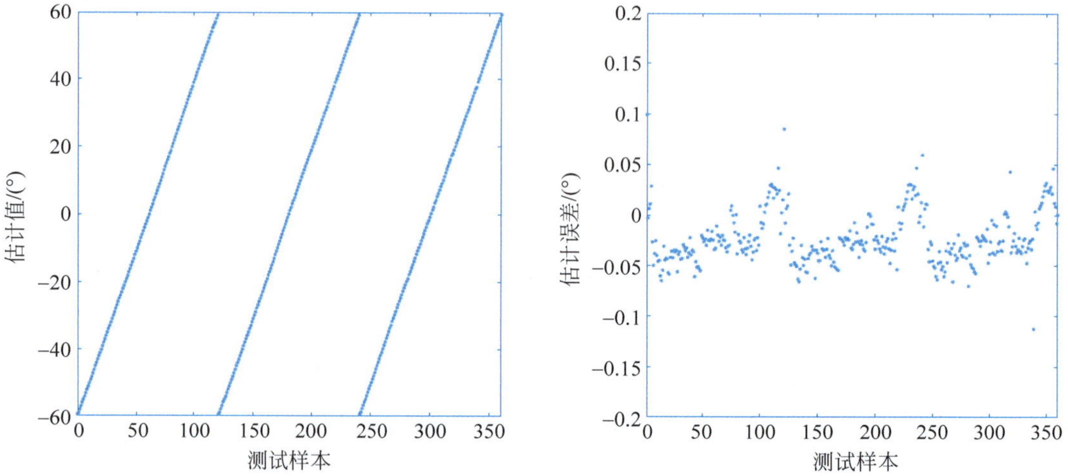

(a) 估计值　　(b) 估计误差

图 6.9　混合信号角度估计结果

为了验证所提方法具有对近场信号距离估计的泛化能力，共生成3组测试样本，所有测试样本的信噪比设置为5～25dB的随机值，角度设置为20°。第一组测试样本的距离设置为[3λ，4λ，…，200λ]，第二组测试样本的距离设置为[3.1λ，4.1λ，…，199.1λ]，第三组测试样本的距离设置为[3.3λ，4.3λ，…，199.3λ]。可以看出，第二组和第三组前97个测试样本的距离和训练样本的距离分别相差0.1λ和0.3λ，距离大于100λ的测试样本大于训练样本的最大距离。

图6.10(a)给出了测试样本的距离估计结果，其中横坐标表示测试样本的编号。可以

看出，当测试样本的距离在嵌套对称阵列的近场区域（$3\lambda \sim 12\lambda$）时，网络的输出对应近场信号的距离估计，当测试样本的距离大于近场区域时，网络的输出为 0，对应远场信号。图 6.10(b) 给出了相应的距离估计误差，可以看出，估计误差在 0.3λ 以内，这表明所提方法能够实现混合信号识别，具有对混合信号距离估计的泛化能力。

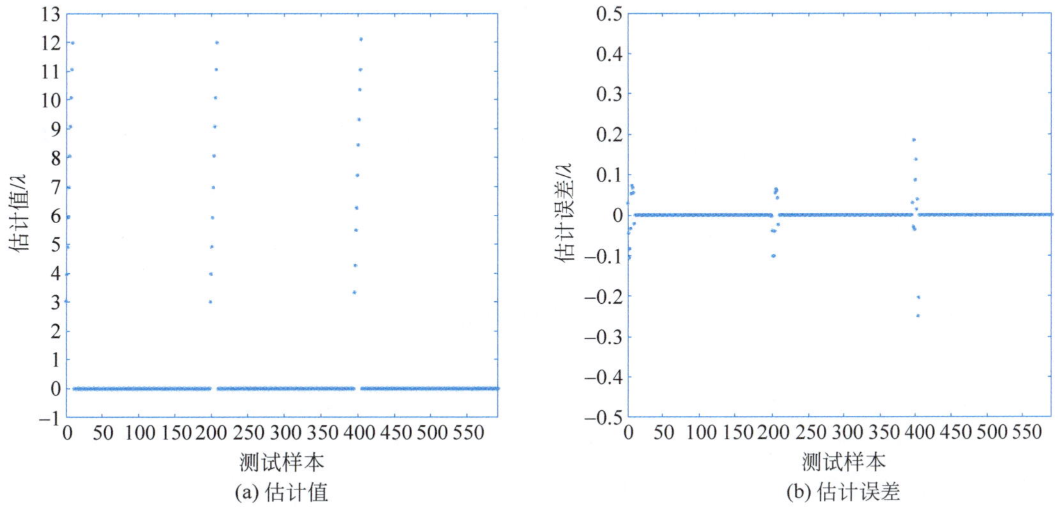

(a) 估计值　(b) 估计误差

图 6.10　近场信号距离估计结果

3. 计算复杂度分析

本节对所提方法的计算复杂度进行了分析。对于混合信号角度估计的卷积神经网络，3 个卷积层分别需要 $h_{1,1}\times 6M$、$h_{1,2}\times 3M$ 和 $h_{1,3}\times M$ 次乘法运算，以及分别需要 $6M$、$3M$ 和 M 次加法运算，其中，$h_{1,1}$、$h_{1,2}$ 和 $h_{1,3}$ 分别表示卷积层中卷积核的长度，3 个全连接层分别需要 $(2M/3)\times M$、$(M/3)\times(2M/3)$ 和 $M/3$ 次乘法运算，以及分别需要 $2M/3$、$M/3$ 和 1 次加法运算。对于混合信号识别的自编码器，编码器需要 $(M(M+1)/2)\times \mathrm{round}(M(M+1)/4)$ 次乘法运算以及 $\mathrm{round}(M(M+1)/4)$ 次加法运算，解码器需要 $\mathrm{round}(M(M+1)/4)\times(M(M+1)/2)$ 次乘法运算以及 $(M(M+1)/2)$ 次加法运算。对于近场信号距离估计的卷积神经网络，3 个卷积层分别需要 $h_{2,1}\times 3M(M+1)$、$h_{2,2}\times 1.5M(M+1)$ 和 $h_{2,3}\times 0.5M(M+1)$ 次乘法运算，以及分别需要 $3M(M+1)$、$1.5M(M+1)$ 和 $0.5M(M+1)$ 次加法运算，其中 $h_{2,1}$、$h_{2,2}$ 和 $h_{2,3}$ 分别表示卷积层中卷积核的长度，全连接层分别需要 $(M(M+1)/3)\times(M(M+1)/2)$、$(M(M+1)/7)\times(M(M+1)/3)$ 和 $1\times(M(M+1)/7)$ 次乘法运算，以及分别需要 $M(M+1)/3$、$M(M+1)/7$ 和 1 次加法运算。

表 6.1 给出了所提方法通过 100 次 Monte-Carlo 仿真实验得到的远场信号角度估计的平均运行时间，并与深度神经网络（DNN）方法[193]进行了比较。深度神经网络方法将角度估计视为分类问题，将角度范围划分为若干子区域，利用相应的自编码器和分类器得到角度空间谱。由于 DNN 方法只能对远场信号的角度进行估计，因此使用距离大于 13λ 的训练样本对所提方法和 DNN 方法进行训练。对于测试样本，远场信号的角度设置为 $-45.1°$。由于 DNN 方法将角度估计视为分类问题，因此角度估计只能落在相邻网格上。所提方法将角度估计视为回归问题，可以显著降低计算复杂度并获得更准确的角度估计。

表 6.1 卷积神经网络与深度神经网络对比

对比内容	卷积神经网络	深度神经网络
网络参数总量	162	32 466
训练所用时间	39min36.256s	203min28.367s
测试所用时间	0.026s	0.152s
测试结果	−45.116°	−45°

6.4 基于深度展开 FISTA 网络的混合信号参数估计方法

由于包含角度和距离参数的近场信号超完备词典的维度较大，本节使用计算复杂度较低并且收敛速度较快的深度展开 FISTA 网络[218]对混合信号参数进行估计。首先，计算混合信号协方差矩阵，通过协方差矩阵差分得到近场信号差分向量，并将其输入至近场信号深度展开 FISTA 网络，得到近场信号空间谱，再通过空间谱的谱峰对近场信号的角度和距离进行估计。此外，通过对混合信号协方差矩阵进行特征值分解，得到混合信号特征值和信号子空间，通过子空间差分得到远场信号协方差向量，并将其输入至远场信号深度展开 FISTA 网络得到远场信号空间谱，再通过空间谱的谱峰对远场信号的角度进行估计。

6.4.1 近场信号差分向量计算

利用式(6.8)中的近场和远场混合信号接收数据，混合信号协方差矩阵可以表示为

$$\begin{aligned}\boldsymbol{R}&=\boldsymbol{R}_{\mathrm{NF}}+\boldsymbol{R}_{\mathrm{FF}}+\sigma_{\mathrm{w}}^{2}\boldsymbol{I}_{M}\\&=\boldsymbol{A}_{\mathrm{NF}}\boldsymbol{\Omega}_{\mathrm{NF}}\boldsymbol{A}_{\mathrm{NF}}^{\mathrm{H}}+\boldsymbol{A}_{\mathrm{FF}}\boldsymbol{\Omega}_{\mathrm{FF}}\boldsymbol{A}_{\mathrm{FF}}^{\mathrm{H}}+\sigma_{\mathrm{w}}^{2}\boldsymbol{I}_{M}\end{aligned}\tag{6.29}$$

其中，$\boldsymbol{R}_{\mathrm{NF}}$ 表示近场信号协方差矩阵，$\boldsymbol{R}_{\mathrm{FF}}$ 表示远场信号协方差矩阵，σ_{w}^{2} 表示噪声功率，$\boldsymbol{I}_M$ 表示 M 维对角矩阵，$\boldsymbol{A}_{\mathrm{NF}}=[\boldsymbol{a}_{\mathrm{NF}}(\theta_1,r_1)\quad \boldsymbol{a}_{\mathrm{NF}}(\theta_2,r_2)\quad \cdots\quad \boldsymbol{a}_{\mathrm{NF}}(\theta_{K_1},r_{K_1})]$表示近场信号的导向矩阵，$\boldsymbol{A}_{\mathrm{FF}}=[\boldsymbol{a}_{\mathrm{FF}}(\theta_1)\,\boldsymbol{a}_{\mathrm{FF}}(\theta_2)\cdots\boldsymbol{a}_{\mathrm{FF}}(\theta_{K_2})]$表示远场信号的导向矩阵，$\boldsymbol{\Omega}_{\mathrm{NF}}=\mathrm{diag}([\sigma_{\mathrm{NF},1}^{2}\quad \sigma_{\mathrm{NF},2}^{2}\quad \cdots\quad \sigma_{\mathrm{NF},K_1}^{2}])$表示近场信号功率的对角矩阵，$\boldsymbol{\Omega}_{\mathrm{FF}}=\mathrm{diag}([\sigma_{\mathrm{FF},1}^{2}\quad \sigma_{\mathrm{FF},2}^{2}\quad \cdots\quad \sigma_{\mathrm{FF},K_2}^{2}])$表示远场信号功率的对角矩阵。远场信号协方差矩阵 $\boldsymbol{R}_{\mathrm{NF}}$ 符合 Hermitian 和 Toeplitz 矩阵形式，其转置矩阵可以表示为

$$\boldsymbol{R}_{\mathrm{FF}}^{\mathrm{T}}=\boldsymbol{J}\boldsymbol{R}_{\mathrm{FF}}\boldsymbol{J}\tag{6.30}$$

其中，$\boldsymbol{J}$ 表示反对角单位矩阵。因此，差分矩阵可以计算为

$$\begin{aligned}\boldsymbol{R}_{\mathrm{diff}}&=\boldsymbol{J}\boldsymbol{R}\boldsymbol{J}-\boldsymbol{R}^{\mathrm{T}}\\&=\boldsymbol{J}(\boldsymbol{R}_{\mathrm{NF}}+\boldsymbol{R}_{\mathrm{FF}}+\sigma_{\mathrm{w}}^{2}\boldsymbol{I}_{M})\boldsymbol{J}-(\boldsymbol{R}_{\mathrm{NF}}+\boldsymbol{R}_{\mathrm{FF}}+\sigma_{\mathrm{w}}^{2}\boldsymbol{I}_{M})^{\mathrm{T}}\\&=\boldsymbol{J}\boldsymbol{R}_{\mathrm{NF}}\boldsymbol{J}+\boldsymbol{J}\boldsymbol{R}_{\mathrm{FF}}\boldsymbol{J}+\boldsymbol{J}\sigma_{\mathrm{w}}^{2}\boldsymbol{I}_{M}\boldsymbol{J}-\boldsymbol{R}_{\mathrm{NF}}^{\mathrm{T}}-\boldsymbol{R}_{\mathrm{FF}}^{\mathrm{T}}-\sigma_{\mathrm{w}}^{2}\boldsymbol{I}_{M}\\&=\boldsymbol{J}\boldsymbol{R}_{\mathrm{NF}}\boldsymbol{J}-\boldsymbol{R}_{\mathrm{NF}}^{\mathrm{T}}\end{aligned}\tag{6.31}$$

由于近场信号协方差矩阵的转置 $\boldsymbol{R}_{\mathrm{NF}}^{\mathrm{T}}$ 和共轭 $\boldsymbol{R}_{\mathrm{NF}}^{*}$ 相等，因此，差分矩阵可以表示为

$$\begin{aligned}\boldsymbol{R}_{\mathrm{diff}}&=\boldsymbol{J}\boldsymbol{R}_{\mathrm{NF}}\boldsymbol{J}-\boldsymbol{R}_{\mathrm{NF}}^{*}\\&=\boldsymbol{J}\boldsymbol{A}_{\mathrm{NF}}\boldsymbol{\Omega}_{\mathrm{NF}}\boldsymbol{A}_{\mathrm{NF}}^{\mathrm{H}}\boldsymbol{J}-\boldsymbol{A}_{\mathrm{NF}}^{*}\boldsymbol{\Omega}_{\mathrm{NF}}^{*}(\boldsymbol{A}_{\mathrm{NF}}^{\mathrm{H}})^{*}\end{aligned}$$

$$=[\boldsymbol{J}\boldsymbol{A}_{\mathrm{NF}} \quad \boldsymbol{A}_{\mathrm{NF}}^{*}]\begin{bmatrix}\boldsymbol{\Omega}_{\mathrm{NF}} & \\ & -\boldsymbol{\Omega}_{\mathrm{NF}}^{*}\end{bmatrix}[\boldsymbol{J}\boldsymbol{A}_{\mathrm{NF}} \quad \boldsymbol{A}_{\mathrm{NF}}^{*}]^{\mathrm{H}}$$

$$=\boldsymbol{A}_{\mathrm{NF,diff}}\boldsymbol{\Omega}_{\mathrm{NF,diff}}\boldsymbol{A}_{\mathrm{NF,diff}}^{\mathrm{H}} \tag{6.32}$$

将差分矩阵进行向量化，可以表示为

$$\begin{aligned}\boldsymbol{y}_{\mathrm{diff}} &= \mathrm{vec}(\boldsymbol{R}_{\mathrm{diff}}) \\ &= [(\boldsymbol{J}\boldsymbol{A}_{\mathrm{NF}})^{*}\odot(\boldsymbol{J}\boldsymbol{A}_{\mathrm{NF}}),(\boldsymbol{A}_{\mathrm{NF}}^{*})^{*}\odot(\boldsymbol{A}_{\mathrm{NF}}^{*})]\begin{bmatrix}\mathrm{diag}(\boldsymbol{\Omega}_{\mathrm{NF}}) \\ \mathrm{diag}(-\boldsymbol{\Omega}_{\mathrm{NF}})\end{bmatrix} \\ &= [(\boldsymbol{J}\boldsymbol{A}_{\mathrm{NF}})^{*}\odot(\boldsymbol{J}\boldsymbol{A}_{\mathrm{NF}})-(\boldsymbol{A}_{\mathrm{NF}}^{*})^{*}\odot(\boldsymbol{A}_{\mathrm{NF}}^{*})][\mathrm{diag}(\boldsymbol{\Omega}_{\mathrm{NF}})]\end{aligned} \tag{6.33}$$

其中，$(\boldsymbol{J}\boldsymbol{A}_{\mathrm{NF}})^{*}\odot(\boldsymbol{J}\boldsymbol{A}_{\mathrm{NF}})-(\boldsymbol{A}_{\mathrm{NF}}^{*})^{*}\odot(\boldsymbol{A}_{\mathrm{NF}}^{*})$可以表示为

$$(\boldsymbol{J}\boldsymbol{A}_{\mathrm{NF}})^{*}\odot(\boldsymbol{J}\boldsymbol{A}_{\mathrm{NF}})-(\boldsymbol{A}_{\mathrm{NF}}^{*})^{*}\odot(\boldsymbol{A}_{\mathrm{NF}}^{*})=[\boldsymbol{b}_{\mathrm{diff}}(\theta_1,r_1) \quad \boldsymbol{b}_{\mathrm{diff}}(\theta_2,r_2) \quad \cdots \quad \boldsymbol{b}_{\mathrm{diff}}(\theta_{K_1},r_{K_1})] \tag{6.34}$$

第 k 列 $\boldsymbol{b}_{\mathrm{diff}}(\theta_k,r_k)$可以计算为

$$\boldsymbol{b}_{\mathrm{diff}}(\theta_k,r_k)=(\boldsymbol{J}\boldsymbol{a}_{\mathrm{NF}}(\theta_k,r_k))^{*}\otimes(\boldsymbol{J}\boldsymbol{a}_{\mathrm{NF}}(\theta_k,r_k))-(\boldsymbol{a}_{\mathrm{NF}}^{*}(\theta_k,r_k))^{*}\otimes(\boldsymbol{a}_{\mathrm{NF}}^{*}(\theta_k,r_k)) \tag{6.35}$$

将近场信号角度区域划分为 P 个离散网格，角度集合为$\{\theta_1,\theta_2,\cdots,\theta_P\}$，将距离区域划分为 Q 个离散网格，距离集合为$\{r_1,r_2,\cdots,r_Q\}$，差分向量 $\boldsymbol{y}_{\mathrm{diff}}$ 的稀疏表示为

$$\boldsymbol{y}_{\mathrm{diff}}=\boldsymbol{\Phi}_{\mathrm{diff}}\boldsymbol{z}_{\mathrm{diff}} \tag{6.36}$$

其中，超完备词典$\boldsymbol{\Phi}_{\mathrm{diff}}$ 可以表示为

$$\boldsymbol{\Phi}_{\mathrm{diff}}=[\boldsymbol{\Phi}_{\mathrm{diff},1}\boldsymbol{\Phi}_{\mathrm{diff},2} \quad \cdots \quad \boldsymbol{\Phi}_{\mathrm{diff},P}] \tag{6.37}$$

第 p 个分块$\boldsymbol{\Phi}_{\mathrm{diff},p}$ 为

$$\boldsymbol{\Phi}_{\mathrm{diff},p}=[\boldsymbol{b}_{\mathrm{diff}}(\theta_p,r_1) \quad \boldsymbol{b}_{\mathrm{diff}}(\theta_p,r_2) \quad \cdots \quad \boldsymbol{b}_{\mathrm{diff}}(\theta_p,r_Q)] \tag{6-38}$$

$\boldsymbol{z}_{\mathrm{diff}}$ 表示 PQ 维向量，当(θ_p,r_q)对应近场信号位置(θ_k,r_k)时，$\boldsymbol{z}_{\mathrm{diff}}$ 的第$(p-1)\times Q+q$ 个元素为 1，其余的元素为 0。将差分向量 $\boldsymbol{y}_{\mathrm{diff}}$ 的稀疏表示转化到实数域，可以表示为

$$\begin{bmatrix}\Re(\boldsymbol{y}_{\mathrm{diff}}) \\ \Im(\boldsymbol{y}_{\mathrm{diff}})\end{bmatrix}=\begin{bmatrix}\Re(\boldsymbol{\Phi}_{\mathrm{diff}}) \\ \Im(\boldsymbol{\Phi}_{\mathrm{diff}})\end{bmatrix}\boldsymbol{z}_{\mathrm{diff}} \tag{6.39}$$

令 $\tilde{\boldsymbol{y}}_{\mathrm{diff}}=[\Re(\boldsymbol{y}_{\mathrm{diff}}^{\mathrm{T}}) \quad \Im(\boldsymbol{y}_{\mathrm{diff}}^{\mathrm{T}})]^{\mathrm{T}}$，$\tilde{\boldsymbol{\Phi}}_{\mathrm{diff}}=[\Re(\boldsymbol{\Phi}_{\mathrm{diff}}^{\mathrm{T}}) \quad \Im(\boldsymbol{\Phi}_{\mathrm{diff}}^{\mathrm{T}})]^{\mathrm{T}}$，实数域的差分向量可以表示为

$$\tilde{\boldsymbol{y}}_{\mathrm{diff}}=\tilde{\boldsymbol{\Phi}}_{\mathrm{diff}}\boldsymbol{z}_{\mathrm{diff}} \tag{6.40}$$

6.4.2 近场信号深度展开 FISTA 网络

近场信号深度展开 FISTA 网络的结构如图 6.11 所示，网络的层数为 L，该网络是将 FISTA 算法的迭代步骤级联为神经网络的隐藏层，深度展开 FISTA 网络的初始化参数为 FISTA 算法的参数。将 $\tilde{\boldsymbol{y}}_{\mathrm{diff}}$ 输入深度展开网络，通过网络的输出 $\boldsymbol{z}_{\mathrm{diff}}^{(L)}$ 可以得到近场信号的空间谱。对近场信号空间谱进行谱峰搜索，由谱峰所对应的位置即可确定近场信号的角度估计值 $\hat{\theta}_k$ 和距离估计值 $\hat{r}_k$，$k=1,2,\cdots,K_1$。

在前向传播过程中，近场信号深度展开 FISTA 网络第 1 层的输出为

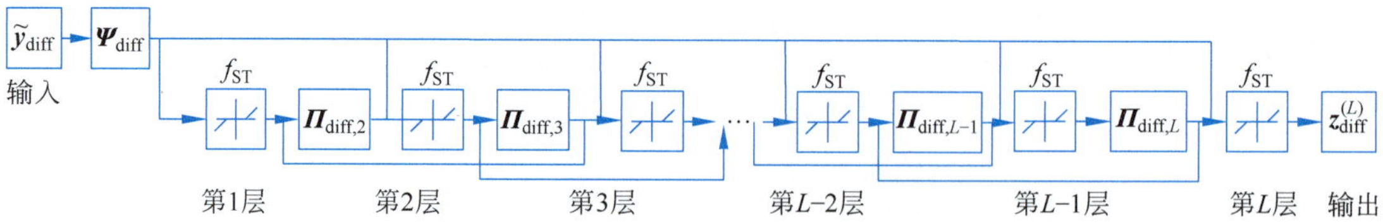

图 6.11　近场信号深度展开 FISTA 网络结构示意图

$$z_{\mathrm{diff}}^{(1)}=f_{\mathrm{ST}}(\boldsymbol{\Psi}_{\mathrm{diff}}\tilde{\boldsymbol{y}}_{\mathrm{diff}},\varepsilon_{\mathrm{diff}}) \tag{6.41}$$

第 2 层的输出为

$$\begin{aligned} z_{\mathrm{diff}}^{(2)}&=f_{\mathrm{ST}}(z_{\mathrm{diff}}^{(1)}+\alpha_{\mathrm{diff}}\tilde{\boldsymbol{\Phi}}_{\mathrm{diff}}^{\mathrm{T}}(\tilde{\boldsymbol{y}}_{\mathrm{diff}}-\tilde{\boldsymbol{\Phi}}_{\mathrm{diff}}z_{\mathrm{diff}}^{(1)}),\varepsilon_{\mathrm{diff}}) \\ &=f_{\mathrm{ST}}(\boldsymbol{\Psi}_{\mathrm{diff}}\tilde{\boldsymbol{y}}_{\mathrm{diff}}+\boldsymbol{\Pi}_{\mathrm{diff},2}z_{\mathrm{diff}}^{(1)},\varepsilon_{\mathrm{diff}}) \end{aligned} \tag{6.42}$$

其中，$\boldsymbol{\Psi}_{\mathrm{diff}}$ 表示 $PQ\times 2M^2$ 维矩阵，$\boldsymbol{\Pi}_{\mathrm{diff},2}$ 表示 $PQ\times PQ$ 维矩阵，$f_{\mathrm{ST}}(\cdot,\varepsilon)$表示软阈值函数：

$$f_{\mathrm{ST}}(\boldsymbol{\beta},\varepsilon)=\mathrm{sgn}(\boldsymbol{\beta})\oplus\max(|\boldsymbol{\beta}|-\varepsilon,0) \tag{6.43}$$

其中，sgn(·)表示符号函数，$\oplus$表示 Hadamard 积，网络的初始化参数如下：

$$\boldsymbol{\Psi}_{\mathrm{diff}}=\alpha_{\mathrm{diff}}\tilde{\boldsymbol{\Phi}}_{\mathrm{diff}}^{\mathrm{T}} \tag{6.44}$$

$$\boldsymbol{\Pi}_{\mathrm{diff},2}=\boldsymbol{I}_{PQ}-\alpha_{\mathrm{diff}}\tilde{\boldsymbol{\Phi}}_{\mathrm{diff}}^{\mathrm{T}}\tilde{\boldsymbol{\Phi}}_{\mathrm{diff}} \tag{6.45}$$

$$\varepsilon_{\mathrm{diff}}=0.05 \tag{6.46}$$

其中，$\alpha_{\mathrm{diff}}=0.9/\delta_{\mathrm{diff}}$，$\delta_{\mathrm{diff}}$ 表示$\tilde{\boldsymbol{\Phi}}_{\mathrm{diff}}^{\mathrm{T}}\tilde{\boldsymbol{\Phi}}_{\mathrm{diff}}$ 的最大特征值，$\boldsymbol{I}_{PQ}$ 表示 PQ 维的单位矩阵。

此外，近场信号深度展开 FISTA 网络第 l 层的输出为

$$\begin{aligned} z_{\mathrm{diff}}^{(l)}&=f_{\mathrm{ST}}\left(z_{\mathrm{diff}}^{(l-1)}+\alpha_{\mathrm{diff}}\tilde{\boldsymbol{\Phi}}_{\mathrm{diff}}^{\mathrm{T}}(\tilde{\boldsymbol{y}}_{\mathrm{diff}}-\tilde{\boldsymbol{\Phi}}_{\mathrm{diff}}z_{\mathrm{diff}}^{(l-1)})+\frac{l-2}{l+1}(z_{\mathrm{diff}}^{(l-1)}-z_{\mathrm{diff}}^{(l-2)}),\varepsilon_{\mathrm{diff}}\right) \\ &=f_{\mathrm{ST}}\left(\boldsymbol{\Psi}_{\mathrm{diff}}\tilde{\boldsymbol{y}}_{\mathrm{diff}}+\boldsymbol{\Pi}_{\mathrm{diff},l}z_{\mathrm{diff}}^{(l-1)}+\frac{l-2}{l+1}z_{\mathrm{diff}}^{(l-2)},\varepsilon_{\mathrm{diff}}\right) \end{aligned} \tag{6.47}$$

其中，$\boldsymbol{l}=3,4,\cdots,L$，$\boldsymbol{\Pi}_{\mathrm{diff},l}$ 的初始化参数为

$$\boldsymbol{\Pi}_{\mathrm{diff},l}=\frac{2l-1}{l+1}\boldsymbol{I}_{PQ}-\alpha_{\mathrm{diff}}\tilde{\boldsymbol{\Phi}}_{\mathrm{diff}}^{\mathrm{T}}\tilde{\boldsymbol{\Phi}}_{\mathrm{diff}} \tag{6.48}$$

在近场信号深度展开 FISTA 网络的训练过程中，使用 SGD 优化器对网络参数$\boldsymbol{\Psi}_{\mathrm{diff}}$、$\boldsymbol{\Pi}_{\mathrm{diff},l}$ 和 $\varepsilon_{\mathrm{diff}}$ 进行更新，损失函数为

$$\sum_{t=1}^{T}(\|\tilde{\boldsymbol{y}}_{\mathrm{diff},t}-\tilde{\boldsymbol{\Phi}}_{\mathrm{diff}}z_{\mathrm{diff},t}^{(L)}\|_2^2+\mu_{\mathrm{diff}}\|z_{\mathrm{diff},t}^{(L)}\|_1) \tag{6.49}$$

其中，μ_{diff} 表示正则化参数，$t=1,2,\cdots,T$，T 表示训练样本的数量，$\tilde{\boldsymbol{y}}_{\mathrm{diff},t}$ 表示网络输入第 t 个训练样本对应的实数域差分向量，$z_{\mathrm{diff},t}^{(L)}$ 表示第 t 个训练样本对应第 L 层的输出。由于损失函数的第一项和第二项分别与重构误差和网络输出的稀疏性有关，因此在近场信号深度展开 FISTA 网络的训练过程中没有使用标签(即训练数据对应的真实空间谱)，可以看作无监督学习过程。

6.4.3 远场信号协方差向量计算

利用混合信号协方差矩阵 $\boldsymbol{R}$ 的 $M-(K_1+K_2)$个小特征值，混合信号的噪声功率估计

值可以计算为

$$\hat{\sigma}_{\mathrm{w}}^{2}=\frac{\Delta_{K_1+K_2+1}+\Delta_{K_1+K_2+2}+\cdots+\Delta_{M}}{M-(K_1+K_2)} \tag{6.50}$$

此外,利用第 k 个近场信号的角度和距离估计值,第 k 个近场信号功率的估计值 $\hat{\sigma}_k^2$ 可以计算为

$$\hat{\sigma}_k^2=(\boldsymbol{a}_{\mathrm{NF}}^{\mathrm{H}}(\hat{\theta}_k,\hat{r}_k)\breve{\boldsymbol{R}}^{-1}\boldsymbol{a}_{\mathrm{NF}}(\hat{\theta}_k,\hat{r}_k))^{-1} \tag{6.51}$$

其中,$k=1,2,\cdots K_1$,$\boldsymbol{a}_{\mathrm{NF}}(\hat{\theta}_k,\hat{r}_k)$表示将第 k 个近场信号的角度估计值和距离估计值代入后的导向向量,$\breve{\boldsymbol{R}}=\boldsymbol{U}_S(\boldsymbol{\Delta}_S-\hat{\sigma}_{\mathrm{w}}^2\boldsymbol{I}_{(K_1+K_2)\times(K_1+K_2)})\boldsymbol{U}_S^{\mathrm{H}}$ 表示无噪声情况下混合信号协方差矩阵,$\boldsymbol{\Delta}_S=\mathrm{diag}[\Delta_1,\Delta_2,\cdots,\Delta_{K_1+K_2}]$表示混合信号协方差矩阵的 K_1+K_2 个大特征值构成的对角矩阵,$\boldsymbol{U}_S$ 为对应的混合信号的信号子空间。因此,近场信号协方差矩阵的估计值 $\hat{\boldsymbol{R}}_{\mathrm{NF}}$ 可以计算为

$$\hat{\boldsymbol{R}}_{\mathrm{NF}}=\hat{\boldsymbol{A}}_{\mathrm{NF}}\mathrm{diag}[\hat{\sigma}_1^2,\hat{\sigma}_2^2,\cdots,\hat{\sigma}_{K_1}^2]\hat{\boldsymbol{A}}_{\mathrm{NF}}^{\mathrm{H}} \tag{6.52}$$

其中,$\hat{\boldsymbol{A}}_{\mathrm{NF}}=[\boldsymbol{a}_{\mathrm{NF}}(\hat{\theta}_1,\hat{r}_1)\boldsymbol{a}_{\mathrm{NF}}(\hat{\theta}_2,\hat{r}_2)\cdots\boldsymbol{a}_{\mathrm{NF}}(\hat{\theta}_{K_1},\hat{r}_{K_1})]$表示将近场信号角度估计值和距离估计值代入后的导向矩阵。通过子空间差分方法可以计算出远场信号协方差矩阵:

$$\hat{\boldsymbol{R}}_{\mathrm{FF}}=\breve{\boldsymbol{R}}-\hat{\boldsymbol{R}}_{\mathrm{NF}} \tag{6.53}$$

对远场信号协方差矩阵的估计值 $\hat{\boldsymbol{R}}_{\mathrm{FF}}$ 进行向量化,可以得到远场信号协方差向量:

$$\begin{aligned}\hat{\boldsymbol{y}}_{\mathrm{FF}}&=\mathrm{vec}(\hat{\boldsymbol{R}}_{\mathrm{FF}})\\&=(\hat{\boldsymbol{A}}_{\mathrm{FF}}^{*}\odot\hat{\boldsymbol{A}}_{\mathrm{FF}})\mathrm{diag}(\boldsymbol{\Omega}_{\mathrm{FF}})\end{aligned} \tag{6.54}$$

将远场信号角度区域划分为 P 个离散网格,角度集合为$\{\theta_1,\theta_2,\cdots,\theta_P\}$,远场信号协方差向量 $\hat{\boldsymbol{y}}_{\mathrm{FF}}$ 的稀疏表示为

$$\hat{\boldsymbol{y}}_{\mathrm{FF}}=\boldsymbol{\Phi}_{\mathrm{FF}}\boldsymbol{z}_{\mathrm{FF}} \tag{6.55}$$

其中,超完备词典$\boldsymbol{\Phi}_{\mathrm{FF}}$ 可以表示为

$$\boldsymbol{\Phi}_{\mathrm{FF}}=[\boldsymbol{a}_{\mathrm{FF}}(\theta_1)\quad\boldsymbol{a}_{\mathrm{FF}}(\theta_2)\quad\cdots\quad\boldsymbol{a}_{\mathrm{FF}}(\theta_P)] \tag{6.56}$$

$\boldsymbol{z}_{\mathrm{FF}}$ 表示 P 维向量,当 θ_p 对应远场信号的角度时,$\boldsymbol{z}_{\mathrm{FF}}$ 的第 p 个元素为 1,其余元素为 0。将远场信号协方差向量的实部和虚部重构为

$$\begin{bmatrix}\Re(\hat{\boldsymbol{y}}_{\mathrm{FF}})\\\Im(\hat{\boldsymbol{y}}_{\mathrm{FF}})\end{bmatrix}=\begin{bmatrix}\Re(\boldsymbol{\Phi}_{\mathrm{FF}})\\\Im(\boldsymbol{\Phi}_{\mathrm{FF}})\end{bmatrix}\boldsymbol{z}_{\mathrm{FF}} \tag{6.57}$$

令 $\tilde{\boldsymbol{y}}_{\mathrm{FF}}=[\Re(\boldsymbol{y}_{\mathrm{FF}}^{\mathrm{T}})\quad\Im(\boldsymbol{y}_{\mathrm{FF}}^{\mathrm{T}})]^{\mathrm{T}}$,$\tilde{\boldsymbol{\Phi}}_{\mathrm{FF}}=[\Re(\boldsymbol{\Phi}_{\mathrm{FF}}^{\mathrm{T}})\quad\Im(\boldsymbol{\Phi}_{\mathrm{FF}}^{\mathrm{T}})]^{\mathrm{T}}$,式(6.57)可以转换为

$$\tilde{\boldsymbol{y}}_{\mathrm{FF}}=\tilde{\boldsymbol{\Phi}}_{\mathrm{FF}}\boldsymbol{z}_{\mathrm{FF}} \tag{6.58}$$

6.4.4　远场信号深度展开 FISTA 网络

远场信号深度展开 FISTA 网络结构如图 6.12 所示,网络的层数为 L,将 $\tilde{\boldsymbol{y}}_{\mathrm{FF}}$ 输入深度展开网络,通过网络的输出 $\boldsymbol{z}_{\mathrm{FF}}^{(L)}$ 可以得到远场信号的空间谱。对远场信号空间谱进行谱峰搜索,由谱峰所对应的位置即可确定远场信号的角度估计值 $\hat{\theta}_k$,$k=1,2,\cdots,K_2$。

在前向传播过程中,远场信号深度展开 FISTA 网络第 1 层的输出为

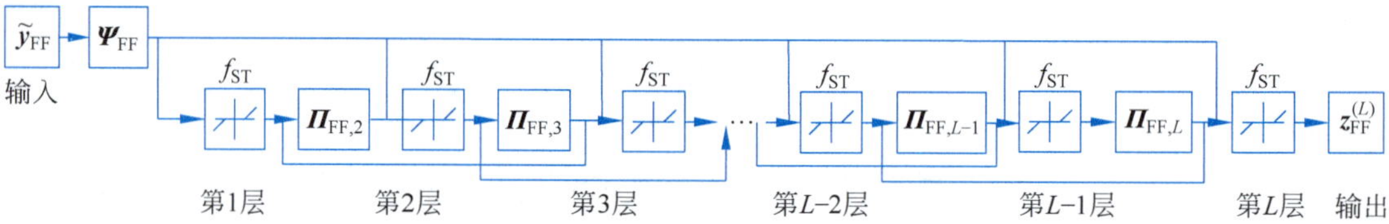

图 6.12 远场信号深度展开 FISTA 网络结构示意图

$$\boldsymbol{z}_{FF}^{(1)}=f_{ST}(\boldsymbol{\Psi}_{FF}\tilde{\boldsymbol{y}}_{FF},\varepsilon_{FF}) \tag{6.59}$$

第 2 层的输出为

$$\begin{aligned}\boldsymbol{z}_{FF}^{(2)}&=f_{ST}(\boldsymbol{z}_{FF}^{(1)}+\alpha_{FF}\tilde{\boldsymbol{\Phi}}_{FF}^{T}(\tilde{\boldsymbol{y}}_{FF}-\tilde{\boldsymbol{\Phi}}_{FF}\boldsymbol{z}_{FF}^{(1)}),\varepsilon_{FF})\\&=f_{ST}(\boldsymbol{\Psi}_{FF}\tilde{\boldsymbol{y}}_{FF}+\boldsymbol{\Pi}_{FF,2}\boldsymbol{z}_{FF}^{(1)},\varepsilon_{FF})\end{aligned} \tag{6.60}$$

其中，$\boldsymbol{\Psi}_{FF}$ 表示 $P\times 2M^2$ 维矩阵，$\boldsymbol{\Pi}_{FF}$ 表示 $P\times P$ 维矩阵，网络的初始化参数如下：

$$\boldsymbol{\Psi}_{FF}=\alpha_{FF}\tilde{\boldsymbol{\Phi}}_{FF}^{T} \tag{6.61}$$

$$\boldsymbol{\Pi}_{FF,2}=\boldsymbol{I}_{P}-\alpha_{FF}\tilde{\boldsymbol{\Phi}}_{FF}^{T}\tilde{\boldsymbol{\Phi}}_{FF} \tag{6.62}$$

$$\varepsilon_{FF}=0.05 \tag{6.63}$$

其中，$\alpha_{FF}=0.9/\delta_{FF}$，$\delta_{FF}$ 表示$\tilde{\boldsymbol{\Phi}}_{FF}^{T}\tilde{\boldsymbol{\Phi}}_{FF}$ 的最大特征值，$\boldsymbol{I}_{P}$ 表示 P 维单位矩阵。

此外，远场信号深度展开 FISTA 网络第 l 层的输出为

$$\begin{aligned}\boldsymbol{z}_{FF}^{(l)}&=f_{ST}\left(\boldsymbol{z}_{FF}^{(l-1)}+\alpha_{FF}\tilde{\boldsymbol{\Phi}}_{FF}^{T}(\tilde{\boldsymbol{y}}_{FF}-\tilde{\boldsymbol{\Phi}}_{FF}\boldsymbol{z}_{FF}^{(l-1)})+\frac{l-2}{l+1}(\boldsymbol{z}_{FF}^{(l-1)}-\boldsymbol{z}_{FF}^{(l-2)}),\varepsilon_{FF}\right)\\&=f_{ST}\left(\boldsymbol{\Psi}_{FF}\tilde{\boldsymbol{y}}_{FF}+\boldsymbol{\Pi}_{FF,l}\boldsymbol{z}_{FF}^{(l-1)}+\frac{l-2}{l+1}\boldsymbol{z}_{FF}^{(l-2)},\varepsilon_{FF}\right)\end{aligned} \tag{6.64}$$

其中，$l=3,4,\cdots,L$，$\boldsymbol{\Pi}_{FF,l}$ 的初始化参数为

$$\boldsymbol{\Pi}_{FF,l}=\frac{2l-1}{l+1}\boldsymbol{I}_{P}-\alpha_{FF}\tilde{\boldsymbol{\Phi}}_{FF}^{T}\tilde{\boldsymbol{\Phi}}_{FF} \tag{6.65}$$

在远场信号深度展开 FISTA 网络训练过程中使用 SGD 优化器对网络参数$\boldsymbol{\Psi}_{FF}$、$\boldsymbol{\Pi}_{FF,l}$ 和 ε_{FF} 进行更新，损失函数定义为

$$\sum_{t=1}^{T}(\|\tilde{\boldsymbol{y}}_{FF,t}-\tilde{\boldsymbol{\Phi}}_{FF}\boldsymbol{z}_{FF,t}^{(L)}\|_2^2+\mu_{FF}\|\boldsymbol{z}_{FF,t}^{(L)}\|_1) \tag{6.66}$$

其中，μ_{FF} 表示正则化参数，$t=1,2,\cdots,T$，T 表示训练样本的数量，$\tilde{\boldsymbol{y}}_{FF,t}$ 表示网络输入的第 t 个训练数据，$\boldsymbol{z}_{FF,t}^{(L)}$ 表示第 t 个训练样本输入网络后的第 L 层的输出。由于损失函数的第一项和第二项分别与重构误差和网络输出的稀疏性有关，因此在远场信号深度展开 FISTA 网络的训练过程中没有使用标签(即训练数据对应的真实空间谱)，可以看作无监督学习过程。

本节提出的混合信号定位流程如图 6.13 所示。首先计算混合信号协方差矩阵，通过协方差矩阵差分得到近场信号差分向量，并将其输入至近场信号深度展开 FISTA 网络得到近场信号空间谱，再通过空间谱的谱峰对近场信号的角度和距离进行估计。此外，通过对混合信号协方差矩阵进行特征值分解，得到混合信号特征值和信号子空间，通过子空间差分得到远场信号协方差向量，并将其输入至远场信号深度展开 FISTA 网络得到远场信号空间谱，最后通过空间谱的谱峰对远场信号的角度进行估计。

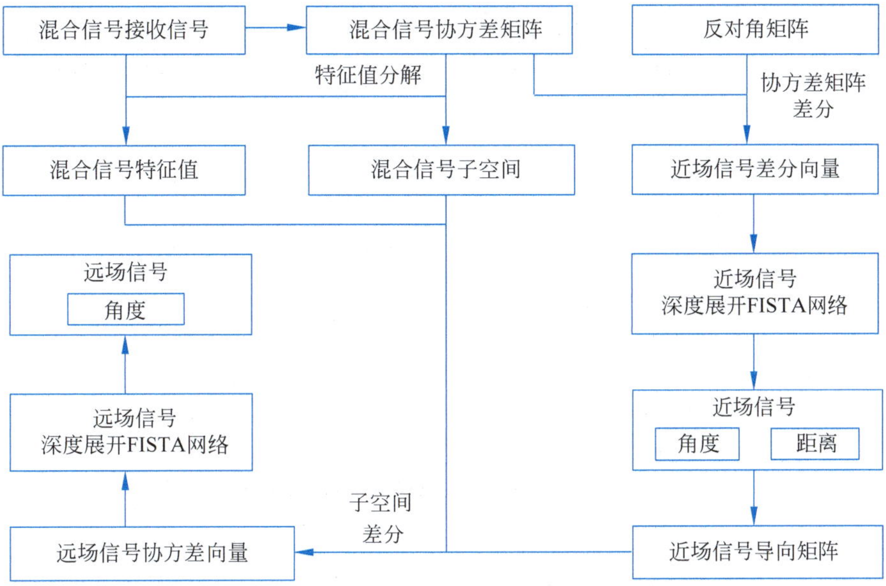

图 6.13 基于深度展开 FISTA 网络的混合信号定位流程图

6.4.5 仿真实验与分析

本节利用仿真实验对所提混合信号参数估计方法的收敛性能、泛化能力、计算复杂度和估计精度进行分析和验证。对于近场信号深度展开 FISTA 网络，网络的层数设置为 20，以 1°和 1λ 为间隔分别对[−60°，60°]和[1λ，5λ]进行均匀采样，产生 4961 个训练样本；此外，对于远场信号深度展开 FISTA 网络，网络的层数设置为 30，以 1°为间隔对[−60°，60°]进行均匀采样，产生 121 个训练样本。在训练过程中，Epoch、Batch Size 和 Learning Rate 分别设置为 50、16 和 0.001。

1. 收敛性能分析

本节通过混合信号参数估计的相对误差对所提深度展开 FISTA 网络的收敛性能进行分析。图 6.14(a)和图 6.14(b)分别为近场信号和远场信号的相对误差，其中，横坐标表示深度展开 FISTA 网络和深度展开 ISTA 网络的层数，纵坐标表示相对误差，实线表示 20 层深度展开 FISTA 网络的相对误差，虚线表示 30 层深度展开 ISTA 网络的相对误差。

由图 6.14 可知，随着网络层数增加，深度展开 FISTA 网络和深度展开 ISTA 网络的相对误差逐渐减小，并且深度展开 FISTA 网络能够用更少的层数达到收敛，这表明深度展开 FISTA 网络的收敛速度更快。

2. 泛化能力分析

本节对深度展开 FISTA 网络在不同个数混合信号情况下的泛化能力进行分析。由于训练样本包含一个近场信号和一个远场信号，因此将测试样本也设置为一个近场信号和一个远场信号，其中近场信号的位置设置为(−30°，2λ)，远场信号的角度设置为−20°，图 6.15 给出了通过深度展开 FISTA 网络得到的混合信号空间谱，图 6.15(a)为近场信号空间谱，图 6.15(b)为远场信号空间谱，由图 6.15 可知，通过谱峰对应的位置可以对近场信号和远场信号的参数进行估计，这表明深度展开 FISTA 网络能够实现混合信号进行识别和定位。

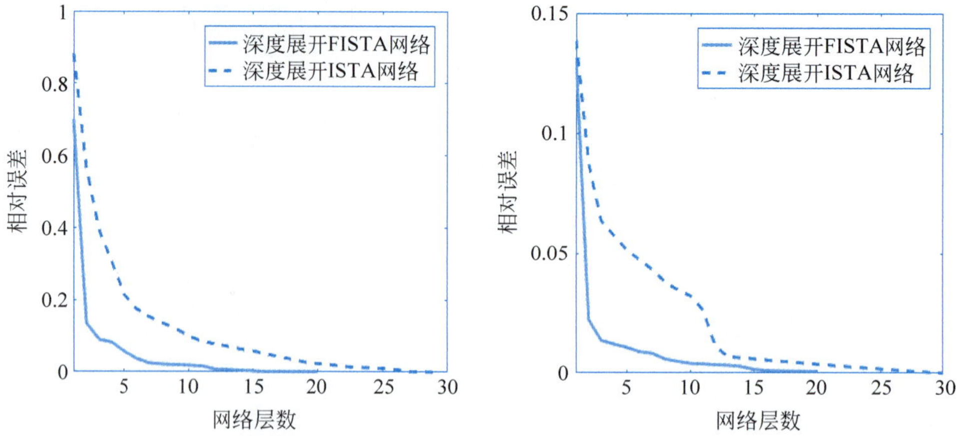

(a) 近场信号　　(b) 远场信号

图 6.14　混合信号参数估计的相对误差

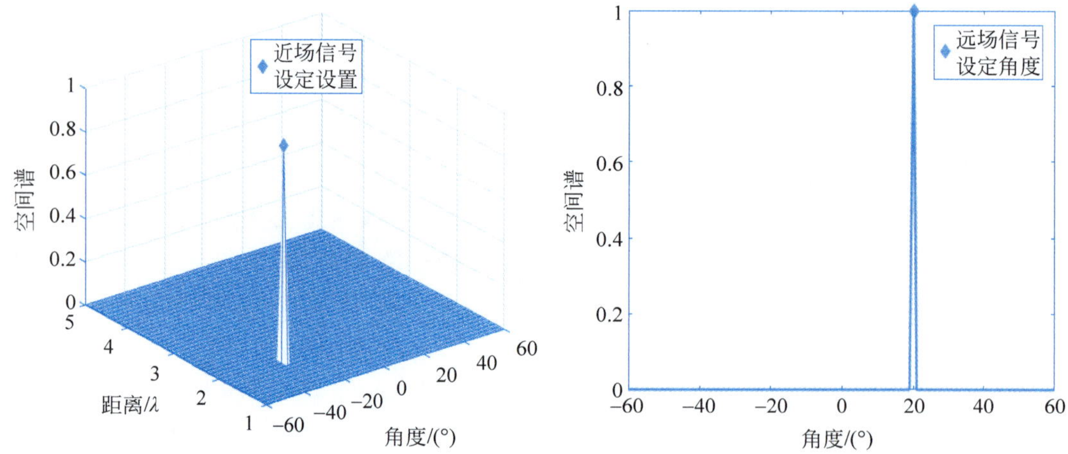

(a) 近场信号　　(b) 远场信号

图 6.15　混合信号空间谱(一个近场信号和一个远场信号)

此外,将测试样本与训练样本设置为不同个数的混合信号,混合信号中包含两个近场信号和两个远场信号,其中近场信号的位置设置为(−12°,3.5λ)和(10°,3λ),远场信号的角度设置为5°和10°。可以看出,第二个近场信号和第二个远场信号的角度相同,图6.16给出了通过深度展开FISTA网络得到的混合信号空间谱,图6.16(a)为近场信号空间谱,图6.16(b)为远场信号空间谱,由图6.16可知,通过谱峰对应的位置可以对近场信号和远场信号的参数进行估计,这表明深度展开FISTA网络具有在不同个数混合信号情况下的泛化能力。

为了验证所提方法对近场信号角度估计的泛化能力,共生成3组测试样本,所有测试样本的信噪比设置为5～25dB的随机值,距离设置为5λ,第一组测试样本的角度设置为[−60.0°,−59.0°,…−1.0°,0.0°,1.0°,…,59.0°,60.0°],第二组测试样本的角度设置为[−59.9°,−58.9°,…−0.9°,0.1°,1.1°,…,59.1°],第三组测试样本的角度设置为[−59.7°,−58.7°,…−0.7°,0.3°,1.3°,…,59.3°]。图6.17(a)给出了测试样本的角度估计结果,图6.17(b)给出了相应的角度估计误差,其中横坐标表示测试样本的编号。可以看出,第二组和第三组测试样本的角度估计误差分别为−0.1°和−0.3°,这表明所提方法具有对近场

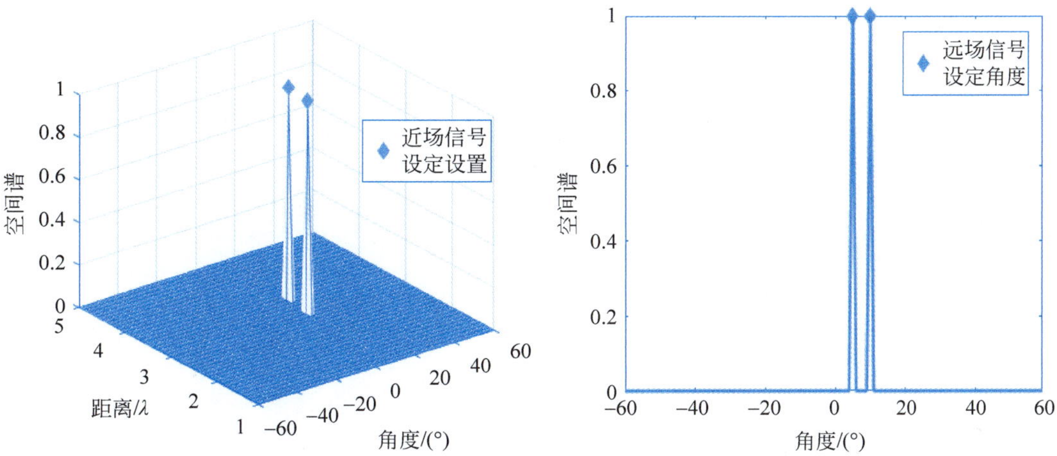

(a) 近场信号　　(b) 远场信号

图 6.16 混合信号空间谱（两个近场信号和两个远场信号）

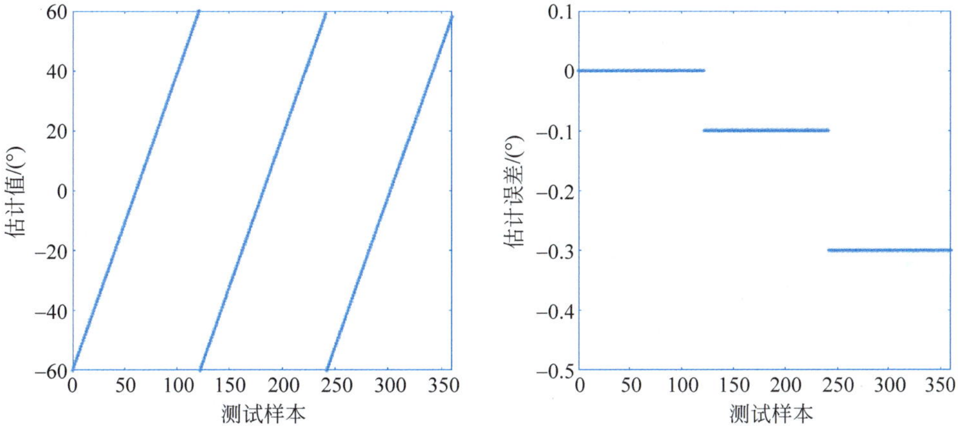

(a) 估计值　　(b) 估计误差

图 6.17 近场信号角度估计结果

信号角度估计的泛化能力。

为了验证所提方法对近场信号距离估计的泛化能力，共生成 3 组测试样本，所有测试样本的信噪比设置为 5～25dB 的随机值，角度设置为 20°，第一组测试样本的距离设置为[3λ，4λ，…，12λ]，第二组测试样本的距离设置为[3.1λ，4.1λ，…，11.1λ]，第三组测试样本的距离设置为[3.3λ，4.3λ，…，11.3λ]。图 6.18(a)给出了测试样本的距离估计结果，图 6.18(b)给出了相应的距离估计误差，其中横坐标表示测试样本的编号。可以看出，第二组和第三组测试样本的距离估计误差分别为－0.1λ 和－0.3λ，这表明所提方法具有对近场信号距离估计的泛化能力。

为了验证所提方法对远场信号角度估计的泛化能力，共生成 3 组测试样本，所有测试样本的信噪比设置为 5～25dB 的随机值，第一组测试样本的角度设置为[－60.0°，－59.0°，…，－1.0°，0.0°，1.0°，…，59.0°，60.0°]，第二组测试样本的角度设置为[－59.9°，－58.9°，…，－0.9°，0.1°，1.1°，…，59.1°]，第三组测试样本的角度设置为[－59.7°，－58.7°，…，－0.7°，

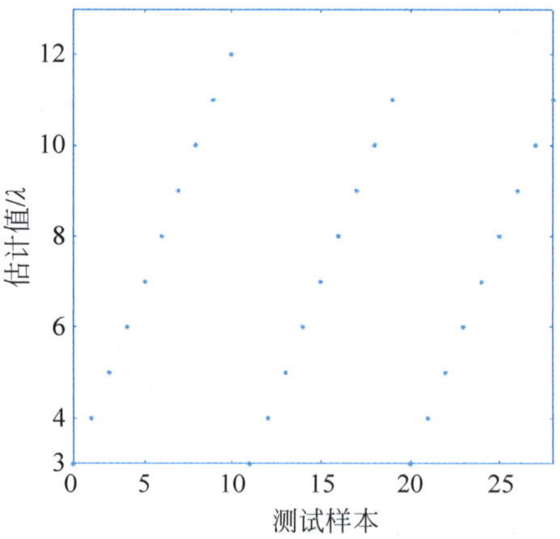

(a) 估计值

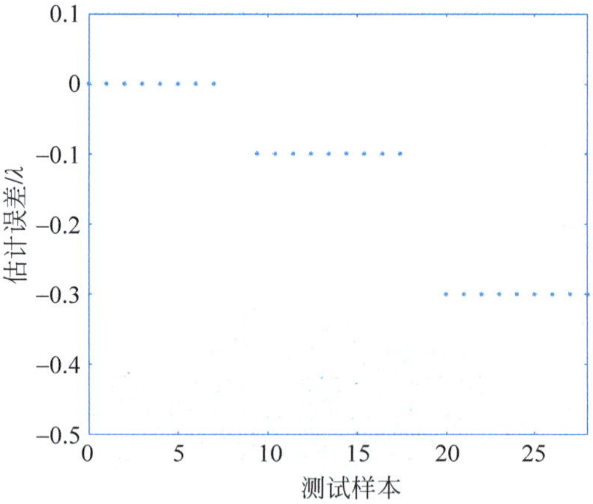

(b) 估计误差

图 6.18 近场信号距离估计结果

0.3°,1.3°,…,59.3°]。图 6.19(a)给出了测试样本的角度估计结果,图 6.19(b)给出了相应的角度估计误差,其中横坐标表示测试样本的编号。可以看出,第二组和第三组测试样本的角度估计误差分别为−0.1°和−0.3°,这表明所提方法具有对远场信号角度估计的泛化能力。

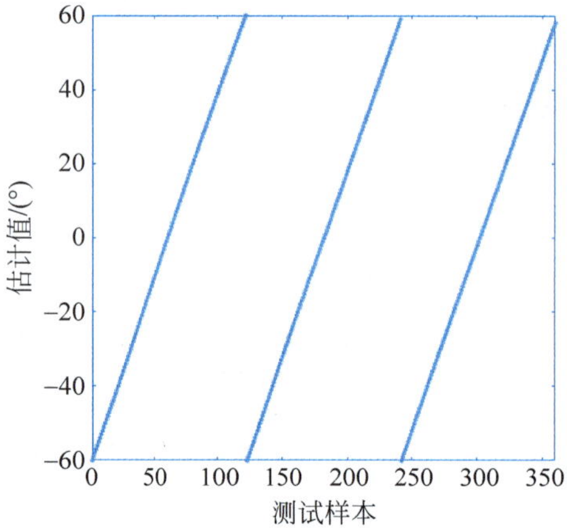

(a) 估计值

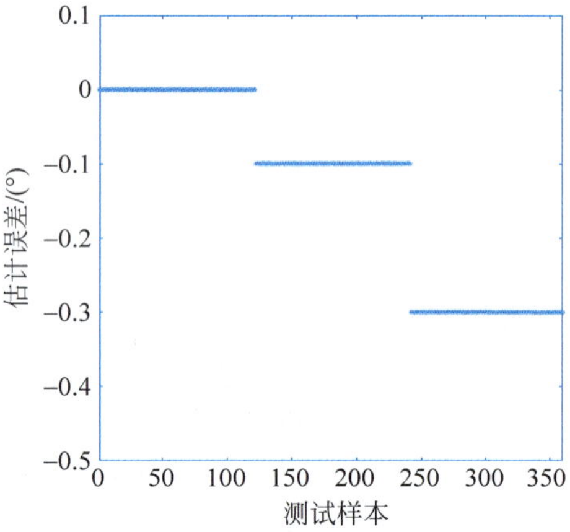

(b) 估计误差

图 6.19 远场信号角度估计结果

3. 计算复杂度分析

本节对混合信号参数估计的计算复杂度进行分析。近场信号深度展开 FISTA 网络的输入为实数域的差分向量,计算嵌套阵列下的协方差矩阵需要 M^2N 次乘法运算和 $M^2(N-1)$ 次加法运算,计算式(6.32)中差分矩阵需要 $2M^3$ 次乘法运算、$2M^2(M-1)$次加法运算和 M^2 次减法运算,将差分矩阵进行向量化,并利用其实部与虚部转化为式(6.33)中实数域的差分向量不需要额外的计算。此外,远场信号深度展开 FISTA 网络的输入为实数域的协方差向量,计算嵌套阵列下的协方差矩阵需要 $2M^3$ 次乘法运算和 M^2 次减法运算,计算式(6.53)中的协方差矩阵需要 M^2 次乘法运算和 $M(M+1)$次减法运算,在对混合信号协方差矩阵进行特征值分解后,计算式(6.51)中的矩阵 $\breve{\boldsymbol{R}}$ 需要$(K_1+K_2)(M^2+MK_1+$

MK_2+1)次乘法运算、$M(K_1+K_2-1)(M+K_1+K_2)$次加法运算、$(K_1+K_2)^2$ 次减法运算和求逆运算，近场信号功率的估计值需要 $K_1M(M+1)$次乘法运算、$K_1(M^2-1)$次加法运算和求逆运算，计算式(6.52)中近场信号协方差矩阵需要 $MK_1(M+K_1)$次乘法运算和 $M(K_1-1)(M+K_1)$次加法运算，计算式(6.53)中的远场信号协方差矩阵需要 M^2 次减法运算，将协方差矩阵进行向量化，并利用其实部与虚部转化为式(6.58)中实数域的协方差向量不需要额外的计算。深度展开 FISTA 网络的计算复杂度与网络的层数成正比关系，近场信号深度展开 FISTA 网络和远场信号深度展开 FISTA 网络每一层的计算复杂度分别为 $O(M^2PQ)$和 $O(M^2P)$。

在 CPU 为 Intel i5-337U 的环境下，表 6.2 给出了本节所提深度展开 FISTA 网络通过 100 次 Monte-Carlo 实验的平均计算时间，并与 6.3 节提出的卷积神经网络、深度展开 ISTA 网络、四阶统计量方法[180]和低秩重构方法[99]进行了对比。在仿真实验中，测试样本包含一个近场信号和一个远场信号，近场信号的位置设置为(50°,2λ)，远场信号的角度设置为 30°。由表 6.2 可知，卷积神经网络所需计算时间低于深度展开网络、四阶累积量方法和低秩重构方法。此外，由于深度展开 FISTA 网络比深度展开 ISTA 网络的收敛速度更快，因此，深度展开 FISTA 网络的计算时间低于深度展开 ISTA 网络的计算时间。

表 6.2 混合信号参数估计的计算时间对比

混合信号参数估计方法	计算时间/s
深度展开 FISTA 网络	0.390
深度展开 ISTA 网络	0.536
卷积神经网络	0.059
四阶累积量方法	2.567
低秩重构方法	1.345

4. 估计精度分析

本节基于 300 次 Monte-Carlo 仿真实验得到的均方根误差对所提方法的参数估计精度进行分析，并与 6.3 节提出的卷积神经网络、深度展开 ISTA 网络、四阶统计量方法[180]和低秩重构[99]进行了对比。在仿真实验中，测试样本包含一个远场信号和一个近场信号，其中远场信号的角度设置为−45°，近场信号的角度和距离分别设置为 10°和 4.2λ。当快拍数设置为 200 时，不同信噪比下的近场信号角度的 RMSE、近场信号距离的 RMSE 和远场信号角度的 RMSE 分别如图 6.20(a)～(c)所示，当信噪比设置为 10dB 时，不同快拍数下的近场信号角度和距离以及远场信号角度的 RMSE 分别如图 6.21(a)～(c)所示，可以看出，随着信噪比和快拍数的增加，混合信号参数估计的 RMSE 逐渐减小，这表明参数估计精度逐渐提高。由于近场信号数学模型具有的近似误差，因此近场信号的 RMSE 大于远场信号的 RMSE。此外，由于卷积神经网络将相位差信息作为输入，受信噪比和快拍数的影响相对较大。在相同的信噪比或快拍数下，相较于深度展开 ISTA 网络、卷积神经网络、四阶累积量方法和低秩重构方法，深度展开 FISTA 网络的 RMSE 更低，能够提高混合信号的参数估计精度。

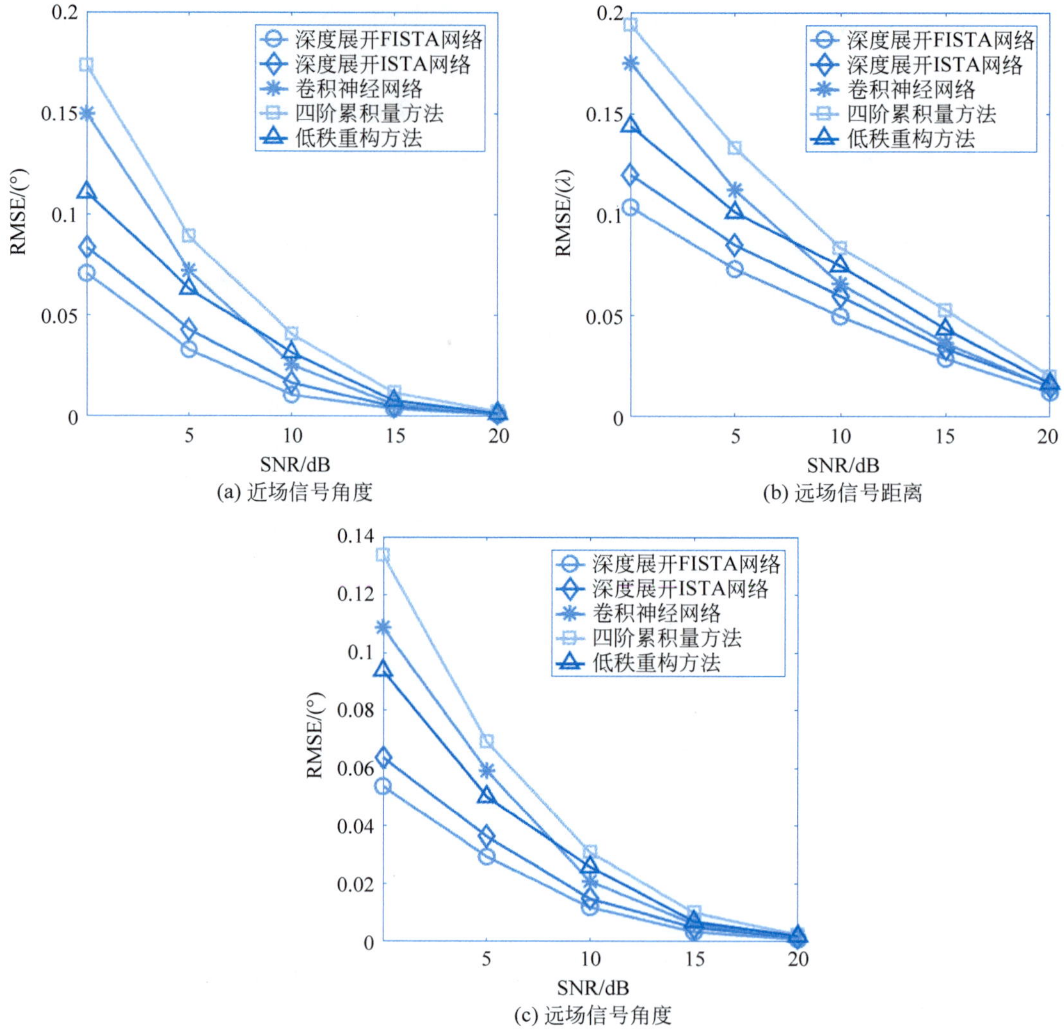

图 6.20 不同信噪比下混合信号参数估计的 RMSE

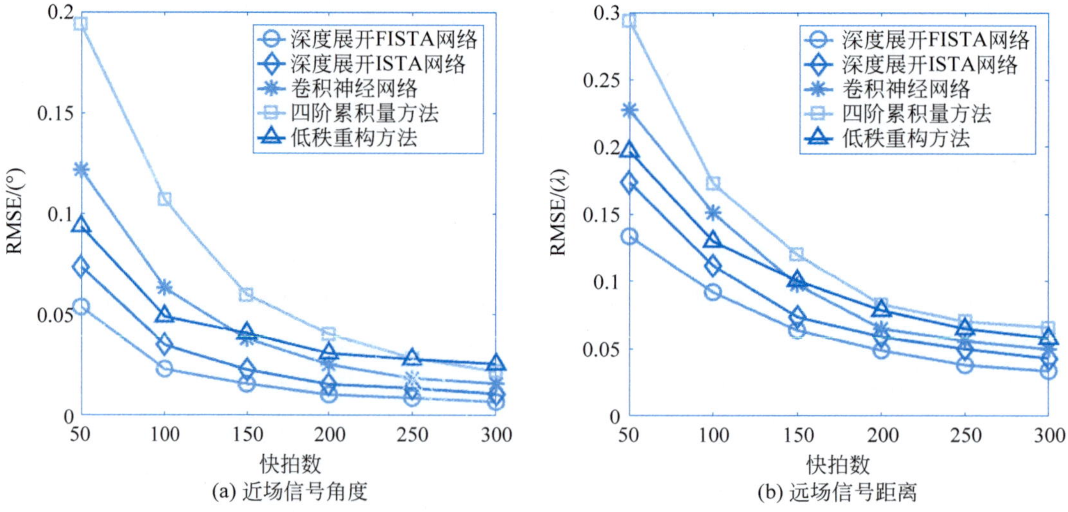

图 6.21 不同快拍数下混合信号参数估计的 RMSE

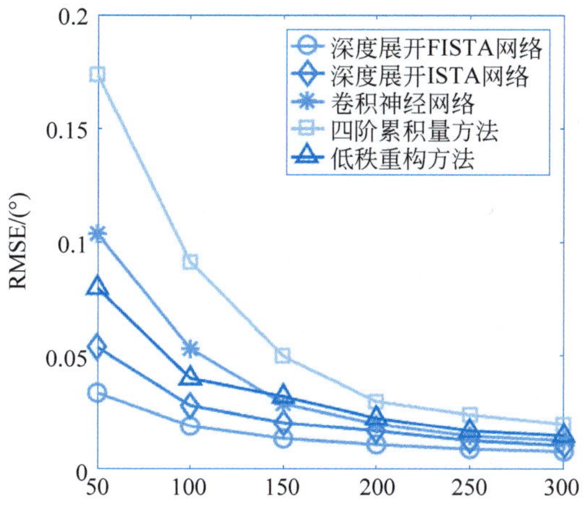

(c) 远场信号角度

图 6.21 （续）

6.5 本章小结

本章针对远场和近场混合信号的参数估计问题，利用混合信号的相位差矩阵信息和协方差矩阵信息，通过卷积神经网络和深度展开 FISTA 网络实现混合信号的识别和参数估计。所取得的研究成果主要包括：

(1) 提出了基于卷积神经网络的混合信号参数估计方法，该方法将嵌套对称阵列的接收数据转换为频域，构建仅包含混合信号角度的相位差向量，并将其作为卷积神经网络的输入，实现混合信号的角度估计。接着，构建仅包含近场信号距离的相位差向量，并将其作为自编码器的输入，实现混合信号的识别。最后，将自编码器的输出作为卷积神经网络的输入，实现近场信号的距离估计。由于混合信号可以在频谱上解耦，所提方法可以对不同个数的混合信号进行参数估计。仿真实验结果表明，相较于将参数估计视为分类问题，所提方法将参数估计视为回归问题，可以显著降低计算复杂度，并且具有对混合信号参数估计的泛化能力。

(2) 提出了基于深度展开 FISTA 网络的混合信号参数估计方法，该方法通过协方差矩阵差分得到近场信号差分向量，并将其输入近场信号深度展开 FISTA 网络，得到近场信号空间谱，再通过空间谱的谱峰对近场信号的角度和距离进行估计。接着，通过对混合信号协方差矩阵进行特征值分解，得到混合信号特征值和信号子空间，通过子空间差分得到远场信号协方差向量，并将其输入至远场信号深度展开 FISTA 网络得到远场信号空间谱，最后通过空间谱的谱峰对远场信号的角度进行估计。仿真实验结果表明，相较于深度展开 ISTA 网络，深度展开 FISTA 网络能够用更少的层数达到收敛。此外，深度展开 FISTA 网络具有对不同个数混合信号进行参数估计的泛化能力，并且能够提高混合信号的参数估计精度。

参考文献

[1] 张小飞,汪飞,徐大专.阵列信号处理的理论和应用[M].北京:国防工业出版社,2010.

[2] 王永良,陈辉,彭应宁.空间谱估计理论与算法[M].北京:清华大学出版社,2004.

[3] 王永良,丁前军,李荣峰.自适应阵列处理[M].北京:清华大学出版社,2009.

[4] 刘天鹏.多源反向交叉眼干扰技术研究[D].长沙:国防科技大学,2016.

[5] Shi J,Wen F,Liu T. Nested MIMO Radar: Coarrays,Tensor Modeling and Angle Estimation[J]. IEEE Transactions on Aerospace and Electronic Systems,2021,57(1): 573-585.

[6] Cao Z,Zhou L,Dai J. Sparse Bayesian Approach for DOD and DOA Estimation with Bistatic MIMO Radar[J]. IEEE Access,2019,7: 155335-155346.

[7] Schmidt R. Multiple Emitter Location and Signal Parameter Estimation[J]. IEEE Transactions on Antennas and Propagation,1986,34(3): 276-280.

[8] Roy R,Kailath T. ESPRIT-Estimation of Signal Parameters via Rotational Invariance Techniques[J]. IEEE Transactions on Acoustics,Speech,and Signal Processing,1989,37(7): 984-995.

[9] Yang C,Qu J,Li S,et al. Signal Detection with Higher-Order Statistics[C]. International Conference on Signal Processing,1996: 545-548.

[10] Papadopoulos C K,Nikias C L. Parameter Estimation of Exponentially Damped Sinusoids using Higher Order Statistics[J]. IEEE Transactions on Acoustics,Speech,and Signal Processing,1990,38(8): 1424-1436.

[11] Porat B,Friedlander B. Direction Finding Algorithms based on High-Order Statistics [C]. International Conference on Acoustics,Speech,and Signal Processing,1990: 2675-2678.

[12] Chen Y,Lin Y. A Modified Cumulant Matrix for DOA Estimation[J]. IEEE Transactions on Signal Processing,1994,42(11): 3287-3291.

[13] Ju K,Sung H,Youn D,et al. Cumulant based Approach for Direction-of-Arrival Estimation of Wideband Sources[C]. IEEE Antennas and Propagation Society International Symposium,1996: 1376-1379.

[14] Dogan M C,Mendel J M. Joint Array Calibration and Direction-Finding with Virtual-ESPRIT Algorithm[C]. IEEE Signal Processing Workshop on Higher-Order Statistics,1993: 146-150.

[15] Yuen N,Friedlander B. Asymptotic Performance Analysis of Three ESPRIT Algorithms [C]. Conference Record of The Twenty-Ninth Asilomar Conference on Signals,Systems and Computers,1995: 717-721.

[16] 刘章孟.基于信号空域稀疏性的阵列处理理论与方法[D].长沙:国防科技大学,2012.

[17] Mallat S,Zhang Z. Matching Pursuits with Time-Frequency Dictionaries[J]. IEEE Transactions on Signal Processing,1993,41(12): 3397-3415.

[18] Cotter S F. Multiple Snapshot Matching Pursuit for Direction of Arrival (DOA) Estimation[C]. 15th European Signal Processing Conference,2007: 247-251.

[19] Sahoo S K,Makur A. Signal Recovery from Random Measurements via Extended Orthogonal Matching Pursuit[J]. IEEE Transactions on Signal Processing,2015,63(10): 2572-2581.

[20] Wang J,Kwon S,Li P,et al. Recovery of Sparse Signals via Generalized Orthogonal Matching Pursuit: A New Analysis[J]. IEEE Transactions on Signal Processing,2016,64(4): 1076-1089.

[21] Donoho D L, Tsaig Y, Drori I, et al. Sparse Solution of Underdetermined Systems of Linear Equations by Stagewise Orthogonal Matching Pursuit[J]. IEEE Transactions on Information Theory, 2012, 58(2): 1094-1121.

[22] Chang L, Yeh C C. Performance of DMI and Eigenspace-Based Beamformers[J]. IEEE Transactions on Antennas and Propagation, 1992, 40(11): 1336-1347.

[23] 吴流丽. 基于机器学习的阵列信号处理方法[D]. 长沙：国防科技大学，2019.

[24] Elbir A M. DeepMUSIC: Multiple Signal Classification via Deep Learning[J]. IEEE Sensors Letters, 2020, 4(4): 1-4.

[25] Xiao X, Zhao S, Zhong X, et al. A Learning-Based Approach to Direction of Arrival Estimation in Noisy and Reverberant Environments[C]. IEEE International Conference on Acoustics, Speech and Signal Processing (ICASSP), 2015: 2814-2818.

[26] Chakrabarty S, Habets E. Broadband DOA Estimation using Convolutional Neural Networks Trained with Noise Signals[C]. IEEE Workshop on Applications of Signal Processing to Audio and Acoustics (WASPAA), 2017: 136-140.

[27] Huang H, Yang J, Huang H, et al. Deep Learning for Super-Resolution Channel Estimation and DOA Estimation Based Massive MIMO System[J]. IEEE Transactions on Vehicular Technology, 2018, 67(9): 8549-8560.

[28] 孙磊. 非均匀阵列设计及欠定波达方向估计[D]. 西安：西安电子科技大学，2018.

[29] 陈鑫. 基于均匀圆阵的宽带近场辐射源定位技术研究[D]. 长沙：国防科技大学，2021.

[30] 王千里. 基于自适应网格的稀疏信号处理方法研究[D]. 成都：电子科技大学，2020.

[31] 刘婧. 非理想条件下 DOA 估计算法研究[D]. 哈尔滨：哈尔滨工程大学，2018.

[32] 孙天宇. 基于机器学习的宽带 DOA 估计和波束形成[D]. 成都：电子科技大学，2022.

[33] 董川源. 基于机器学习的 DOA 估计算法研究[D]. 西安：西安电子科技大学，2020.

[34] Li Q, Zhang X, Li H. Online Direction of Arrival Estimation Based on Deep Learning[C]. IEEE International Conference on Acoustics, Speech and Signal Processing (ICASSP), 2018: 2616-2620.

[35] Chakrabarty S, Habets E. Multi-Speaker DOA Estimation Using Deep Convolutional Networks Trained with Noise Signals[J]. IEEE Journal of Selected Topics in Signal Processing, 2019, 13(1): 8-21.

[36] 韩莉. 阵列模型误差下基于机器学习的波达方向估计方法研究[D]. 成都：电子科技大学，2021.

[37] 干鹏. 非均匀阵列的信号处理算法研究[D]. 成都：电子科技大学，2018.

[38] 史靖希. 机载非均匀阵列雷达空时自适应处理算法研究[D]. 成都：电子科技大学，2022.

[39] Monga V, Li Y, Eldar Y C. Algorithm Unrolling: Interpretable, Efficient Deep Learning for Signal and Image Processing[J]. IEEE Signal Processing Magazine, 2021, 38(2): 18-44.

[40] 殷允杰. 基于非均匀阵列的波达方向估计技术研究[D]. 成都：电子科技大学，2017.

[41] Moffet A. Minimum-Redundancy Linear Arrays[J]. IEEE Transactions on Antennas and Propagation, 1968, 16(2): 172-175.

[42] Pal P, Vaidyanathan P P. Nested Arrays: A Novel Approach to Array Processing with Enhanced Degrees of Freedom[J]. IEEE Transactions on Signal Processing, 2010, 58(8): 4167-4181.

[43] Vaidyanathan P P, Pal P. Sparse Sensing with Co-Prime Samplers and Arrays[J]. IEEE Transactions on Signal Processing, 2011, 59(2): 573-586.

[44] Qin S, Zhang Y D, Amin M G. Generalized Coprime Array Configurations for Direction-of-Arrival Estimation[J]. IEEE Transactions on Signal Processing, 2015, 63(6): 1377-1390.

[45] Iizuka Y, Ichige K. Extension of Two-Level Nested Array with Larger Aperture and More Degrees of Freedom[C]. International Symposium on Antennas and Propagation (ISAP), 2016: 442-443.

[46] Yang M, Sun L, Yuan X, et al. Improved Nested Array with Hole-Free DCA and More Degrees of Freedom[J]. Electronics Letters, 2016, 52(25): 2068-2070.

[47] Yang M,Haimovich A M,Chen B,et al. A New Array Geometry for DOA Estimation with Enhanced Degrees of Freedom[C]. IEEE International Conference on Acoustics,Speech and Signal Processing (ICASSP),2016: 3041-3045.

[48] Liu C, Vaidyanathan P P. Super Nested Arrays: Linear Sparse Arrays with Reduced Mutual Coupling—Part I: Fundamentals[J]. IEEE Transactions on Signal Processing, 2016, 64(15): 3997-4012.

[49] Liu C, Vaidyanathan P P. Super Nested Arrays: Linear Sparse Arrays with Reduced Mutual Coupling—Part II: High-Order Extensions[J]. IEEE Transactions on Signal Processing,2016,64(16): 4203-4217.

[50] Liu C,Vaidyanathan P P. Super Nested Arrays: Sparse Arrays with Less Mutual Coupling than Nested Arrays[C]. IEEE International Conference on Acoustics, Speech and Signal Processing (ICASSP),2016: 2976-2980.

[51] Liu J,Zhang Y,Lu Y,et al. Augmented Nested Arrays with Enhanced DOF and Reduced Mutual Coupling[J]. IEEE Transactions on Signal Processing,2017,65(21): 5549-5563.

[52] Hyder M M,Mahata K. Direction-of-Arrival Estimation Using a Mixed $l_{2,0}$ Norm Approximation [J]. IEEE Transactions on Signal Processing,2010,58(9): 4646-4655.

[53] Gorodnitsky I F,Rao B D. Sparse Signal Reconstruction from Limited Data using FOCUSS: a Re-Weighted Minimum Norm Algorithm[J]. IEEE Transactions on Signal Processing,1997,45(3): 600-616.

[54] Zheng C,Li G,Zhang H,et al. An Approach of DOA Estimation using Noise Subspace Weighted l_1 Minimization[C]. IEEE International Conference on Acoustics, Speech and Signal Processing (ICASSP),2011: 2856-2859.

[55] Yin J,Chen T. Direction-of-Arrival Estimation Using a Sparse Representation of Array Covariance Vectors[J]. IEEE Transactions on Signal Processing,2011,59(9): 4489-4493.

[56] Malioutov D, Cetin M, Willsky A S. A Sparse Signal Reconstruction Perspective for Source Localization with Sensor Arrays[J]. IEEE Transactions on Signal Processing, 2005, 53(8): 3010-3022.

[57] Model D,Zibulevsky M. Signal Reconstruction in Sensor Arrays using Sparse Representations[J]. Signal Processing,2006,86(3): 624-638.

[58] Blunt S D,Chan T,Gerlach K. Robust DOA Estimation: The Reiterative Superresolution (RISR) Algorithm[J]. IEEE Transactions on Aerospace and Electronic Systems,2011,47(1): 332-346.

[59] Xu X,Wei X,Ye Z. DOA Estimation Based on Sparse Signal Recovery Utilizing Weighted l_1-Norm Penalty[J]. IEEE Signal Processing Letters,2012,19(3): 155-158.

[60] Dai J,Bao X,Xu W,et al. Root Sparse Bayesian Learning for Off-Grid DOA Estimation[J]. IEEE Signal Processing Letters,2017,24(1): 46-50.

[61] Dai J,So H C. Real-Valued Sparse Bayesian Learning for DOA Estimation with Arbitrary Linear Arrays[J]. IEEE Transactions on Signal Processing,2021,69: 4977-4990.

[62] Dong F,Shen C, Zhang K, et al. Real-Valued Sparse DOA Estimation for MIMO Array System Under Unknown Nonuniform Noise[J]. IEEE Access,2018,6: 52218-52226.

[63] Gerstoft P,Mecklenbräuker C F,Xenaki A,et al. Multisnapshot Sparse Bayesian Learning for DOA [J]. IEEE Signal Processing Letters,2016,23(10): 1469-1473.

[64] Hu N,Sun B,Zhang Y,et al. Underdetermined DOA Estimation Method for Wideband Signals Using Joint Nonnegative Sparse Bayesian Learning[J]. IEEE Signal Processing Letters, 2017, 24(5): 535-539.

[65] Jagannath R, Hari K V S. Block Sparse Estimator for Grid Matching in Single Snapshot DoA

Estimation[J]. IEEE Signal Processing Letters,2013,20(11): 1038-1041.

[66] Wang Q,Yu H,Li J,et al. Sparse Bayesian Learning Using Generalized Double Pareto Prior for DOA Estimation[J]. IEEE Signal Processing Letters,2021,28: 1744-1748.

[67] Yang J,Yang Y. Sparse Bayesian DOA Estimation Using Hierarchical Synthesis Lasso Priors for Off-Grid Signals[J]. IEEE Transactions on Signal Processing,2020,68: 872-884.

[68] Zhao L,Li X,Wang L,et al. Computationally Efficient Wide-Band DOA Estimation Methods Based on Sparse Bayesian Framework[J]. IEEE Transactions on Vehicular Technology,2017,66(12): 11108-11121.

[69] Liu Z,Huang Z,Zhou Y. An Efficient Maximum Likelihood Method for Direction-of-Arrival Estimation via Sparse Bayesian Learning[J]. IEEE Transactions on Wireless Communications,2012,11(10): 1-11.

[70] Das A. Real-Valued Sparse Bayesian Learning for Off-Grid Direction-of-Arrival (DOA) Estimation in Ocean Acoustics[J]. IEEE Journal of Oceanic Engineering,2021,46(1): 172-182.

[71] 刘天娇. 稀疏贝叶斯学习理论及其在水声阵列信号处理中的应用[D]. 哈尔滨: 哈尔滨工程大学,2019.

[72] Tropp J A. Greed is Good: Algorithmic Results for Sparse Approximation[J]. IEEE Transactions on Information Theory,2004,50(10): 2231-2242.

[73] Zhang T. Sparse Recovery with Orthogonal Matching Pursuit Under RIP[J]. IEEE Transactions on Information Theory,2011,57(9): 6215-6221.

[74] Lu L,Wu H. Robust Expectation - Maximization Direction-of-Arrival Estimation Algorithm for Wideband Source Signals[J]. IEEE Transactions on Vehicular Technology,2011,60(5): 2395-2400.

[75] Qiao T,Zhang Y,Liu H. Nonlinear Expectation Maximization Estimator for TDOA Localization[J]. IEEE Wireless Communications Letters,2014,3(6): 637-640.

[76] 吴晓欢. 基于稀疏表示的波达方向估计理论与方法研究[D]. 南京: 南京邮电大学,2017.

[77] Donoho D L. Compressed Sensing[J]. IEEE Transactions on Information Theory,2006,52(4): 1289-1306.

[78] Candes E J,Tao T. Near-Optimal Signal Recovery From Random Projections: Universal Encoding Strategies[J]. IEEE Transactions on Information Theory,2006,52(12): 5406-5425.

[79] Chen P,Cao Z,Chen Z,et al. Off-Grid DOA Estimation Using Sparse Bayesian Learning in MIMO Radar with Unknown Mutual Coupling[J]. IEEE Transactions on Signal Processing,2019,67(1): 208-220.

[80] Qi L,So H C,Gu Y. Off-Grid DOA Estimation with Nonconvex Regularization via Joint Sparse Representation[J]. Signal Processing,2017,140: 171-176.

[81] Zhang X,Jiang T,Li Y,et al. An Off-Grid DOA Estimation Method Using Proximal Splitting and Successive Nonconvex Sparsity Approximation[J]. IEEE Access,2019,7: 66764-66773.

[82] Das A. Theoretical and Experimental Comparison of Off-Grid Sparse Bayesian Direction-of-Arrival Estimation Algorithms[J]. IEEE Access,2017,5: 18075-18087.

[83] Yang J,Yang Y. A Correlation-Aware Sparse Bayesian Perspective for DOA Estimation with Off-Grid Sources[J]. IEEE Transactions on Antennas and Propagation,2019,67(12): 7661-7666.

[84] Chen F,Dai J,Hu N,et al. Sparse Bayesian Learning for Off-Grid DOA Estimation with Nested Arrays[J]. Digital Signal Processing,2018,82: 187-193.

[85] Yang Z,Zhang C,Xie L. Robustly Stable Signal Recovery in Compressed Sensing with Structured Matrix Perturbation[J]. IEEE Transactions on Signal Processing,2012,60(9): 4658-4671.

[86] Zhu H,Leus G,Giannakis G B. Sparsity-Cognizant Total Least-Squares for Perturbed Compressive Sampling[J]. IEEE Transactions on Signal Processing,2011,59(5): 2002-2016.

[87] Yang Z,Xie L,Zhang C. Off-Grid Direction of Arrival Estimation Using Sparse Bayesian Inference [J]. IEEE Transactions on Signal Processing,2013,61(1): 38-43.
[88] Tan Z,Yang P,Nehorai A. Joint Sparse Recovery Method for Compressed Sensing with Structured Dictionary Mismatches[J]. IEEE Transactions on Signal Processing,2014,62(19): 4997-5008.
[89] Wu X,Zhu W,Yan J. Direction of Arrival Estimation for Off-Grid Signals Based on Sparse Bayesian Learning[J]. IEEE Sensors Journal,2016,16(7): 2004-2016.
[90] 杨旭东. 基于协方差迭代的 DOA 估计算法研究[D]. 哈尔滨: 哈尔滨工程大学,2020.
[91] Wagner M,Gerstoft P,Park Y. Gridless DOA Estimation via. Alternating Projections[C]. IEEE International Conference on Acoustics,Speech and Signal Processing (ICASSP),2019: 4215-4219.
[92] Chandrasekaran V,Recht B,Parrilo P A,et al. The Convex Geometry of Linear Inverse Problems[J]. Foundations of Computational Mathematics,2012,12(6): 805-849.
[93] Bhaskar B N,Recht B. Atomic Norm Denoising with Applications to Line Spectral Estimation[C]. 49th Annual Allerton Conference on Communication,Control,and Computing 2011: 261-268.
[94] Tang G,Bhaskar B N,Shah P,et al. Compressed Sensing Off the Grid[J]. IEEE Transactions on Information Theory,2013,59(11): 7465-7490.
[95] Tang G,Bhaskar B N,Recht B. Near Minimax Line Spectral Estimation[J]. IEEE Transactions on Information Theory,2015,61(1): 499-512.
[96] Mishra K V,Cho M,Kruger A,et al. Spectral Super-Resolution with Prior Knowledge[J]. IEEE Transactions on Signal Processing,2015,63(20): 5342-5357.
[97] Yang Z,Xie L. Enhancing Sparsity and Resolution via Reweighted Atomic Norm Minimization[J]. IEEE Transactions on Signal Processing,2016,64(4): 995-1006.
[98] Semper S,Römer F. ADMM for ND Line Spectral Estimation Using Grid-Free Compressive Sensing from Multiple Measurements with Applications to DOA Estimation [C]. IEEE International Conference on Acoustics,Speech and Signal Processing (ICASSP),2019: 4130-4134.
[99] Wu X,Yan J. Gridless Mixed Sources Localization Based on Low-Rank Matrix Reconstruction[J]. IEEE Wireless Communications Letters,2020,9(10): 1748-1752.
[100] Wagner M,Park Y,Gerstoft P. Gridless DOA Estimation and Root-MUSIC for Non-Uniform Linear Arrays[J]. IEEE Transactions on Signal Processing,2021,69: 2144-2157.
[101] Yang Z,Xie L,Zhang C. A Discretization-Free Sparse and Parametric Approach for Linear Array Signal Processing[J]. IEEE Transactions on Signal Processing,2014,62(19): 4959-4973.
[102] Yang Z,Xie L. On Gridless Sparse Methods for Line Spectral Estimation From Complete and Incomplete Data[J]. IEEE Transactions on Signal Processing,2015,63(12): 3139-3153.
[103] 吴晗. 存在互耦情况下的阵列测向技术研究[D]. 天津: 天津大学,2016.
[104] 郭军强. 基于阵列互耦的方位估计技术研究[D]. 北京: 北京理工大学,2015.
[105] Liao B,Chan S C. A Cumulant-Based Method for Direction Finding in Uniform Linear Arrays with Mutual Coupling[J]. IEEE Antennas and Wireless Propagation Letters,2014,13: 1717-1720.
[106] Cai S. A Normalized Spatial Spectrum for DOA Estimation with Uniform Linear Arrays in the Presence of Unknown Mutual Coupling[C]. IEEE International Conference on Acoustics,Speech and Signal Processing (ICASSP),2016: 3086-3090.
[107] Wang X,Zhang G,Wen F,et al. Angle Estimation for Bistatic MIMO Radar with Unknown Mutual Coupling based on Three-Way Compressive Sensing [J]. Journal of Systems Engineering and Electronics,2017,28(2): 257-266.
[108] Ge Q,Zhang Y,Wang Y. A Low Complexity Algorithm for Direction of Arrival Estimation with Direction-Dependent Mutual Coupling[J]. IEEE Communications Letters,2020,24(1): 90-94.
[109] Liao B,Zhang Z G,Chan S C. DOA Estimation and Tracking of ULAs with Mutual Coupling[J].

IEEE Transactions on Aerospace and Electronic Systems,2012,48(1): 891-905.

[110] Friedlander B, Weiss A J. Direction Finding in the Presence of Mutual Coupling [J]. IEEE Transactions on Antennas and Propagation,1991,39(3): 273-284.

[111] Sellone F, Serra A. A Novel Online Mutual Coupling Compensation Algorithm for Uniform and Linear Arrays[J]. IEEE Transactions on Signal Processing,2007,55(2): 560-573.

[112] Liu Z,Huang Z,Wang F,et al. DOA Estimation with Uniform Linear Arrays in the Presence of Mutual Coupling via Blind Calibration[J]. Signal Processing,2009,89(7): 1446-1456.

[113] Dai J, Xu W, Zhao D. Real-Valued DOA Estimation for Uniform Linear Array with Unknown Mutual Coupling[J]. Signal Processing,2012,92(9): 2056-2065.

[114] Ye Z,Dai J,Xu X,et al. DOA Estimation for Uniform Linear Array with Mutual Coupling[J]. IEEE Transactions on Aerospace and Electronic Systems,2009,45(1): 280-288.

[115] Dai J,Bao X,Hu N, et al. A Recursive RARE Algorithm for DOA Estimation with Unknown Mutual Coupling[J]. IEEE Antennas and Wireless Propagation Letters,2014,13: 1593-1596.

[116] Liu H,Zhao L,Li Y,et al. A Sparse-Based Approach for DOA Estimation and Array Calibration in Uniform Linear Array[J]. IEEE Sensors Journal,2016,16(15): 6018-6027.

[117] Basikolo T, Ichige K, Arai H. A Novel Mutual Coupling Compensation Method for Underdetermined Direction of Arrival Estimation in Nested Sparse Circular Arrays [J]. IEEE Transactions on Antennas and Propagation,2018,66(2): 909-917.

[118] Wang Q,Li Z, Zhao Z, et al. Improved Block Sparse DOA Estimator with Unknown Mutual Coupling[C]. IEEE International Conference on Computational Electromagnetics (ICCEM),2018: 1-3.

[119] Meng D,Wang X,Shen C,et al. DOA Estimation with Unknown Mutual Coupling for Monostatic MIMO Radar via Weighted Block Sparse Reconstruction [C]. IEEE International Conference on Computational Electromagnetics (ICCEM),2020: 190-192.

[120] Boudaher E,Ahmad F,Amin M G,et al. Mutual Coupling Effect and Compensation in Non-Uniform Arrays for Direction-of-Arrival Estimation[J]. Digital Signal Processing,2017,61: 3-14.

[121] Wang X,Meng D, Huang M,et al. Reweighted Regularized Sparse Recovery for DOA Estimation with Unknown Mutual Coupling[J]. IEEE Communications Letters,2019,23(2): 290-293.

[122] Wang Y,Wang L,Xie J,et al. DOA Estimation Under Mutual Coupling of Uniform Linear Arrays Using Sparse Reconstruction[J]. IEEE Wireless Communications Letters,2019,8(4): 1004-1007.

[123] Dai J,Zhao D,Ji X. A Sparse Representation Method for DOA Estimation with Unknown Mutual Coupling[J]. IEEE Antennas and Wireless Propagation Letters,2012,11: 1210-1213.

[124] Liu Z,Zhou Y. A Unified Framework and Sparse Bayesian Perspective for Direction-of-Arrival Estimation in the Presence of Array Imperfections[J]. IEEE Transactions on Signal Processing, 2013,61(15): 3786-3798.

[125] Wang Q, Dou T, Chen H, et al. Effective Block Sparse Representation Algorithm for DOA Estimation with Unknown Mutual Coupling [J]. IEEE Communications Letters, 2017, 21 (12): 2622-2625.

[126] Zhang X,Jiang T,Li Y,et al. A Novel Block Sparse Reconstruction Method for DOA Estimation with Unknown Mutual Coupling[J]. IEEE Communications Letters,2019,23(10): 1845-1848.

[127] Boon C,Chong M. Sensor-array Calibration using a Maximum-Likelihood Approach [J]. IEEE Transactions on Antennas and Propagation,1996,44(6): 827-835.

[128] Hung E. Matrix-Construction Calibration Method for Antenna Arrays[J]. IEEE Transactions on Aerospace and Electronic Systems,2000,36(3): 819-828.

[129] Shi J,Hu G,Zhang X,et al. Generalized Nested Array: Optimization for Degrees of Freedom and

Mutual Coupling[J]. IEEE Communications Letters,2018,22(6): 1208-1211.

[130] Dai J,Dean Z,Ye Z. DOA Estimation and Self-Calibration Algorithm for Nonuniform Linear Array [C]. International Symposium on Intelligent Signal Processing and Communication Systems,2010: 1-4.

[131] Zheng Z,Yang C,Wang W,et al. Robust DOA Estimation Against Mutual Coupling with Nested Array[J]. IEEE Signal Processing Letters,2020,27: 1360-1364.

[132] Xie J,Cheng F, He Z, et al. A DOA Estimation Method in the Presence of Unknown Mutual Coupling based on Nested Arrays[C]. Asia-Pacific Signal and Information Processing Association Annual Summit and Conference (APSIPA ASC),2019: 1066-1071.

[133] 户盼鹤. 多径传播条件下的非合作目标无源探测关键技术研究[D]. 长沙: 国防科技大学,2019.

[134] 刘小强. 基于单快拍的相干信源 DOA 估计算法研究[D]. 西安: 长安大学,2021.

[135] 喻体娟. 相干信源与低复杂度 DOA 估计技术研究[D]. 成都: 西南交通大学,2021.

[136] 苑清扬. 相干辐射源极化-DOA 联合估计算法研究[D]. 哈尔滨: 哈尔滨工业大学,2021.

[137] 张薇. 基于矩阵重构的相干信源波达方向估计算法研究[D]. 哈尔滨: 哈尔滨工业大学,2021.

[138] Borkar A N. Performance of MUSIC Algorithms for DOA Estimation for Coherent and Non Coherent Detection[C]. International Conference on Electronics, Communication and Aerospace Technology (ICECA),2019: 1355-1359.

[139] Chen H,Huang B,Deng B,et al. A Modified Toeplitz Algorithm for DOA Estimation of Coherent Signals[C]. International Symposium on Intelligent Signal Processing and Communication Systems, 2007: 80-83.

[140] Han F,Zhang X. An ESPRIT-like algorithm for coherent DOA estimation[J]. IEEE Antennas and Wireless Propagation Letters,2005,4: 443-446.

[141] Guo Y,Zhang Y,Tong N. A New DOA Estimation Method for Uncorrelated and Coherent Sources under Nonstationary Noise Fields[C]. IEEE 8th International Conference on ASIC,2009: 987-990.

[142] Jiang X,Qian S. DOA Estimation of Coherent Signals based on Modified Music Algorithm[C]. IEEE 3rd International Conference on Civil Aviation Safety and Information Technology (ICCASIT),2021: 918-921.

[143] Li H,He Y,Wang H,et al. Novel Approaches for DOA Estimation of Coherent Sources in the Presence of Impulsive Noise[C]. CIE International Conference on Radar,2006: 1-4.

[144] Liu J,Chen H. A novel DOA estimation technique for coherent real-valued sources[C]. The 2nd International Conference on Industrial Mechatronics and Automation,2010: 135-138.

[145] Mao W,Li G,Xie X,et al. DOA Estimation of Coherent Signals Based on Direct Data Domain Under Unknown Mutual Coupling[J]. IEEE Antennas and Wireless Propagation Letters, 2014, 13: 1525-1528.

[146] Shao Y,Zheng G,Liu F,et al. A Coherent Weak Target DOA Estimation Method Based on Target Features[C]. OES China Ocean Acoustics (COA),2021: 5-8.

[147] Gao S,Chen H,Wang Y,et al. A Novel Algorithm for Estimating DOA of Coherent Signals on Uniform Circular Array[C]. CIE International Conference on Radar,2006: 1-4.

[148] Wang H,Huang J,Gao W. DOA Estimation for Coherent Sources in the Presence of Unknown Correlated Noise[C]. IEEE International Conference on Signal Processing, Communication and Computing (ICSPCC),2012: 305-309.

[149] Zhang W,Liu W,Wang J,et al. DOA Estimation of Coherent Targets in MIMO Radar[C]. IEEE International Conference on Acoustics,Speech and Signal Processing,2013: 3929-3933.

[150] Zhao Z,Wang Y,Xu C. DOA Estimation of Coherent Signals Based on Improved SVD Algorithm [C]. Second International Conference on Instrumentation,Measurement,Computer,Communication

and Control,2012: 524-528.

[151] Wang Y,Yang X,Xie J,et al. Sparsity-Inducing DOA Estimation of Coherent Signals Under the Coexistence of Mutual Coupling and Nonuniform Noise[J]. IEEE Access,2019,7: 40271-40278.

[152] Hu N,Sun B,Wang J,et al. Covariance-Based DOA Estimation for Wideband Signals using Joint Sparse Bayesian Learning[C]. IEEE International Conference on Signal Processing,Communications and Computing (ICSPCC),2017: 1-5.

[153] Elbir A M,Tuncer T E. Source Localization with Sparse Recovery for Coherent Far and Near-Field Signals[C]. IEEE Signal Processing and Signal Processing Education Workshop (SP/SPE),2015: 124-129.

[154] Tang B,Wu H,Mo L,et al. DOA Estimation Approach using Sparse Representation for Sparse Line Array[C]. IEEE International Conference on Communication Software and Networks (ICCSN), 2015: 352-355.

[155] Cai J,Bao D,Li P,et al. DOA Estimation via Sparse Recovering from the Smoothed Covariance Vector[J]. Journal of Systems Engineering and Electronics,2016,27(3): 555-561.

[156] Lu Z,Yu J,Zhang S,et al. Direction-of-Arrival Estimation for Coherent Sources via Sparse Bayesian Learning[C]. IEEE International Geoscience and Remote Sensing Symposium (IGARSS),2016: 4286-4289.

[157] Xu X,Shen M,Zhang S,et al. Off-Grid DOA Estimation of Coherent Signals Using Weighted Sparse Bayesian Inference[C]. IEEE 16th Conference on Industrial Electronics and Applications (ICIEA), 2021: 1147-1150.

[158] Wan Y,Xu B,Tang S,et al. DOA Estimation for Uncorrelated and Coherent Signals based on Fourth-Order Cumulants[C]. International Conference on Communications,Circuits and Systems (ICCCAS),2013: 247-250.

[159] Shan T,Wax M,Kailath T. On Spatial Smoothing for Direction-of-Arrival Estimation of Coherent Signals[J]. IEEE Transactions on Acoustics,Speech,and Signal Processing,1985,33(4): 806-811.

[160] Pillai S U,Kwon B H. Forward/Backward Spatial Smoothing Techniques for Coherent Signal Identification[J]. IEEE Transactions on Acoustics,Speech,and Signal Processing,1989,37(1): 8-15.

[161] Grenier D,Bosse E. Decorrelation Performance of DEESE and Spatial Smoothing Techniques for Direction-of-Arrival Problems[J]. IEEE Transactions on Signal Processing,1996,44(6): 1579-1584.

[162] 王布宏,王永良,陈辉. 相干信源波达方向估计的加权空间平滑算法[J]. 通信学报,2003,24(4): 31-40.

[163] Inoue M,Hayashi K,Mori H,et al. A DOA Estimation Method with Kronecker Subspace for Coherent Signals[J]. IEEE Communications Letters,2018,22(11): 2306-2309.

[164] Xie J,Cheng F,He Z,et al. A DOA Estimation Method of Coherent and Uncorrelated Sources based on Nested Arrays[C]. Asia-Pacific Signal and Information Processing Association Annual Summit and Conference (APSIPA ASC),2019: 1062-1065.

[165] Huang Z,Wang W,Dong F,et al. A One-Snapshot Localization Algorithm for Mixed Far-Field and Near-Field Sources[J]. IEEE Communications Letters,2020,24(5): 1010-1014.

[166] Huang Z,Xue B,Wang W,et al. A Low Complexity Localization Algorithm for Mixed Far-Field and Near-Field Sources[J]. IEEE Communications Letters,2021,25(12): 3838-3842.

[167] Jiang J J,Duan F J,Wang X Q. An Efficient Classification Method of Mixed Sources[J]. IEEE Sensors Journal,2016,16(10): 3731-3734.

[168] Jiang J J,Duan F J,Chen J,et al. Mixed Near-Field and Far-Field Sources Localization Using the

Uniform Linear Sensor Array[J]. IEEE Sensors Journal,2013,13(8): 3136-3143.

[169] Li D,Deng K,Ma Y. Parameters Estimation of Mixed Sources based on Sparse Reconstruction[C]. IEEE 13th International Conference on Signal Processing (ICSP),2016: 419-423.

[170] Tian Y,Gao X,Liu W,et al. Phase Compensation-Based Localization of Mixed Far-Field and Near-Field Sources[J]. IEEE Wireless Communications Letters,2022,11(3): 598-601.

[171] Liu G,Sun X. Efficient Method of Passive Localization for Mixed Far-Field and Near-Field Sources [J]. IEEE Antennas and Wireless Propagation Letters,2013,12: 902-905.

[172] Liu G,Sun X. Spatial Differencing Method for Mixed Far-Field and Near-Field Sources Localization [J]. IEEE Signal Processing Letters,2014,21(11): 1331-1335.

[173] Wang B,Liu J,Sun X. Mixed Sources Localization Based on Sparse Signal Reconstruction[J]. IEEE Signal Processing Letters,2012,19(8): 487-490.

[174] Wang B,Zhao Y,Liu J. Mixed-Order MUSIC Algorithm for Localization of Far-Field and Near-Field Sources[J]. IEEE Signal Processing Letters,2013,20(4): 311-314.

[175] Wang K,Wang L,Shang J,et al. Mixed Near-Field and Far-Field Source Localization Based on Uniform Linear Array Partition[J]. IEEE Sensors Journal,2016,16(22): 8083-8090.

[176] Zheng Z,Fu M,Jiang D,et al. Localization of Mixed Far-Field and Near-Field Sources via Cumulant Matrix Reconstruction[J]. IEEE Sensors Journal,2018,18(18): 7671-7680.

[177] Liu G,Sun X. Two-Stage Matrix Differencing Algorithm for Mixed Far-Field and Near-Field Sources Classification and Localization[J]. IEEE Sensors Journal,2014,14(6): 1957-1965.

[178] Wu X,Yan J. A Second-Order Statistics-Based Mixed Sources Localization Method with Symmetric Sparse Arrays[J]. IEEE Communications Letters,2020,24(8): 1695-1699.

[179] Wu X. Localization of Far-Field and Near-Field Signals with Mixed Sparse Approach: A Generalized Symmetric Arrays Perspective[J]. Signal Processing,2020,175: 107665.

[180] Zheng Z,Fu M,Wang W Q,et al. Localization of Mixed Near-Field and Far-Field Sources Using Symmetric Double-Nested Arrays[J]. IEEE Transactions on Antennas and Propagation,2019,67 (11): 7059-7070.

[181] Tian Y,Lian Q,Xu H. Mixed Near-Field and Far-Field Source Localization Utilizing Symmetric Nested Array[J]. Digital Signal Processing,2017,73: 16-23.

[182] Guo B,Zhen J. Coherent Signal Direction Finding with Sensor Array Based on Back Propagation Neural Network[J]. IEEE Access,2019,7: 172709-172717.

[183] Massa A,Marcantonio D,Chen X,et al. DNNs as Applied to Electromagnetics,Antennas,and Propagation—A Review[J]. IEEE Antennas and Wireless Propagation Letters,2019,18(11): 2225-2229.

[184] Wu L,Huang Z. Coherent SVR Learning for Wideband Direction-of-Arrival Estimation[J]. IEEE Signal Processing Letters,2019,26(4): 642-646.

[185] Zhao Y,Liu Y,Boudreau G,et al. A Two-Step Neural Network Based Beamforming in MIMO without Reference Signal[C]. IEEE Global Communications Conference (GLOBECOM),2019: 1-6.

[186] Zhao Z,Zhao H,Zheng M,et al. Real-Time Phase-Only Nulling Based on Deep Neural Network with Robustness[J]. IEEE Access,2019,7: 142287-142294.

[187] Cao Y,Lv T,Lin Z,et al. Complex ResNet Aided DOA Estimation for Near-Field MIMO Systems [J]. IEEE Transactions on Vehicular Technology,2020,69(10): 11139-11151.

[188] Hu B,Liu M,Yi F,et al. DOA Robust Estimation of Echo Signals Based on Deep Learning Networks with Multiple Type Illuminators of Opportunity[J]. IEEE Access,2020,8: 14809-14819.

[189] Hu D,Zhang Y,He L,et al. Low-Complexity Deep-Learning-Based DOA Estimation for Hybrid Massive MIMO Systems with Uniform Circular Arrays[J]. IEEE Wireless Communications

Letters,2020,9(1): 83-86.

[190] Papageorgiou G K,Sellathurai M. Fast Direction-of-Arrival Estimation of Multiple Targets Using Deep Learning and Sparse Arrays[C]. IEEE International Conference on Acoustics, Speech and Signal Processing (ICASSP),2020: 4632-4636.

[191] Varanasi V,Gupta H,Hegde R M. A Deep Learning Framework for Robust DOA Estimation Using Spherical Harmonic Decomposition[J]. IEEE/ACM Transactions on Audio,Speech,and Language Processing,2020,28: 1248-1259.

[192] Zhang Y,Mu Y, Liu Y, et al. Deep Learning-Based Beamspace Channel Estimation in mmWave Massive MIMO Systems[J]. IEEE Wireless Communications Letters,2020,9(12): 2212-2215.

[193] Liu Z,Zhang C, Yu P S. Direction-of-Arrival Estimation Based on Deep Neural Networks with Robustness to Array Imperfections[J]. IEEE Transactions on Antennas and Propagation,2018,66(12): 7315-7327.

[194] Wu L,Liu Z,Huang Z. Deep Convolution Network for Direction of Arrival Estimation with Sparse Prior[J]. IEEE Signal Processing Letters,2019,26(11): 1688-1692.

[195] Barthelme A, Utschick W. DOA Estimation Using Neural Network-Based Covariance Matrix Reconstruction[J]. IEEE Signal Processing Letters,2021,28: 783-787.

[196] Chen D,Shi S,Gu X,et al. Robust DOA Estimation Using Denoising Autoencoder and Deep Neural Networks[J]. IEEE Access,2022,10: 52551-52564.

[197] Cong J,Wang X, Huang M, et al. Robust DOA Estimation Method for MIMO Radar via Deep Neural Networks[J]. IEEE Sensors Journal,2021,21(6): 7498-7507.

[198] Chen Y,Wang X,Huang Z. Underdetermined DOA Estimation via Multiple Time-Delay Covariance Matrices and Deep Residual Network[J]. Journal of Systems Engineering and Electronics,2021,32(6): 1354-1363.

[199] Wu X,Yang X,Jia X,et al. A Gridless DOA Estimation Method Based on Convolutional Neural Network With Toeplitz Prior[J]. IEEE Signal Processing Letters,2022,29: 1247-1251.

[200] Gregor K,Lecun Y. Learning Fast Approximations of Sparse Coding[C]. International Conference on Machine Learning (ICML),2010: 399-406.

[201] Li Y,Tofighi M,Monga V,et al. An Algorithm Unrolling Approach to Deep Image Deblurring[C]. IEEE International Conference on Acoustics, Speech and Signal Processing (ICASSP), 2019: 7675-7679.

[202] Borgerding M, Schniter P, Rangan S. AMP-Inspired Deep Networks for Sparse Linear Inverse Problems[J]. IEEE Transactions on Signal Processing,2017,65(16): 4293-4308.

[203] Yang Y,Li H,Xu Z, et al. Deep ADMM-Net for Compressive Sensing MRI[C]. Procedings of Advanced Neural Information Processing Systems (NIPS),2016: 10-18.

[204] Yang Y,Sun J,Li H, et al. ADMM-CSNet: A Deep Learning Approach for Image Compressive Sensing[J]. IEEE Transactions on Pattern Analysis and Machine Intelligence, 2020, 42(3): 521-538.

[205] Zheng S,Jayasumana S,Romera-Paredes B,et al. Conditional Random Fields as Recurrent Neural Networks[C]. IEEE International Conference on Computer Vision (ICCV),2015: 1529-1537.

[206] Hosseini S,Yaman B, Moeller S, et al. Dense Recurrent Neural Networks for Accelerated MRI: History-Cognizant Unrolling of Optimization Algorithms[J]. IEEE Journal of Selected Topics in Signal Processing,2020,14(6): 1280-1291.

[207] Li R,Zhang S, Zhang C, et al. Deep Learning Approach for Sparse Aperture ISAR Imaging and Autofocusing Based on Complex-Valued ADMM-Net[J]. IEEE Sensors Journal,2021,21(3): 3437-3451.

[208] Li R,Zhang S,Zhang C,et al. A Computational Efficient 2-D Block-Sparse ISAR Imaging Method Based on PCSBL-GAMP-Net[J]. IEEE Transactions on Geoscience and Remote Sensing,2022,60:1-14.

[209] Donoho D L,Elad M,Temlyakov V N. Stable Recovery of Sparse Overcomplete Representations in the Presence of Noise[J]. IEEE Transactions on Information Theory,2006,52(1):6-18.

[210] Stoica P,Larsson E G,Gershman A B. The Stochastic CRB for Array Processing:A Textbook Derivation[J]. IEEE Signal Processing Letters,2001,8(5):148-150.

[211] He J,Swamy M N S,Ahmad M O. Efficient Application of MUSIC Algorithm under the Coexistence of Far-Field and Near-Field Sources[J],2012,60(4):2066-2070.

[212] Bhaskar B N,Tang G,Recht B. Atomic Norm Denoising with Applications to Line Spectral Estimation[J]. IEEE Transactions on Signal Processing,2013,61(23):5987-5999.

[213] Li Y,Chi Y. Off-the-Grid Line Spectrum Denoising and Estimation with Multiple Measurement Vectors[J]. IEEE Transactions on Signal Processing,2016,64(5):1257-1269.

[214] 陈涛,史林,申梦雨. 基于 M-FIPM 的无网格 DOA 估计算法[J]. 系统工程与电子技术,2022,44(02):427-433.

[215] Wipf D P,Rao B D. An Empirical Bayesian Strategy for Solving the Simultaneous Sparse Approximation Problem[J]. IEEE Transactions on Signal Processing,2007,55(7):3704-3716.

[216] Yardibi T,Li J,Stoica P,et al. Source Localization and Sensing:A Nonparametric Iterative Adaptive Approach Based on Weighted Least Squares[J]. IEEE Transactions on Aerospace and Electronic Systems,2010,46(1):425-443.

[217] Du L,Yardibi T,Li J,et al. Review of User Parameter-Free Robust Adaptive Beamforming Algorithms[C]. 42nd Asilomar Conference on Signals,Systems and Computers,2008:363-367.

[218] Xiang J,Dong Y,Yang Y. FISTA-Net:Learning a Fast Iterative Shrinkage Thresholding Network for Inverse Problems in Imaging[J]. IEEE Transactions on Medical Imaging,2021,40(5):1329-1339.

附录A

网格上超完备词典一阶导数的实部和虚部计算方法

在式(3.7)中,$\Re(\boldsymbol{F})$和$\Im(\boldsymbol{F})$分别表示网格上超完备词典一阶导数的实部和虚部:

$$\Re(\boldsymbol{F})[\Re(\boldsymbol{f}(\theta_1))\Re(\boldsymbol{f}(\theta_2))\cdots\Re(\boldsymbol{f}(\theta_q))\cdots\Re(\boldsymbol{f}(\theta_Q))] \tag{A.1}$$

$$\Im(\boldsymbol{F})[\Im(\boldsymbol{f}(\theta_1))\Im(\boldsymbol{f}(\theta_2))\cdots\Im(\boldsymbol{f}(\theta_q))\cdots\Im(\boldsymbol{f}(\theta_Q))] \tag{A.2}$$

其中,$\boldsymbol{f}(\theta_q)$表示F的第q列,$q=1,2,\cdots,Q$。$\Re(\boldsymbol{f}(\theta_q))$和$\Im(\boldsymbol{f}(\theta_q))$分别表示$\Re(\boldsymbol{\varphi}(\theta_q))$和$\Im(\boldsymbol{\varphi}(\theta_q))$的一阶导数,可以分别通过下面各式计算得到:

$$\begin{aligned}\Re(\boldsymbol{f}(\theta_q)) &= (\Re(\boldsymbol{\varphi}(\theta_q)))' = (\Re(\boldsymbol{a}^*(\theta_q)\otimes\boldsymbol{a}(\theta_q)))' \\ &= (\Re(\boldsymbol{a}^*(\theta_q))\otimes\Re(\boldsymbol{a}(\theta_q)))' - (\Im(\boldsymbol{a}^*(\theta_q))\otimes\Im(\boldsymbol{a}(\theta_q)))' \\ &= (\Re(\boldsymbol{a}^*(\theta_q)))'\otimes\Re(\boldsymbol{a}(\theta_q)) + \Re(\boldsymbol{a}^*(\theta_q))\otimes(\Re(\boldsymbol{a}(\theta_q)))' - (\Im(\boldsymbol{a}^*(\theta_q)))'\otimes \\ &\quad \Im(\boldsymbol{a}(\theta_q)) - \Im(\boldsymbol{a}^*(\theta_q))\otimes(\Im(\boldsymbol{a}(\theta_q)))'\end{aligned} \tag{A.3}$$

$$\begin{aligned}\Im(\boldsymbol{f}(\theta_q)) &= (\Im(\boldsymbol{\varphi}(\theta_q)))' = (\Im(\boldsymbol{a}^*(\theta_q)\otimes\boldsymbol{a}(\theta_q)))' \\ &= (\Re(\boldsymbol{a}^*(\theta_q))\otimes\Im(\boldsymbol{a}(\theta_q)))' + (\Im(\boldsymbol{a}^*(\theta_q))\otimes\Re(\boldsymbol{a}(\theta_q))) \\ &= (\Re(\boldsymbol{a}^*(\theta_q)))'\otimes\Im(\boldsymbol{a}(\theta_q)) + \Re(\boldsymbol{a}^*(\theta_q))\otimes(\Im(\boldsymbol{a}(\theta_q)))' + (\Im(\boldsymbol{a}^*(\theta_q)))'\otimes \\ &\quad \Re(\boldsymbol{a}(\theta_q)) + \Im(\boldsymbol{a}^*(\theta_q))\otimes(\Re(\boldsymbol{a}(\theta_q)))'\end{aligned} \tag{A.4}$$

由于$\Re(\boldsymbol{a}^*(\theta_q))=\Re(\boldsymbol{a}(\theta_q))$,$\Im(\boldsymbol{a}^*(\theta_q))=-\Im(\boldsymbol{a}(\theta_q))$,则$\Re(\boldsymbol{f}(\theta_q))$和$\Im(\boldsymbol{f}(\theta_q))$可以表示为

$$\begin{aligned}\Re(\boldsymbol{f}(\theta_q)) &= (\Re(\boldsymbol{a}(\theta_q)))'\otimes\Re(\boldsymbol{a}(\theta_q)) + \Re(\boldsymbol{a}(\theta_q))\otimes(\Re(\boldsymbol{a}(\theta_q)))' + (\Im(\boldsymbol{a}(\theta_q)))'\otimes \\ &\quad \Im(\boldsymbol{a}(\theta_q)) + \Im(\boldsymbol{a}(\theta_q))\otimes(\Im(\boldsymbol{a}(\theta_q)))'\end{aligned} \tag{A.5}$$

$$\begin{aligned}\Im(\boldsymbol{f}(\theta_q)) &= (\Re(\boldsymbol{a}(\theta_q)))'\otimes\Im(\boldsymbol{a}(\theta_q)) + \Re(\boldsymbol{a}(\theta_q))\otimes(\Im(\boldsymbol{a}(\theta_q)))' - (\Im(\boldsymbol{a}(\theta_q)))'\otimes \\ &\quad \Re(\boldsymbol{a}(\theta_q)) - \Im(\boldsymbol{a}(\theta_q))\otimes(\Re(\boldsymbol{a}(\theta_q)))'\end{aligned} \tag{A.6}$$

由于导向向量中第m个元素$a_m(\theta_q)$的实部和虚部分别为

$$\Re(a_m(\theta_q)) = \cos(2\pi d\xi_m\sin(\theta_q)/\lambda) \tag{A.7}$$

$$\Im(a_m(\theta_q)) = -\sin(2\pi d\xi_m \sin(\theta_q)/\lambda) \tag{A.8}$$

因此,第 m 个元素 $a_m(\theta_q)$实部和虚部对应的导数可以分别计算为

$$(\Re(a_m(\theta_q)))' = -(2\pi d\xi_m \cos(\theta_q)/\lambda)\sin(2\pi d\xi_m \sin(\theta_q)/\lambda) \tag{A.9}$$

$$(\Im(a_m(\theta_q)))' = -(2\pi d\xi_m \cos(\theta_q)/\lambda)\cos(2\pi d\xi_m \sin(\theta_q)/\lambda) \tag{A.10}$$

附录B

MIMO雷达匹配滤波的数学模型

MIMO 雷达的第 1 个发射通道的线性调频信号可以表示为

$$s(t)=A\exp(\mathrm{j}(2\pi f_0 t+\pi\mu t^2)) \tag{B.1}$$

其中，A 表示幅度，f_0 表示起始频率，μ 表示调频率。假设第 1 个发射通道的信号经第 k 个角反射器到达第 1 个接收通道的时延为 $\tau_{1,k}$，则第 1 个发射通道的信号与第 1 个接收通道的信号进行匹配滤波后，可以得到

$$\begin{aligned}
x_1(t)&=\sum_{k=1}^{K}s(t)s^*(t-\tau_{1,k})\\
&=\sum_{k=1}^{K}A\exp(\mathrm{j}(2\pi f_0 t+\pi\mu t^2))A_k\exp(-\mathrm{j}(2\pi f_0(t-\tau_{1,k})+\pi\mu(t-\tau_{1,k})^2))\\
&=\sum_{k=1}^{K}AA_k\exp(\mathrm{j}(2\pi f_0\tau_{1,k}+(2\pi\mu\tau_{1,k}t-\pi\mu\tau_{1,k}^2)))
\end{aligned} \tag{B.2}$$

其中，A_k 表示第 k 个角反射器回波幅度，K 表示角反射器数量，令 $f_{1,k}=\mu\tau_{1,k}$，则式(B.2)可以表示为

$$\begin{aligned}
x_1(t)&=\sum_{k=1}^{K}AA_k\exp(\mathrm{j}(2\pi f_0\tau_{1,k}+(2\pi f_{1,k}t-\pi f_{1,k}\tau_{1,k})))\\
&=\sum_{k=1}^{K}AA_k\exp(\mathrm{j}2\pi f_{1,k}t)\exp(\mathrm{j}\pi(2f_0-f_{1,k})\tau_{1,k})
\end{aligned} \tag{B.3}$$

由于 $f_{1,k}<<f_0$，因此，式(B.3)可以表示为

$$x_1(t)\approx\sum_{k=1}^{K}AA_k\exp(\mathrm{j}2\pi f_{1,k}t)\exp(\mathrm{j}2\pi f_0\tau_{1,k}) \tag{B.4}$$

对于第 m 个接收通道，第 k 个角反射器到达第 m 个接收通道与到达第 1 个接收通道的时延 $\delta_{m,k}$ 可以表示为

$$\delta_{m,k}=\frac{\xi_m\sin\theta_k}{c} \tag{B.5}$$

其中，ξ_m 表示第 m 个接收通道与第 1 个接收通道的距离，$\theta_k\in[-\pi/2,\pi/2]$表示第 k 个角反射器与接收通道垂直方向上的夹角，c 表示光速。利用第 k 个角反射器到达第 m 个接收

通道与到达第 1 个接收通道的时延 $\delta_{m,k}$，即 $\tau_{m,k}=\tau_{1,k}+\delta_{m,k}$，第 m 个接收通道的信号与第 1 个发射通道的信号进行匹配滤波后，可以表示为

$$x_m(t)=\sum_{k=1}^{K}AA_k\exp(\mathrm{j}2\pi f_{m,k}t)\exp(\mathrm{j}2\pi f_0(\tau_{1,k}+\delta_{m,k})) \tag{B.6}$$

其中，$f_{m,k}=f_{1,k}+\mu\delta_{m,k}$，由于 $f_{1,k}=\mu\tau_{1,k}$，$\delta_{m,k}<<\tau_{1,k}$，因此 $x_m(t)$可以近似表示为

$$\begin{aligned}x_m(t)&=\sum_{k=1}^{K}AA_k\exp(\mathrm{j}2\pi f_{1,k}t)\exp(\mathrm{j}2\pi f_0(\tau_{1,k}+\delta_{m,k}))\\&=\sum_{k=1}^{K}AA_k\exp(\mathrm{j}2\pi f_{1,k}t)\exp(\mathrm{j}2\pi f_0\tau_{1,k})\exp\left(\mathrm{j}2\pi f_0\frac{\xi_m\sin\theta_k}{c}\right)\\&=\sum_{k=1}^{K}s_k(t)\exp(\mathrm{j}\xi_m\eta_k)\end{aligned} \tag{B.7}$$

其中，$s_k(t)=AA_k\exp(\mathrm{j}2\pi f_0\tau_{1,k})\exp(\mathrm{j}2\pi f_{1,k}t)$，$\eta_k=2\pi\sin\theta_k/\lambda$，$\lambda=c/f_0$。可以看出，将接收通道的信号分别与第 1 个发射通道的信号进行匹配滤波，可以等效为式(2.10)中的接收信号。

附录C

超表面接收数据的数学模型

利用信号到超表面的时延、超表面的编码、超表面到接收喇叭的时延，超表面的第 l 次编码在 θ 处的场强 $a_l(\theta)$ 可以表示为

$$a_l(\theta)=\sum_{m=1}^{M}\exp\left(-\mathrm{j}\left(\frac{2\pi d}{\lambda}x_m\sin\theta+\varphi_{l,m}+\frac{2\pi d}{\lambda}\sqrt{(x_r-x_m)^2+(y_r-y_m)^2+z_r^2}\right)\right) \tag{C.1}$$

其中，M 表示超表面单元的个数，$\varphi_{l,m}$ 表示第 m 个阵元的第 l 次编码，(x_r,y_r,z_r)表示接收喇叭的位置，(x_m,y_m)表示第 m 个阵元位置。将超表面切换不同的编码，可以将其表示为向量的形式 $\boldsymbol{a}(\theta)=[a_1(\theta)\ a_2(\theta)\cdots a_L(\theta)]^{\mathrm{T}}$，其中 L 表示超表面的编码次数。因此，在第 n 个快拍的接收数据可以表示为

$$\begin{aligned}\boldsymbol{x}(n)&=[x_1(n)\quad x_2(n)\quad\cdots\quad x_L(n)]^{\mathrm{T}}\\&=\sum_{k=1}^{K}\boldsymbol{a}(\theta_k)s_k(n)+\boldsymbol{w}(n)\\&=\boldsymbol{A}\boldsymbol{s}(n)+\boldsymbol{w}(n)\end{aligned} \tag{C.2}$$

其中，$\boldsymbol{A}=[\boldsymbol{a}(\theta_1)\quad\boldsymbol{a}(\theta_2)\quad\cdots\quad\boldsymbol{a}(\theta_K)]$表示 K 个信号的导向矩阵，$\boldsymbol{s}(n)=[s_1(n)\ s_2(n)\cdots s_K(n)]^{\mathrm{T}}$ 表示 K 个信号在第n 个快拍的发射数据，$\boldsymbol{a}(\theta_k)=[a_1(\theta_k)\ a_2(\theta_k)\cdots a_L(\theta_k)]^{\mathrm{T}}$ 表示第 k 个信号的导向向量，$\boldsymbol{w}(n)=[w_1(n)\ w_2(n)\cdots w_L(n)]^{\mathrm{T}}$ 表示在第 n 个快拍接收的噪声向量。根据超表面接收信号的数学模型，协方差矩阵可以表示为

$$\begin{aligned}\boldsymbol{R}&=E\{\boldsymbol{x}(n)\boldsymbol{x}^{\mathrm{H}}(n)\}\\&=\boldsymbol{A}\,\mathrm{diag}([\sigma_1^2\quad\sigma_2^2\quad\cdots\quad\sigma_K^2]^{\mathrm{T}})\boldsymbol{A}^{\mathrm{H}}+\sigma_{\mathrm{w}}^2\boldsymbol{I}_M\end{aligned} \tag{C.3}$$

其中，σ_k^2 表示第k 个信号的功率，$k=1,2,\cdots,K$，σ_{w}^2 表示噪声的功率，在有限快拍数下，协方差矩阵可以计算为

$$\boldsymbol{R}\approx\frac{1}{N}\sum_{n=1}^{N}\boldsymbol{x}(n)\boldsymbol{x}^{\mathrm{H}}(n) \tag{C.4}$$

根据矩阵向量化运算的性质，将超表面接收数据的协方差矩阵进行向量化，协方差向量可以表示为

$$\begin{aligned}\operatorname{vec}(\boldsymbol{R}) &= \operatorname{vec}(\boldsymbol{A}\operatorname{diag}([\sigma_1^2 \quad \sigma_2^2 \quad \cdots \quad \sigma_K^2]^{\mathrm{T}})\boldsymbol{A}^{\mathrm{H}} + \sigma_{\mathrm{w}}^2\boldsymbol{I}_M) \\ &= \operatorname{vec}(\boldsymbol{A}\operatorname{diag}([\sigma_1^2 \quad \sigma_2^2 \quad \cdots \quad \sigma_K^2]^{\mathrm{T}})\boldsymbol{A}^{\mathrm{H}}) + \operatorname{vec}(\sigma_{\mathrm{w}}^2\boldsymbol{I}_M) \\ &= (\boldsymbol{A}^* \odot \boldsymbol{A})[\sigma_1^2 \quad \sigma_2^2 \quad \cdots \quad \sigma_K^2]^{\mathrm{T}} + \sigma_{\mathrm{w}}^2[\boldsymbol{\eta}_1^{\mathrm{T}} \quad \boldsymbol{\eta}_2^{\mathrm{T}} \quad \cdots \quad \boldsymbol{\eta}_M^{\mathrm{T}}]^{\mathrm{T}}\end{aligned} \tag{C.5}$$

其中，$\odot$表示导向矩阵的 Khatri-Rao 积，$\boldsymbol{\eta}_m^{\mathrm{T}}$ 表示单位矩阵 $\boldsymbol{I}_M$ 的第 m 列，即第 m 个元素为 1，其余元素为 0。$\boldsymbol{A}^* \odot \boldsymbol{A}$ 可以计算为

$$\boldsymbol{A}^* \odot \boldsymbol{A} = [\boldsymbol{a}^*(\theta_1) \otimes \boldsymbol{a}(\theta_1) \quad \boldsymbol{a}^*(\theta_2) \otimes \boldsymbol{a}(\theta_2) \quad \cdots \quad \boldsymbol{a}^*(\theta_K) \otimes \boldsymbol{a}(\theta_K)] \tag{C.6}$$

其中，$\otimes$表示克罗内克积，$\boldsymbol{a}(\theta_k)$表示导向矩阵 $\boldsymbol{A}$ 的第 k 列。

在实验过程中，深度展开网络的训练数据和测试数据通过向量网络分析仪进行测量，将超表面放置在转台上，转台从$-90°\sim90°$按 1°的间隔进行扫描，因此可以视为将空间域按 1°的间隔对$[-90°,90°]$进行网格划分，得到网格上角度集合为$\{-90°,-89°,\cdots,90°\}$。在网格上角度集合下，式(C.5)中协方差向量的稀疏表示可以构建为

$$\boldsymbol{y} = \boldsymbol{\Phi}\boldsymbol{z} + \sigma_{\mathrm{w}}^2[\boldsymbol{\eta}_1^{\mathrm{T}} \quad \boldsymbol{\eta}_2^{\mathrm{T}} \quad \cdots \quad \boldsymbol{\eta}_M^{\mathrm{T}}]^{\mathrm{T}} \tag{C.7}$$

其中，超完备词典$\boldsymbol{\Phi}$ 可以表示为

$$\begin{aligned}\boldsymbol{\Phi} &= [\boldsymbol{\varphi}(\theta_1) \quad \boldsymbol{\varphi}(\theta_2) \quad \cdots \quad \boldsymbol{\varphi}(\theta_Q)] \\ &= [\boldsymbol{a}^*(\theta_1) \otimes \boldsymbol{a}(\theta_1) \quad \boldsymbol{a}^*(\theta_2) \otimes \boldsymbol{a}(\theta_2) \quad \cdots \quad \boldsymbol{a}^*(\theta_Q) \otimes \boldsymbol{a}(\theta_Q)]\end{aligned} \tag{C.8}$$

Q 表示网格上角度集合中元素的个数，$\boldsymbol{z}=[z_1 \quad z_2 \quad \cdots \quad z_Q]$表示网格上角度对应的空间谱，当 $\theta_q=\theta_k$ 时，即第 k 个信号的角度属于网格上角度集合时，空间谱 z 的第 q 个元素 $z_q=\sigma_k^2$，空间谱其余位置上的元素 $z_q=0$，$q=1,2,\cdots,Q$，$k=1,2,\cdots,K$。

因此，在通过深度展开网络进行离网格角度估计和无网格角度估计时，转台从$-90°\sim90°$按 1°的间隔进行扫描，超表面共切换 L 次编码。通过向量网络分析仪测量得到数据集，将每个样本接收数据的协方差向量作为深度展开网络的输入，利用网络的输出对信号的角度进行估计。